W0253957

ALLE ZEIT WACH
1842

B. Lembcke

Therapieprinzip Resorptionsverzögerung
Wirkprinzip α-Glukosidase-Inhibition

Mit 80 Abbildungen und 18 Tabellen

Springer-Verlag Berlin Heidelberg GmbH

Priv.-Doz. Dr. med. Bernhard Lembcke,
Leitender Oberarzt
Abt. Gastroenterologie, Zentrum der inneren Medizin
Klinikum der Johann Wolfgang Goethe-Universität Frankfurt
Theodor-Stern-Kai 7
6000 Frankfurt/Main 70

Habilitationsschrift
„Untersuchungen zur medikamentösen Beeinflussung der intestinalen Kohlenhydratassimilation. Ein Beitrag zum Therapieprinzip Resorptionsverzögerung" zur Erlangung der Venia legendi am Fachbereich Medizin der Georg-August-Universität zu Göttingen

Göttingen 1987

ISBN 978-3-540-19495-8 ISBN 978-3-662-01088-4 (eBook)
DOI 10.1007/978-3-662-01088-4

CIP-Titelaufnahme der Deutschen Bibliothek

Lembcke, Bernhard: Therapieprinzip Resorptionsverzögerung – Wirkprinzip α-Glukosidase-Inhibition [Alpha-Glukosidase-Inhibition] / B. Lembcke. – Berlin; Heidelberg; New York; London; Paris; Tokyo: Springer 1988
Zugl.: Göttingen, Univ., Habil.-Schr., 1987
ISBN 978-3-540-19495-8

Ursprünglich erschienin bei Springer-Verlag Berlin Heidelberg New York 1991

21 27/31 40/54 32 27 – Gedruckt auf säurefreiem Papier

Inhaltsverzeichnis

Einleitung

Theoretische Grundlagen

Methodischer Teil

Ergebnisse der Experimente und Studien

Untersuchungen an der Ratte in vivo

Klinische Studien

Danksagung

Diese Arbeiten zur therapeutischen Verzögerung der Kohlenhydrat-Assimilation wären nicht denkbar gewesen ohne die hervorragenden Arbeitsbedingungen einer Abteilung, in der klinische und experimentelle Forschung sowie die Förderung eigenständiger Untersuchungen spürbar stetes Anliegen ihres Leiters sind.

Besonderer Dank für vielerlei Anregungen und förderliche Kritik bei den Untersuchungen dieser Arbeit gilt daher meinem klinischen und wissenschaftlichen Lehrer, Herrn Professor Dr. med. Dr. h.c. W. Creutzfeldt.

An dieser Stelle sei auch den Kollegen aus der Abteilung Gastroenterologie und Endokrinologie der Medizinischen Klinik und Poliklinik der Georg-August-Universität Göttingen gedankt, deren Kooperationsbereitschaft die Untersuchung spezieller Fragestellungen im Zusammenhang mit den Untersuchungen dieser Arbeit ermöglicht hat: Frau Dr. Regina Lamberts sowie Herrn Prof. Dr. U.-R. Fölsch, Herrn Priv.-Doz. Dr. R. Ebert und Herrn Priv.-Doz. Dr. E. Siegel.

Als Doktoranden hatten Frl. cand.med. E. Klausgrete sowie die Herren cand. med. B. Lücke, W. Gatzemeier und M. Diederich Anteil an den klinischen Studien, J. Wöhler an den in vivo-Untersuchungen zur Glykogenspeicherung.

Es ist mir ein Anliegen, darüber hinaus jenen zu danken, die durch ihre Arbeit zum Gelingen der vorliegenden Untersuchungen und Studien beigetragen haben. Hervorheben möchte ich hier insbesondere die Sorgfalt, die Motivation und den unermüdlichen Fleiß meiner langjährigen technischen Mitarbeiterin, Frl. S. Kirchhoff, sowie die Mitarbeit von Frl. A. v. Baumbach bei den klinischen Studien und von Frl. H. Dörler sowie Frau A. Neßlinger bei den morphologischen Untersuchungen.

Frau Dr. I. Hillebrand sowie Herrn Prof. Dr. W. Puls, Vorstand des Instituts für Pharmakologie der Bayer-AG, gilt mein Dank für ihre Unterstützung bei der Realisierung der experimentellen und klinischen Untersuchungen, dem Springer-Verlag für die harmonische Zusammenarbeit und sorgfältige Drucklegung.

Einleitung

Physiologie und Pathophysiologie digestiv-resorptiver Funktionen des Dünndarmes sind in den vergangenen drei Jahrzehnten in bedeutsamem Umfang experimentell untersucht und verständlich geworden.
Mittelbare Folge dieser Erkenntnisse war ihre rationale Anwendung bei der Suche nach gezielten Therapiemöglichkeiten von Funktionsstörungen des Dünndarmes.
Darüber hinaus wurde in zunehmendem Maße die Bedeutung des Intestinaltraktes im Zusammenhang mit Stoffwechselerkrankungen erkannt, bei denen digestive, resorptive sowie metabolische Funktionen des Dünndarms in die pathophysiologischen Zusammenhänge einbezogen sein können (Caspary, 1977).

Die Umsetzung dieser Kenntnisse für die klinische Medizin findet unter anderem Ausdruck in der Anwendung von Substanzen zur Behandlung von Fettstoffwechselstörungen, die ihre Wirkungen am bzw. im Dünndarm entfalten (β-Sitosterin; Cholestyramin) sowie in dem neuen Konzept einer Behandlung kohlenhydratabhängiger Erkrankungen, speziell des Diabetes mellitus, aber auch der Kohlenhydrat-induzierten Hypertriglyceridämie und, als gastroenterologisches Therapieproblem, des Dumping-Spätsyndroms durch medikamentöse Resorptionsverzögerung.

Ziele der Resorptionsverzögerung beim Diabetes mellitus

Rationale und inhaltlicher Bedarf für das Therapieprinzip der Resorptionsverzögerung von Kohlenhydraten lassen sich durch die folgenden, anerkannten Aspekte der Diabetes-Therapie charakterisieren:

1. Dauer und Ausmaß der Hyperglykämie sind verantwortlich für das Auftreten der diabetischen Mikroangiopathie mit ihren fatalen Folgen für das Schicksal des Diabetikers (Constam, 1967; Cahill et al., 1976; Pirart, 1978).
   Die Behandlung der diabetischen Stoffwechselstörung richtet sich daher in erster Linie auf eine Kontrolle der Blutglukose-Konzentration in engen Grenzen, quantitativ dem Verhalten beim Stoffwechselgesunden gleich („Normoglykämie").
2. Besondere Bedeutung kommt dabei der Kontrolle postprandialer Blutglukoseanstiege zu. Die hierfür erforderliche strikte Einhaltung diätetischer Prinzipien (quantitative Begrenzung der Nahrungs-Kohlenhydrate, Verzicht auf freie Zucker, Mahlzeitenaufteilung) stellt hohe Ansprüche an die Schulung und Selbstdisziplin des Patienten.
   Medikamentöse Maßnahmen, die eine Nivellierung postprandialer Blutglukose-Anstiege bewirken, führen in diesem Zusammenhang nicht nur zu einer Verbesserung sondern auch zu einer Erleichterung der Stoffwechselkontrolle.
3. Bei der häufig und pathophysiologisch unheilvoll mit dem Diabetes mellitus vergesellschafteten Hyperlipoproteinämie Typ IV (n. Fredrickson et al., 1967) ist die gesteigerte Synthese von very low density-Lipoprotein (VLDL) abhängig von der Glukosekonzentration (Nestel et al., 1970) und kann zudem durch Insulin verstärkt werden (Reaven und Greenfield, 1981).
   Tierexperimentelle Befunde haben diesbezüglich nachgewiesen, daß die Hemmung intestinaler α-Glukosidasen (durch Acarbose) die Kohlenhydrat-

induzierte Hypertriglyceridaemie therapeutisch beeinflussen kann (Zavaroni u. Reaven, 1981; Krause et al., 1982).

4. Als weiterer wesentlicher, neuerer Aspekt sind Probleme der Diabetes-Einstellung im Zusammenhang mit dem Phänomen der sog. „Down-Regulation" zu nennen, d.h., eine Abschwächung der Insulinwirkung durch eine Verminderung der Insulinrezeptoren (Olefsky, 1976; Soman u. DeFronzo, 1980). Die Problematik ergibt sich dabei aus einem Circulus vitiosus, der insbesondere für den übergewichtigen Altersdiabetiker (Typ IIb) mit Hyperinsulinismus in der in Abb. 1 dargestellten Form eine Rolle spielt, und der eine Begrenzung der postprandialen Hyperglykämie resp. Einsparung exogen zugeführten Insulins wesentlich erscheinen läßt. Daß sich diese beiden Wirkungen durch Hemmung der intestinalen α-Glukosidasen-Aktivität (Disaccharidasen) erreichen lassen, ist beim Menschen für die Behandlung mit Acarbose durch Untersuchungen von Sachse und Willms (1979), Schwedes et al. (1982), Sachse et al. (1982), Scott et al. (1984) und Lardinois et al. (1984) an Typ II-Diabetikern, sowie von Sachse und Willms (1979), Walton et al. (1979), Gerard et al. (1981) und Dimitriadis et al. (1985) bei insulinpflichtigen Diabetikern bzw. von Raptis et al. (1982) mit Hilfe des sog. künstlichen Pankreas nachgewiesen worden.

In besonderem Maße unerwünscht ist die Hyperinsulinämie beim Diabetiker darüber hinaus aufgrund einer in epidemiologischen Untersuchungen nachgewiesenen, pathogenetischen Rolle des Insulins bei der Atherosklerose-Entstehung (Stout, 1979; 1981).

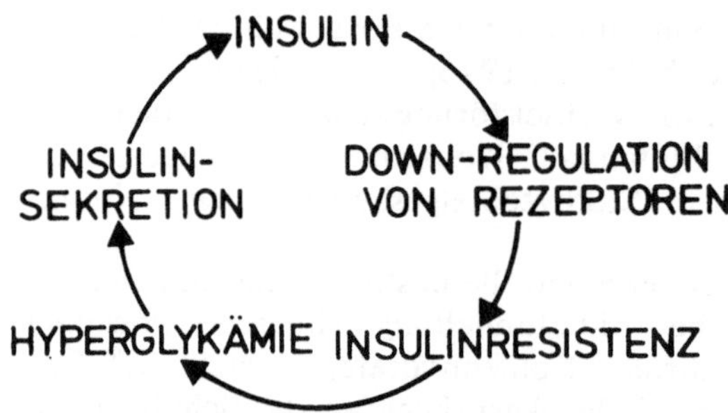

Abb. 1. Circulus vitiosus durch die sog. „Down-Regulation" von Insulinrezeptoren als Folge der Hyperinsulinämie (n. Lefebvre, 1983).

Resorptionsverzögerung bei Dumping-Syndromen

Sturzentleerung ("dumping") des Mageninhaltes stellt eine pathophysiologische Konsequenz nach proximal gastrischer Vagotomie mit Pyloroplastik sowie resezierenden Magenoperationen dar, die in etwa 2-8 % zu persistierender Beschwerde-Symptomatik im Sinne eines Frühdumping-Syndoms führt (Demling und Ottenjann, 1963; Sigstad, 1970; Koelz u. Gewertz, 1980).
Machella (1950) erkannte, daß hypertone Glukose- und Aminosäurelösungen diese Beschwerden provozieren und mechanische Distension des proximalen Jejunums zu einer vergleichbaren Symptomatik führt. Die Abnahme des Plasmavo-

lumens um 400-800 ml (Roberts et al., 1954; Kalser u. Cohen, 1966) verdeutlicht das Ausmaß der dabei auftretenden Volumenveränderung im Dünndarm. Die dieser tiefgreifenden Reaktion zugrunde liegenden Rezeptoren und Mediatoren, die die osmotische Äquilibrierung gewährleisten, sind jedoch nur unzureichend charakterisiert (Becker u. Caspary, 1980).
Befunde über eine Besserung der Beschwerdesymptomatik ohne Beeinflussung der Magenentleerungsrate bei Hemmung der intestinalen Kohlenhydrat-Verdauung durch Gabe von Acarbose (McLoughlin et al., 1979) deuten darauf hin, daß enterale Osmo-Rezeptoren — ähnlich den Verhältnissen bei der Magenentleerung (Hunt, 1960) — in unmittelbarer Beziehung zur terminalen Kohlenhydratverdauung auf der Ebene der Bürstensaummembran lokalisiert sind und preferentiell durch die dort frei werdenden Monosaccharide angesprochen werden.
Plausibler erscheint ein therapeutischer Effekt des *a*-Glukosidase-Inhibitors allerdings beim sog. Spätdumping-Syndrom (Jenkins et al., 1982; Speth et al., 1983), das durch eine reaktive Hypoglykämie gekennzeichnet ist, bedingt durch eine zeitlich und quantitativ überschießende Insulinfreisetzung aufgrund eines postprandial überhöhten Blutglukose-Anstieges. In diesen Fällen stellt die angestrebte Verminderung des postprandialen Blutglukose- und Insulinanstieges eine Kausaltherapie dar, deren Wirksamkeit durch Messung dieser Laborgrößen kontrollierbar ist.

Resorptionsverzögerung durch Biguanide

Das Prinzip der Resorptionsverzögerung, durch Modifizierung der Nahrungsverfügbarkeit eine Anpassung an die Stoffwechselbedürfnisse des Patienten zu erzielen, stellt in Form der *Diät* einen anerkannten und wirksamen Bestandteil der Therapie sowohl beim Diabetes mellitus als auch beim Dumping-Spätsyndrom dar (eine effektive Diabetes-Diät, die die Grundprinzipien Kohlenhydrat-Begrenzung, Verzicht auf freie Zucker und Mahlzeitenaufteilung beinhaltete, wurde bereits 1868 durch v. Düring beschrieben).
Die Beurteilung der Wirksamkeit *medikamentöser* Maßnahmen zur Resorptionsbeeinflussung bei diesen Erkrankungen läßt demgegenüber deutliche Unterschiede zwischen inhibitorischen Wirkungen bei in vitro-Experimenten einerseits und dem therapeutischen Wert im Rahmen klinischer Anwendung andererseits erkennen.
So führen Biguanide neben ihrer Wirkung auf die Glukoseutilisation im Muskel (Wicklmayr et al., 1978), einem Hemmeffekt auf die Glukoneogenese in der Leber (Dietze et al., 1978), einer tierexperimentell dokumentierten Verzögerung der Magenentleerung (Creutzfeldt et al., 1962; Förster et al., 1965) und einer anorektigenen Wirkung (Patel and Stowers, 1964; Stowers und Bewsher, 1969) unter experimentellen Bedingungen zu einer ausgeprägten Hemmung aktiver intestinaler Transportvorgänge.
Eine Hemmung der intestinalen Resorption durch Biguanide wurde für D-Glukose in vivo an der Ratte (Biro et al., 1961) sowie beim Menschen (Czyzyk et al., 1968; Arvanitakis et al., 1973; Bloch u. Mitarb., 1973) nachgewiesen.
Darüber hinaus ist die Hemmung anderer aktiver Transportvorgänge (Aminosäuren, Dipeptide, Gallensäuren) am Dünndarm der Ratte (Caspary u. Creutz-

feldt, 1973; Lembcke u. Caspary, 1977; Caspary u. Creutzfeldt, 1975) und des Hamsters (D-Galaktose, 3-o-Methyl-D-Glukose, Myo-Inosit, Calcium) durch Biguanide in vitro bzw. in vivo experimentell belegt (Creutzfeldt u. Mitarb., 1971).
Als Primärwirkung der Biguanide gilt dabei nach den Untersuchungen von Kruger et al. (1960) und Davidoff (1971) eine Hemmung der mitochondrialen Energiebereitstellung, die — analog zu Befunden am Herzen und an der Leber — zu einer Reduktion des ATP-Gehaltes in der Dünndarmschleimhaut führt (Bloch u. Mitarb., 1973).
Bei der Stoffwechseleinstellung des diabetischen Patienten mit Insulinreserven wird die therapeutische Wirksamkeit von Biguanid-Präparaten heute sowohl auf die Wirkungen der Substanz im Stoffwechsel (Leber, Muskel) (Mehnert, 1984; Petrides et al., 1985) als auch auf gastrointestinale Effekte zurückgeführt.
Eine Kohlenhydrat-Malabsorption ließ sich unter Biguaniden (Phenformin) beim Menschen jedoch auch bei Verwendung eines sensitiven Meßprinzips (Wasserstoff-Exhalationstest) nicht nachweisen (Olsen und Rasmussen, 1974).

Auf signifikante Verbesserungen der Symptomatik beim Dumping-Spätsyndrom durch Biguanide haben Gyr et al. (1970) hingewiesen; diese positiven Erfahrungen haben die klinische Problematik der medikamentösen Behandlung des Dumping-Syndroms jedoch nicht gelöst (Becker u. Caspary, 1980).
Die therapeutische Bedeutung der Biguanide ist seit der weitgehenden Zulassungsbeschränkung für diese Substanzgruppe (in den USA 1977, in der Bundesrepublik Deutschland 1978) aufgrund potentieller Gefährdung durch das Auftreten einer Laktatazidose deutlich zurückgegangen. Diese Umstände haben, möglicherweise auch aufgrund zeitlicher Koinzidenz, die Weiterentwicklung des Prinzips der pharmakologischen Resorptionsbeeinflussung (Puls und Keup, 1973) begünstigt, das durch die Entwicklung potenter α-Glukosidase-Inhibitoren (Puls et al., 1977; Schmidt et al., 1977) realisiert wurde.

Resorptionsverzögerung durch Quellstoffe

Die Heteropolysaccharide Guar (Galaktomannan, MG etwa 220.000) und Pektin (Polygalakturonsäure-Methylester, MG 220.000-400.000) (Abb. 2) sind lösliche pflanzliche Hydrocolloide, die als nicht abbaufähige Quellstoffe zu einer Resorptionsverzögerung von Kohlenhydraten und anderen Nahrungsstoffen führen (Elsenhans, 1983).
Guar ist in der Bundesrepublik in Form gepreßter Minitabletten (Glucotard-Granulat) als Medikament zur oralen Behandlung des Diabetes mellitus (Typ I und II) sowie der Hyperlipidämie zugelassen.
Derartige Quellstoffe bewirken eine viskositätsabhängige Hemmung der Gewebeaufnahme von Zuckern und Aminosäuren am Darmpräparat in vitro (Elsenhans et al., 1980).
Guar und Pektin führen dabei zu einer Erhöhung der apparenten Transportkonstanten (K_m), die im Experiment durch Waschen mit Quellstoff-freiem Medium oder Steigerung der Schüttelrate des Inkubationsmediums reversibel ist (Elsenhans et al., 1980).

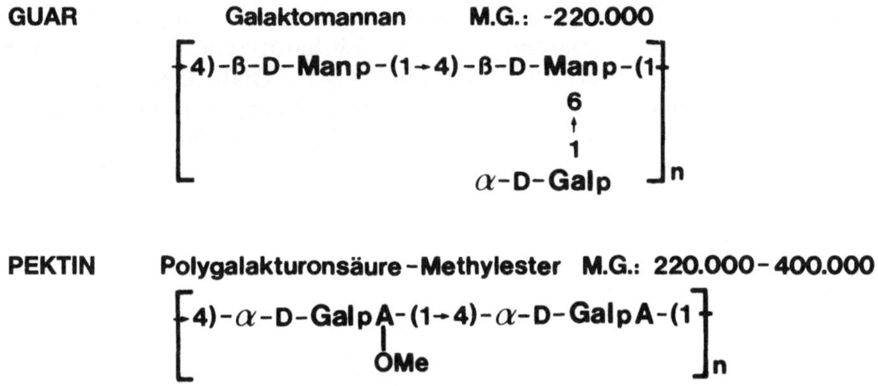

GUAR Galaktomannan M.G.: -220.000

$$\left[\begin{array}{l}\rightarrow 4)\text{-}\beta\text{-D-Man}p\text{-}(1\rightarrow 4)\text{-}\beta\text{-D-Man}p\text{-}(1\rightarrow \\ \qquad\qquad\qquad\qquad\qquad\qquad 6 \\ \qquad\qquad\qquad\qquad\qquad\qquad \uparrow \\ \qquad\qquad\qquad\qquad\qquad\qquad 1 \\ \qquad\qquad\qquad\qquad\qquad \alpha\text{-D-Gal}p\end{array}\right]_n$$

PEKTIN Polygalakturonsäure-Methylester M.G.: 220.000-400.000

$$\left[\begin{array}{l}\rightarrow 4)\text{-}\alpha\text{-D-Gal}p\text{A-}(1\rightarrow 4)\text{-}\alpha\text{-D-Gal}p\text{A-}(1\rightarrow \\ \qquad\qquad\qquad\quad \text{OMe}\end{array}\right]_n$$

Abb. 2. Prinzip des Strukturaufbaus der Quellstoffe Guar und Pektin (n. Elsenhans, 1983)

Diese Befunde charakterisieren die Wirkung der Quellstoffe als eine Vergrößerung des durch die sog. 'unstirred layer' an der Oberfläche des Enterocyten bewirkten Resorptionswiderstandes (Wilson und Dietschy, 1974; Elsenhans et al., 1980; Johnson und Gee, 1981).

Analog wird eine am 'everted sac'-Präparat, aber nicht in Homogenaten der Jejunalschleimhaut nachweisbare Verminderung der Hydrolyserate von Disacchariden und Dipeptiden in Gegenwart von Quellstoffen auf den 'unstirred layer-Effekt' zurückgeführt (Elsenhans et al., 1981b).

Als weitere Mechanismen können neben diesen in vitro dargestellten und mit experimentellen Befunden unter in vivo-Bedingungen an der Ratte (Elsenhans et al., 1984) und beim Menschen (Blackburn et al., 1984) korrespondierenden intestinalen Wirkungen eine Retardierung der Magenentleerung (Holt et al., 1979; Lembcke et al., 1981), die Verlangsamung der intestinalen Transitzeit (Jenkins et al., 1978a; Caspary et al., 1980; Lembcke et al., 1984) und eine Hemmung der α-Amylase-Aktivität (Isaksson et al., 1982; Hansen u. Schulz, 1982; Schneider et al., 1983) zu einer Resorptionsverzögerung von Kohlenhydraten durch Quellstoffe beitragen.

Der Effekt auf die Magenentleerung erscheint dabei gering (Lembcke et al., 1984) und insbesondere dann vernachlässigbar, wenn eine Hydratation des Quellstoffes erst nach dessen oraler Einnahme erfolgt (z.B. bei Guar-Minitabletten, Glucotard).

Zahlreiche klinisch-experimentelle Untersuchungen belegen die Wirksamkeit der Resorptionsverzögerung durch Quellstoffe wie Guar als therapeutisches Prinzip in der Behandlung des Diabetes mellitus (Jenkins et al., 1976, 1977a, 1978b, 1980b; Miranda und Horowitz, 1978; Morgan et al., 1979; Levitt et al., 1980; Aro et al., 1981).

Voraussetzungen für die Senkung postprandialer Blutglukose- und Insulin-Anstiege sind dabei allerdings die Präsenz des Quellstoffs in der Mahlzeit selbst, d.h. eine unmittelbare Beziehung zum Substrat, und die Gewährleistung vollständiger Hydratisierung (Jenkins et al., 1979a).

Diese Einschränkungen lassen die Behandlung von Diabetikern mit Quellstoffen unpraktikabel erscheinen und veranschaulichen gleichzeitig, warum die Addition von Guar als Pulver (Williams et al., 1980) oder in Form von gepreßten Mini-Tabletten (Glucotard) nur marginale Effekte (Ehrhardt-Schmelzer et al., 1983; Najemnik et al., 1984) auf die Stoffwechselführung bei Diabetikern hat.

Untersuchungen von Jenkins et al. (1977b; 1980a), Leeds et al. (1981) und Lawaetz et al. (1983) haben gezeigt, daß mit Pektin auch eine Besserung der Symptomatik des Dumpingsyndroms erreicht werden kann.

Ziele der vorliegenden Untersuchung

Im Rahmen der vorliegenden Arbeit wurden Möglichkeiten pharmakologischer Beeinflussung der Kohlenhydrat-Assimilation unter dem Gesichtspunkt einer Resorptionsverzögerung als Therapieprinzip untersucht.
Neben α-Amylase-Inhibitoren sind in den vergangenen Jahren insbesondere Inhibitoren der für die intestinale Verdauung von Kohlenhydraten erforderlichen α-Glukosidasen in das Interesse der klinischen Diabetologie gerückt.
Während das hierzu zählende, experimentell und klinisch gut untersuchte Pseudotetrasaccharid Arcabose (Glucobay) in therapeutischen Dosierungen im Gastrointestinaltrakt nicht nennensert resorbiert wird (Pütter, 1980; Hagel et al., 1985), sind inzwischen als weitere, chemisch differente α-Glukosidase-Inhibitoren die Desoxynojirimycin-Derivate BAY m 1099 [Miglitol] und BAY o 1248 [Emiglitate] entwickelt worden (Schmidt et al., 1979; Puls et al., 1984), die enteral nahezu vollständig resorbiert werden (Rämsch et al., 1985).

Acarbose wurde im Rahmen dieser Untersuchung zur Frage synergistischer erwünschter Wirkungen und einer Reduktion subjektiver und objektiver Symptome der Kohlenhydratmalassimilation durch gleichzeitige Quellstoff-Gabe (Guar, Pektin) untersucht.

Den inhaltlichen Schwerpunkt der vorliegenden Arbeit stellt jedoch die Prüfung der
— Wirkungsweise,
— Wirksamkeit und
— Wirkungsdynamik,
— des Profils gastrointestinaler Nebenwirkungen sowie
— von systemischen Auswirkungen
der neuen α-Glukosidase-Inhibitoren (BAY m 1099, BAY o 1248) dar, über die in der Literatur bisher nur wenige Daten vorliegen.

Unter klinischen Aspekten war es dabei von besonderem Interesse, die experimentell (in vitro) erhobenen Befunde über Wirksamkeit und Wirkungsweise dieser Substanzen in Studien an Probanden auf ihre Effizienz und den möglichen therapeutischen Nutzen in vivo zu überprüfen.
Aspekte der medikamentösen Resorptionsverzögerung von Kohlenhydraten wurden in der vorliegenden Arbeit in drei Abschnitten untersucht.

• In vitro-Experimente

In diesen Untersuchungen sollte die Wirkung von α-Amylase-Inhibitoren vom Oligosaccharid- (Trestatin [Ro 9-0183]) und Polypeptid-Typ (Tendamistat [HOE 467]) sowie α-Glukosidase-Inhibitoren (Miglitol [BAY m 1099] und BAY o 1248) auf die Disaccharidasen-Aktivitäten der Jejunalschleimhaut beim Menschen charakterisiert werden.
Außerdem wurde die Fragestellung einer möglichen Beeinflussung der sog. sauren Maltase-Aktivität (lysosomale saure 1,4-α-Glukosidase) durch resorbierbare α-Glukosidase-Inhibitoren (BAY m 1099, BAY o 1248) an Homogenaten des Skelettmuskels der Ratte und des Menschen in vitro geprüft.

• In vivo-Experimente

In diesem Teil der Arbeit sollte tierexperimentell geprüft werden, ob die orale Applikation der resorbierbaren Desoxynojirimycin-Derivate BAY m 1099 und BAY o 1248 (in einer sehr hohen Dosierung) an der Ratte zu lysosomaler Glykogenspeicherung, vergleichbar einer Glykogenose Typ II (M. POMPE), führt.

• Klinische Studien

In diesen Untersuchungen wurden Dosis-Wirkungsbeziehungen, die Wirkdauer sowie Ausmaß und Muster der subjektiven Nebenwirkungen (infolge Kohlenhydrat-Malassimilation) nach wiederholter Saccharose- bzw. Stärke-Belastung unter BAY m 1099 und BAY o 1248 bei gesunden Probanden geprüft.
In einer weiteren Studie sollte festgestellt werden, ob es während achtwöchiger Einnahme von BAY m 1099 (Miglitol) zu einem Wirkungsverlust oder einer Änderung der durch die Malabsorption von Kohlenhydraten hervorgerufenen Symptome kommt.

Theoretische Grundlagen

Definition

Unter 'Resorptionsverzögerung' wird im Zusammenhang mit den hier dargestellten Untersuchungen die Verzögerung bzw. Hemmung der digestiven und resorptiven Vorgänge verstanden, die zur Assimilation von Kohlenhydraten beitragen. Eine Betrachtung der Determinanten der oralen Glukosetoleranz (Tabelle 1) zeigt, daß der Begriff der Resorptionsverzögerung heute darüber hinaus noch weitere gastroenterologische Aspekte potentieller Beeinflussung der postprandialen Blutglukose-Konzentration umfassen kann, die hier nicht Gegenstand der Diskussion sind (z.B. Hemmung der Magenentleerung und Ingesta-Passage). Die Verzögerung der Magenentleerung (Holt et al., 1979) und eine Prolongierung der intestinalen Passagedauer (Lembcke et al., 1984) werden neben einer Vergrößerung der sog. 'unstirred water layer' (UWL) für die Wirksamkeit natürlicher Quellstoffe wie Guar und Pektin beim Diabetes mellitus und Dumping-Syndrom verantwortlich gemacht (Elsenhans, 1983; Flourie et al., 1984).
Darüber hinaus läßt Tabelle 1 erkennen, daß eine Beeinflussung der Resorption auf der Ebene gastrointestinaler Hormone (Teil der sog. „Entero-insulären Achse“ [Unger u. Eisentraut, 1969]) sekundär metabolische Vorgänge tangiert, die ihrerseits zu Veränderungen der oralen Glukosetoleranz führen können (Creutzfeldt u. Ebert, 1986).

Tabelle 1. Determinanten der oralen Glukosetoleranz

Ernährungsfaktoren	1. Nahrungszusammensetzung Art der Nahrungsaufnahme Verdaulichkeit
Gastroenterologische Faktoren	2. Magenentleerung 3. α-Amylaseaktivität im Duodenum 4. Intestinale Resorption • Kontaktfläche, Kontaktzeit • Hydrolasen der Bürstensaummembran • resorptive Transportkapazität • 'unstirred water layer'-Widerstand
Endokrine bzw. Stoffwechsel-Faktoren	5. Nervale u. hormonale B-Zell-Stimulation (Inkretineffekt) 6. Insulinsekretion 7. Insulinextration durch die Leber 8. Glukoseextraktion durch die Leber 9. Periphere Insulinwirkung

Beeinflussung der Resorption durch Pharmaka

Struktur und Funktionen des Dünndarms werden durch eine Vielzahl von Pharmaka verändert (Übersicht bei Caspary, 1983a).
Als Therapienebenwirkung stellen dabei Durchfälle ein bekanntes Symptom sekundärer Malassimilationssyndrome unter der Einnahme von z.B. Colchizin, Methotrexat, Cyclophosphamid, 5-Fluoruracil oder Neomycin dar.

Diarrhoen kommen in der Klinik auch als Ausdruck primärer Störungen intestinaler Funktionen (d.h., ohne morphologische Veränderungen), z.B. unter einer Medikation mit dem Digitalisglykosid Methyl-Proscillaridin als Folge sekretagoger Wirkungen dieser Substanz vor (Ewe et al., 1979).
Die experimentell in vitro aufgezeigte Beeinflussung des intestinalen Transportes von Zuckern durch Pharmaka (u.a. durch Prenylamin [s.u.], Carbochromen [Caspary et al., 1978] oder auch Fenfluramin [s.u.] hat hingegen — abgesehen von den Biguaniden — klinisch bisher keine Bedeutung für die Therapie Kohlenhydrat-abhängiger Erkrankungen erlangt.

Hemmung intestinalen Zuckertransportes

Phlorhizin

Unter experimentellen Bedingungen stellt Phlorhizin die klassische Modellsubstanz eines kompetitiven Inhibitors des aktiven intestinalen Transportes von Glukose dar (Alvarado u. Crane, 1962). Eine Hemmung der Resorption konnte auch in vivo (bei Perfusionsuntersuchungen am Menschen) nachgewiesen werden (Blum et al., 1975).

Prenylamin

Der Calzium-Antagonist Prenylamin (Segontin) hemmt den aktiven intestinalen Transport von Zuckern (D-Galaktose, 3-o-Methyl-Glukose) und Aminosäuren in vitro (Caspary und Creutzfeldt, 1972).
Eine Hemmung der enteralen Zuckerresorption wurde auch durch Perfusionsuntersuchungen am Jejunum bei gesunden Versuchspersonen nachgewiesen (Gottesbühren et al., 1974).
Ähnlich den Biguaniden (Gyr et al., 1970; vgl. S. 6) ist über eine positive therapeutische Beeinflussung der Beschwerdesymptomatik beim Dumping-Syndrom durch Prenylamin berichtet worden (Szatloczky, 1971), ohne daß sich diese Erfahrungen als Standardtherapie durchgesetzt hätten.
Weitere, dem Prenylamin (Diphenylpropyl-amphetamin) strukturell ähnliche Arylalkylamine sind von Elsenhans et al. (1985) als starke, nicht-kompetitive Inhibitoren des intestinalen Transportes von 3-o-Methyl-Glukose bei der Ratte in vitro charakterisiert worden.

Fenfluramin, aufgrund anorektigener Eigenschaften als Appetitzügler und von einigen Autoren auch in der Behandlung des Typ II-Diabetes eingesetzt (Hepp, 1984; Knick u. Knick, 1985), weist eine ähnliche Molekülstruktur auf.
In vitro, am Dünndarm der Ratte, hemmt die Substanz den Transport aktiv resorbierter Substrate; dieser resorptionshemmende Effekt ist am 'everted sac'-Präparat nur bei mukosaler, nicht bei serosaler Applikation nachweisbar (Caspary et al., 1980a).

α-Amylase-Inhibitoren

Natürliche *a*-Amylase-Inhibitoren ('Sistoamylase') mit verschiedenen physikochemischen Eigenschaften sind seit langem aus Untersuchungen von Cerealien- und Bohnenextrakten bekannt (Chrzaszcz und Janicki, 1933; Kneen und Sandstedt, 1943; 1946; Bowman, 1945; Silano et al., 1975; Marshall und Lauda, 1975).
Untersuchungen des aus Weizenmehl isolierten *a*-Amylase-Inhibitors BAY d 7791, einem Protein (Truscheit et al., 1981), zeigten im Tierexperiment und am Menschen einen Blutglukose-senkenden Effekt bei oraler Belastung mit roher, nicht aber mit gekochter Stärke (Puls und Keup, 1973).
Mikrobiellen Ursprungs sind neuere *a*-Amylase-Inhibitoren mit Pseudo-Oligosaccharid-Struktur (Resistenz gegenüber proteolytischen Enzymen), zu denen BAY e 4609 (Truscheit et al., 1981) und Trestatin A,B,C (Ro 9-0154) gehören (Pirson und Buchschacher, 1981).

BAY e 4609

BAY e 4609 führt bei Ratten trotz Hyperphagie zu einer geringeren Gewichtszunahme als bei Kontrolltieren (Fölsch et al., 1981), während die Substanz bei übergewichtigen Patienten über 16 Wochen zu keiner Änderung des Körpergewichtes führte (Berchtold und Kiesselbach, 1981). Eine dosisabhängige, deutliche Senkung postprandialer Blutglukose-Anstiege durch BAY e 4609 nach Stärkebelastung (Puls und Keup, 1975a) ließ sich jedoch unter einer konventionellen Kost (d.h. in Gegenwart von Mono- bzw. Disacchariden) nicht mehr nachweisen (Gries et al., 1980; Berchtold und Kiesselbach, 1981), so daß der Wert von BAY e 4609 heute zurückhaltend beurteilt wird (Fölsch, 1983).

Trestatin (Ro 9-0154)

Trestatin (Abb. 3) ist ein Gemisch komplexer, mikrobieller Pseudo-oligosaccharide (Trestatin A,B,C; Pirson und Buchschacher, 1981) mit partiell Acarbose-ähnlicher Struktur (Truscheit et al, 1981; Müller, 1985).

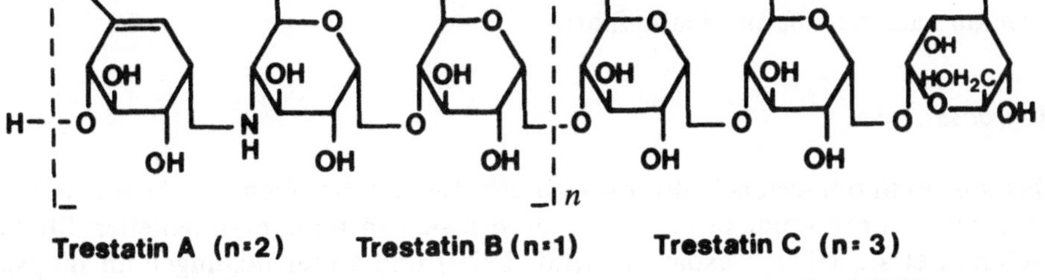

Trestatin A (n=2) Trestatin B (n=1) Trestatin C (n=3)

Abb. 3. Struktur des α-Amylase-Inhibitors Trestatin (Trestatin A+B+C = Ro 9-0154)

Das Substanzgemisch hemmt die α-Amylase des Pankreas praktisch irreversibel und vermindert im Tierexperiment postprandiale Blutglukose- und Insulinanstiege nach Stärkebelastung. Darüber hinaus vermindert Trestatin die pp. Glukoseanstiege und die Urin-Glukose-Ausscheidung bei diabetischen Ratten (Pirson und Buchschacher, 1981).
Bei Probanden und Typ II-Diabetikern führte Trestatin zu einer deutlichen, dosisabhängigen Reduktion postprandialer Blutglukose-- und Insulinanstiege nach einem Testfrühstück, nicht aber nach einer Saccharose-Belastung (gesunde Probanden) (Eichler et al., 1984).

Tendamistat (HOE 467)

Tendamistat ist ein aus Streptomyces-Kulturen isoliertes, wasserlösliches und relativ hitzestabiles Polypeptid mit einem Molekulargewicht von 7958 (Aschauer et al., 1981), das pankreatische α-Amylase durch 1:1-Komplexbildung irreversibel inaktiviert (Vertésy et al., 1984) und selbst gegenüber peptischer Verdauung nahezu resistent ist (Vertésy et al., 1981).
Im Tierexperiment führt die Substanz dosisabhängig zu einer Hemmung des Blutglukose- und Insulinanstiegs nach Stärkebelastung (Regitz et al., 1981).
Untersuchungen an Probanden zeigen unter Tendamistat eine dosisabhängige Verminderung des Blutglukose- und Insulinanstiegs nach stärkehaltigen Testmahlzeiten, sofern der α-Amylase-Inhibitor mit dem Testmahl vermischt verabreicht wurde (Meyer et al., 1983a; 1983b, 1984a, 1984b, 1984c).
Die klinische Prüfung dieser Substanz wurde wegen ausgeprägter Immunogenität (Antikörperbildung und allergische Symptome bei atopisch stigmatisierten Mitarbeitern des Herstellers) eingestellt (Dr. E. Draeger, Abt. klinische Forschung, Hoechst AG, Frankfurt; persönliche Mitteilung).

α-Glukosidase-Inhibitoren

Tris⁺

Tris⁺ (Hydroxymethylaminomethan) ist in vitro ein starker Inhibitor intestinaler Disaccharidasen (Dahlqvist, 1968).
Puls und Keup (1975b) konnten zeigen, daß diese α-Glukosidasen durch Tris⁺ kompetitiv gehemmt werden und die experimentelle orale Verabreichung der Substanz bei der Ratte und beim Menschen zu einer verminderten Glukose-Resorption nach Saccharose-Gabe führt.

Acarbose

Das aus Actinomyceten-Kulturen isolierte Pseudotetrasaccharid Acarbose (MG 645; Abb. 4) (Schmidt et al., 1977) erwies sich in tierexperimentellen Studien (Schmidt et al., 1977; Caspary u. Graf, 1979) und Untersuchungen an Biopsien menschlicher Jejunalschleimhaut als potenter, kompetitiver Hemmer der intesti-

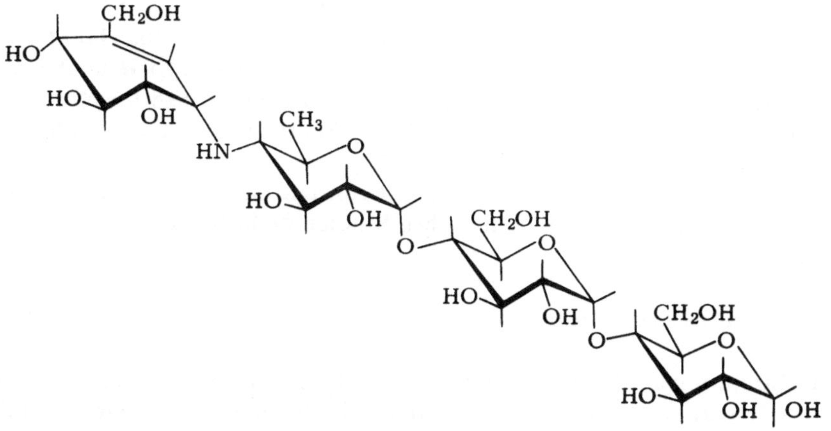

Abb. 4. Struktur des mikrobiellen Pseudotetrasaccharids Acarbose

nalen α-Glukosidase-Aktivitäten, insbesondere der Saccharase und Glukoamylase (Caspary u. Graf, 1979).

Darüber hinaus hemmt Acarbose auch die Aktivität der Pankreas-α-Amylase in vitro (Puls et al., 1980; Müller et al., 1980). Befunde von Suehiro et al. (1981) lassen eine nicht-kompetitive Hemmung der α-Amylase des Pankreas beim Menschen durch Acarbose erkennen, wobei möglicherweise ein Enzym-Inhibitor-Komplex gebildet wird.

Im Tierexperiment und beim Menschen hemmt die Substanz dosisabhängig (ED_{50} 0,5-1,5mg/kg KG) den postprandialen Anstieg der Blutglukose- und Serum-Insulin-Konzentration nach oraler Kohlenhydratbelastung (Puls et al., 1977; Hillebrand et al., 1979).

Aufgrund dieser Eigenschaften wurde von Puls et al. (1977) eine klinische Anwendung dieses α-Glukosidase-Inhibitors vorgeschlagen und damit das Therapieprinzip medikamentöser Resorptionsverzögerung in der Behandlung Kohlenhydrat-abhängiger Erkrankungen begründet (Puls, 1980).

Perfusionsuntersuchungen am Menschen mit Saccharose als Substrat zeigen, daß Acarbose zu einer ausgeprägten und dosisabhängigen Hemmung der Glukoseassimilation aus dem Disaccharid sowie der Natrium- und Wasserresorption unter diesen Bedingungen führt (Caspary und Kalisch, 1979).

Der ausgeprägte, kompetitive Hemmeffekt gegenüber intestinaler α-Glukosidasen-Aktivität erklärt, warum es nach oraler Kohlenhydratbelastung dosisabhängig über eine Retardierung der Kohlenhydrat-Verdauung hinaus (Jenkins et al., 1979b) zu einer Kohlenhydrat-Malabsorption mit Verlust von Substrat in das Colon und entsprechender klinischer Beschwerdesymptomatik kommen kann (Caspary, 1978).

In einer offenen, ambulanten multizentrischen Einjahresstudie an Typ I- und Typ II-Diabetikern haben Symptome der Kohlenhydrat-Intoleranz unter Praxisbedingungen in 5% zum Therapieabbruch geführt (Aubell et al., 1983).

Durch eine Reihe klinischer Studien ist inzwischen belegt, daß durch diese Substanz eine Verbesserung der Stoffwechseleinstellung von insulinbehandelten

(Walton et al., 1979; Sachse u. Willms, 1979; Edmonds et al., 1981; Gerard et al., 1981; Hillebrand et al., 1981; Dimitriadis et al., 1985, 1986; Daubresse et al., 1985; Viviani et al., 1985; Williams et al., 1985) und Typ II-Diabetikern bewirkt werden kann (Sachse u. Willms, 1979; Laube et al., 1980; Sachse et al., 1982; Johansen, 1984; Lardinois et al., 1984; Scott et al., 1984; Kolb et al., 1985; Baron et al., 1987).
Eine Wirkung auf die Nüchtern-Blutglukosekonzentration wurde in der überwiegenden Zahl der vorliegenden klinischen Studien nicht beobachtet.

Nojirimycin und Desoxynojirimycin

Das aus Streptomyces-Kulturen isolierte Antibioticum Nojirimycin und sein 1-Desoxy-Derivat weisen ausgeprägte Strukturähnlichkeiten mit dem D-Glukose-Molekül auf (Abb. 5).
In vitro, an der Jejunalschleimhaut des Schweines, sind beide Substanzen kompetitive α-Glukosidasen-Inhibitoren mit einer K_i von $9{,}6 \times 10^{-8}$ M bis $5{,}6 \times 10^{-7}$ M (Reese et al., 1971; Schmidt et al., 1979; Murao und Miyata, 1980).
Die Untersuchung der Wechselwirkungen von Nojirimycin und 1-Desoxynojirimycin mit dem isolierten Saccharase-Isomaltase-Komplex hat zum Verständnis der Primärwirkung der α-Glukosidase-Inhibitoren am aktiven Zentrum dieses Enzymkomplexes (Cogoli und Semenza, 1975) beigetragen (Truscheit et al., 1981; Bock und Pedersen, 1984).

Glukose

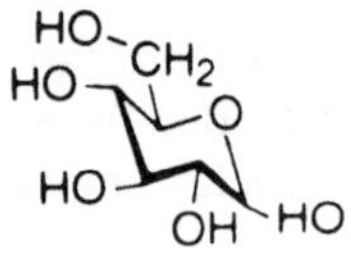

Nojirimycin

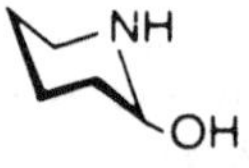

1-Desoxynojirimycin

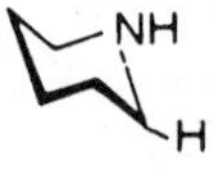

BAY m 1099 (Miglitol)

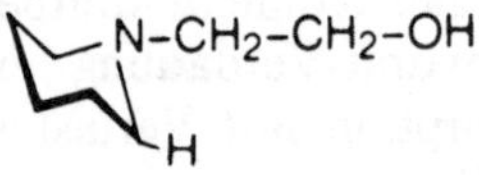

BAY o 1248

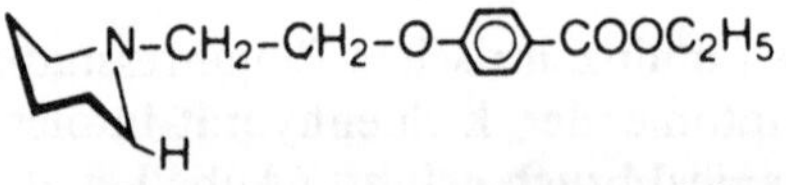

Abb. 5. Struktur-Analogie von Nojirimycin und 1-Desoxynojirimycin sowie der 1-Desoxynojirimycin-Derivate BAY m 1099 [Miglitol] und BAY o 1248 mit D-Glukose
(nach Puls et al., 1984)

1-Desoxynojirimycin-Derivate: BAY m 1099 (Miglitol), BAY o 1248 (Emiglitate)

BAY m 1099 (Miglitol; MG 207) und BAY o 1248 (MG 345) (Abb.5) sind potente, kompetitive Inhibitoren mukosaler *a*-Glukosidasen-Aktivitäten am Jejunum des Schweines (Puls et al., 1984) und der Ratte (Lembcke et al., 1985a). Beide Substanzen führen im Tierexperiment zu einer Hemmung postprandialer Anstiege der Blutglukose- und Serum-Insulin-Konzentration nach oraler Kohlenhydratbelastung (Puls et al., 1984). Die ED_{50} für Akutbelastungen mit Saccharose bzw. Stärke betrug in diesen Versuchen 0,24 (0,5) mg/kg Ratte (BAY m 1099) und 0,2 (0,3) mg/kg (BAY o 1248).
Beide Substanzen vermögen den pp. Blutglukose-Anstieg bei gesunden Probanden (Joubert et al., 1985; Hillebrand et al., 1986; Taylor et al., 1986) und Diabetikern (Dimitriadis et al., 1986) deutlich zu hemmen.
Die Untersuchung weiterer Eigenschaften und primärer Wirkungen dieser Inhibitoren im Tierexperiment bzw. am Menschen ist Gegenstand dieser Arbeit.

Nahrungs-Kohlenhydrate

Die verdaulichen Kohlenhydrate stellen mit durchschnittlich 40-50% den dominierenden Energieträger in unserer Ernährung dar (Ernährungsbericht, 1984). Davon werden mittlerweile weniger als 60% in Form von Polysacchariden (Stärke) und etwa 35% als Disaccharide (überwiegend Saccharose, etwa 5% als Laktose) zugeführt. Unter den freien Monosacchariden (ca. 5-7% der Kalorienträger) ist lediglich die Zufuhr von Fruktose, weniger von Glukose und Galaktose, in quantitativer Hinsicht von Bedeutung.
Die polymeren Speicher- und Struktur-Kohlenhydrate, die von den digestiven Enzymen des Verdauungstraktes nicht, oder für die Resorption in unzureichendem Ausmaß aufgeschlossen (hydrolysiert) werden können (im wesentlichen Zellulose, Hemizellulose, Algen-Polysaccharide, Pektine und andere Quellstoffe), werden zusammen mit dem Nicht-Kohlenhydrat Lignin als Ballaststoffe bezeichnet.
Daneben können die infolge des Fehlens entsprechender intestinaler α-Galaktosidase-Aktivität unverdaulichen Oligosaccharide wie Stacchyose oder Raffinose (Rackis, 1975) in einigen Nahrungsmitteln (z. B. Bohnen, Pflaumen) in Konzentrationen vorkommen, die Anlaß zu postprandialen Blähungsbeschwerden aufgrund fermentativer Darmgasbildung im Kolon geben können (Calloway, 1968; Rackis, 1975; Übersicht: Lembcke und Caspary, 1983a).

Kohlenhydrat-Verdauung unter physiologischen Bedingungen

Die linearen Amylose-Strukturen der Stärke werden unter dem Einfluß von Speichel-Amylase (bis zur Inaktivierung durch die Magensäure) und der *a*-Amylase des Pankreas (EC 3.2.1.1) an den 1,4-*a*-Bindungen im Inneren der Polysaccharidketten hydrolytisch gespalten, wobei (nach Gray, 1975; 1981) zu 40% Maltose (Disaccharid), 25% Maltotriose (Trisaccharid) und zu 5% 4-9 Glukoseeinheiten enthaltende Oligosaccharide als Endprodukte entstehen (Abb. 6).

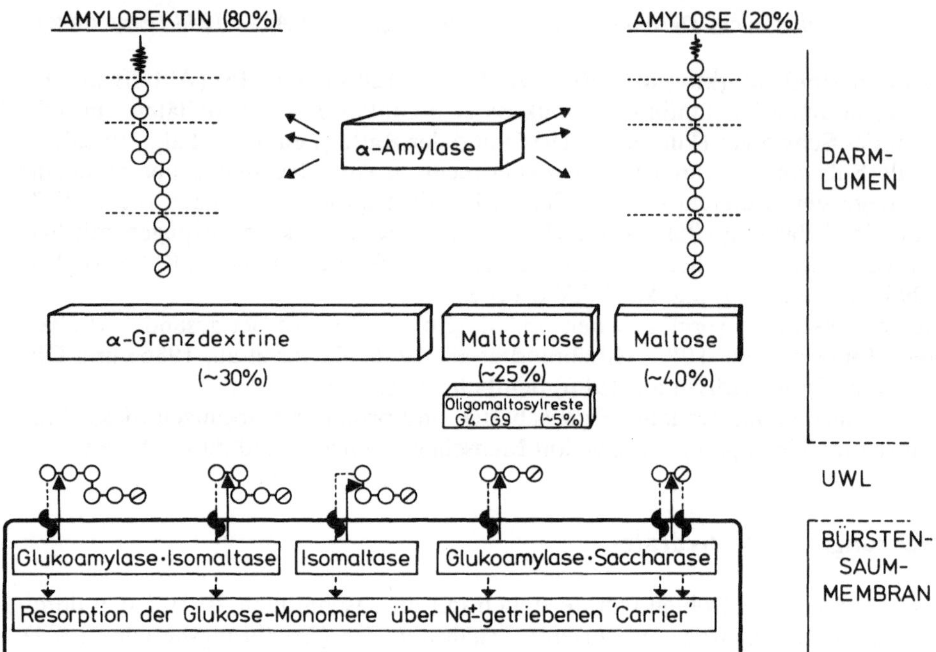

Abb. 6. Physiologie der sequentiellen Stärkeverdauung durch die *a*-Amylase des Pankreas und intestinale *a*-Glukosidasen (n. Daten von Gray, 1975, 1981).
G4-G9 = Oligomaltosylreste mit 4-9 Glukosemonomeren; UWL = 'unstirred water layer'

Die 1,6-*a*-Verknüpfungen in den mit 80% dominierenden Amylopektin-Molekülstrukturen der Stärke und die benachbarten 1,4-*a*-Bindungsstellen können durch die *a*-Amylase nicht gespalten werden (Myrbäck, 1948; Roberts u. Whelan, 1960; Bines and Whelan, 1960), so daß zusätzlich (etwa 30%) verzweigte Oligosaccharide verschiedener Molekülgröße freigestzt werden. Diese *a*-(Grenz)-Dextrine enthalten (Gray, 1970) mindestens 5, im Mittel aber 8 Glukoseeinheiten (Abb. 6).

Die weitere hydrolytische Spaltung der durch Einwirkung der *a*-Amylase entstandenen Oligo- und Disaccharide sowie freier Disaccharide der Nahrung (z.B. Saccharose) findet in enger räumlicher und funktioneller Beziehung zur Resorption der hierbei entstehenden Monomere an der luminalen Oberfläche der Enterocyten statt.

Struktur und Funktion des Dünndarms weisen dabei Merkmale auf, die eine rasche und weitgehend vollständige Assimilation der Glykosyl-Oligosaccharide, Disaccharide und ihrer Monomere, wie sie von Borgström et al. (1957), Dahlqvist und Borgström (1961) sowie Johansson (1975) beschrieben wurde, erwarten lassen.

Enzyme der terminalen Kohlenhydrat-Digestion

Die Bürstensaummembran enthält eine Vielzahl hydrolytischer Enzyme, unter denen mehrere α-Glukosidasen sowie die Laktase als β-Galaktosidase ernährungsphysiologisch für die terminale Kohlenhydrat-Verdauung von Bedeutung sind.
Bedingt durch methodische Unterschiede bei der Isolation der Enzymkomplexe werden die α-Glukosidasen der Bürstensaummembran von A. Dahlqvist (1962) und der Arbeitsgruppen um G. Semenza (Semenza et al., 1965; Auricchio et al., 1965) uneinheitlich klassifiziert (Tabelle 2).

Tabelle 2. Kohlenhydrat-verdauende Enzyme der Bürstensaummembran (n. Dahlqvist, 1962, sowie der Arbeitsgruppe um G. Semenza)

n. Dahlqvist (1962)	n. Semenza et al. (1965), Auricchio et al. (1965)
Maltase Ia Maltase Ib	Maltase 5 (Isomaltase) Maltase 4 (Saccharase 1) Maltase 3 (Saccharase 2)
Maltase II Maltase III	Maltase 1 und 2
Trehalase	Trehalase
Laktase 1	Laktase 1
Laktase 2	Laktase 2

Für anwendungsorientierte und klinische Belange erfolgt dagegen allgemein eine Charakterisierung der Enzymaktivitäten über das bei der Messung verwendete Substrat; diese Charakterisierung (Gray, 1975; IUB-Enzyme Committee, 1984) findet auch in den Untersuchungen der vorliegenden Arbeit Anwendung.

α-Glukosidasen

Saccharase (EC 3.2.1.48) hydrolysiert neben Saccharose (2-β-Fructo-furanosyl-1-α-glucopyranosid) auch Maltose, wobei etwa 25% der Gesamtmaltaseaktivität auf dieses Enzym entfallen (Gray, 1975).
Saccharase bildet einen hybriden Enzymmolekülkomplex (MG 280.000) mit einer α-Dextrinase, die zumeist als Isomaltase bezeichnet wird, obwohl α-Dextrine, d.h. α-1,6-Verzweigungen enthaltende Malto-Oligosaccharide, und nicht das α-1,6-verknüpfte Disaccharid Isomaltose das natürliche Substrat für dieses Enzym darstellen.
Isomaltase (EC 3.2.1.10) hydrolysiert die den α-1,6-verbundenen Verzweigungsstellen des Amylopektins entsprechende Isomaltose (α-1,6-D-Glucosylglukose) sowie α-Grenzdextrine. Als Synonyma werden die Bezeichnungen Oligo-1,6-α-glucosidase und α-Dextrinase oder α-Grenzdextrinase von einigen Autoren bevorzugt (Gray, 1970).
50% der Maltaseaktivität sind auf dieses Enzym zurückzuführen (Gray, 1975).

Glukoamylase (EC 3.2.1.3) vermag α-1,4-verbundene Glukosereste vom terminalen, nicht-reduzierenden Ende zwei bis neun Glukosereste (Optimum: G5–G9) enthaltender Malto-Oligosaccharide abzuspalten und verfügt auch über hydrolysierende Aktivität gegenüber α-1,6-Verknüpfungen (Kelly u. Alpers, 1973). Synonym: Gamma-Amylase. 25% der Gesamtmaltaseaktivität entfallen auf dieses Enzym (MG 210.000) (Gray, 1975).
Maltase-Aktivität (EC 3.2.1.20), eine Teilaktivität der Isomaltase, Saccharase und Glukoamylase, ist gekennzeichnet durch die bevorzugte Spaltung von Maltose (*a*-1,4-Glucopyranosyl-glukose) und Maltotriose zu zwei bzw. drei Molekülen Glukose.
Trehalase (EC 3.2.1.28) hydrolysiert die aus zwei Glukosemolekülen bestehende Trehalose (1-*a*-Glukosyl-1-*a*-glukosid), die lediglich in Pilzen, in Manna und bei einigen Insekten als Blutzucker physiologisch vorkommt, d.h. das Enzym hat ungeachtet der Mitteilung von Einzelfallbeschreibungen von Patienten mit Trehalasemangel keine ernährungsphysiologische Bedeutung.

β-Galaktosidase

Laktase (EC 3.2.1.23) stellt die einzige ernährungsphysiologisch relevante *β*-Galaktosidase der Bürstensaummembran dar. Natürliches Substrat ist Laktose (*β*-1,4-Galaktosyl-1-glukose). Neben dem membrangebundenen Enzym (MG 280.000) existiert noch eine intrazelluläre, unspezifische *β*-Galaktosidase (Laktase 2), die jedoch nur etwa 10% der Aktivität des membranständigen Enzyms aufweist (Gray u. Santiago, 1969).

Hydrolytische Aktivität der Disaccharidasen

Anhaltswerte für die Aktivität der genannten Oligosaccharidasen beim Menschen gibt Tabelle 3. Es handelt sich dabei um Enzymaktivitäten in Homogenaten jejunaler Schleimhautbiopsien von 40 Patienten ohne Anhalt für ein Malassimilationssyndrom (Gastroenterologisches Labor der Med. Univ.-Klinik Göttingen, 1972-1982).

Tabelle 3. Aktivität (U/g Protein) intestinaler Hydrolasen im Jejunum des Menschen (Mittelwerte ± 1 SD und Streubereiche; n = 40)

Sacchharase	Glukoamylase	Maltase	Isomaltase	Trehalase	Laktase
104± 38	38±18	372±113	72± 37	32±14	48±22
31–192	16–70	206–645	21–155	9–70	14–97

Die genannten Werte stimmen in hohem Maße mit den von anderen Untersuchern angegebenen Mittelwerten und Streubereichen bei Normalpersonen überein (Auricchio et al., 1963; Plotkin und Isselbacher, 1964; Haemmerli et al.,

1965; Sheehy und Anderson, 1965; Dunphy et al., 1965; Gray und Santiago, 1966; Howell et al., 1980).

Unter physiologischen Bedingungen lassen die hydrolytische Aktivität der intestinalen *a*-Glukosidasen (McMichael, Webb u. Dawson, 1967; Dawson, 1970) sowie der *a*-Amylase des Pankreas (Dahlqvist u. Borgström, 1961; Fogel u. Gray, 1973) einen deutlichen Überschuß an digestiver Kapazität erkennen.
In vitro- (Miller u. Crane, 1961) und in vivo-Untersuchungen an der Ratte (Dahlqvist u. Thompson, 1963a) haben gezeigt, daß die Assimilation von Saccharose mit der gleichen Geschwindigkeit erfolgt, wie die Resorption ihrer konstituierenden Monomere, d.h., daß nicht die Hydrolyse, sondern die Resorptionskapazität für die Monosaccharide limitierend für die Aufnahme des Zuckers ist. Analoge Ergebnisse wurden bei Perfusionsuntersuchungen an der Ratte (Dahlqvist u. Thompson, 1963 b) für Maltose und Trehalose mitgeteilt. Diese Ergebnisse werden auch in frühen Perfusionsuntersuchungen am Menschen bestätigt, in denen für Saccharose (Gray u. Ingelfinger, 1965) und Maltose (McMichael, Webb u. Dawson, 1967) belegt werden konnte, daß die Hydrolyse der Disaccharide nicht geschwindigkeitsbestimmend für die Assimilation der genannten Zucker ist.

In einer neueren Perfusionsuntersuchung am Menschen stellten Jones u. Mitarb. (1983) einen Resorptionsvorteil ('kinetic advantage') für Glukose aus Maltose und Maltotriose gegenüber der Perfusion mit dem freien Monosaccharid fest, der schon zuvor von Cook (1973) für Glukose aus Maltose beim Menschen sowie in vitro am Dünndarm des Hamsters für Saccharose beschrieben worden war (Caspary, 1972).

Jones et. al (1983) fanden darüber hinaus eine intraluminale Akkumulation von Isomaltose und Isomaltotriose bei der Perfusion mit einem α-Amylase-Hydrolysat von Mais-Stärke als Hinweis darauf, daß – im Gegensatz zur digestiven Spaltung der 1,4-α-verknüpften Oligosaccharide – bei der Assimilation der α-Grenzdextrine die Hydrolyse der 1,6-α-Bindungen durch die Isomaltase den geschwindigkeitsbestimmenden Schritt darstellt.

Auch für die Assimilation von Laktose ist beim Menschen die Hydrolyse und nicht die Resorption der konstituierenden Monomere geschwindigkeitsbestimmend (Gray u. Santiago, 1966).

Digestiv-resorptive Kapazität des Dünndarms — Hinweise auf eine 'physiologische' Kohlenhydratmalassimilation

Die digestiv-resorptive Kapazität des Dünndarms für Kohlenhydrate kann
experimentell
— durch direkte Bestimmung des Substrates in Ileostomie-Effluaten (Holgate u. Read, 1983; Wolever et al., 1986),
— durch 'slow marker' Perfusions-korrigierte Aspiration im terminalen Ileum (Bond et al., 1980; Stephen et al., 1983),

indirekt
— mittels Bestimmung der Wasserstoff- (H_2)-Exhalation (Bond u. Levitt, 1972, 1976, 1977; Anderson et al.,1981; Kerlin et al., 1984) oder

rechnerisch,

— die Ergebnisse von Perfusionsuntersuchungen in einem umschriebenen Jejunalsegment extrapolierend,

ermittelt werden.

- Hochrechnungen der Resorptionskapazität für Glukose bzw. Fruktose aus Perfusionsstudien am Jejunum des Menschen (Holdsworth u. Dawson 1964) auf einen Zeitraum von 24 Stunden haben zu virtuellen Zahlenwerten einer intestinalen resorptiven Kapazität von 5,4 kg Glukose bzw. 4,8 kg Fruktose/die geführt (Crane, 1975). Aus diesen Daten wurde geschlossen, daß auf der eigentlichen Ebene digestiv-resorptiver Funktionen des Dünndarms keine Regulationsmechanismen zur Kontrolle der Nahrungsassimilation existieren (Crane, 1979). Diese Betrachtung kann für die isolierte, modellhafte Untersuchung der Resorption per se zutreffen, sie ist aber unter physiologischen Bedingungen gegenstandslos. Für Fruktose zeigen neue Mitteilungen, daß bei Aufnahme von Mengen über 50g des Zuckers, in Einzelfällen bereits ab 37,5g, mit einer Malabsorption zu rechnen ist (Ravich et al., 1983) und erhebliche Beschwerden im Sinne einer-Kohlenhydratintoleranz durch Ingestion größerer Mengen (100g) verursacht werden können (Andersson u. Nygren, 1978).

- Die Bestimmung der Wasserstoff (H_2)-Exhalation stellt eine valide, einfache, nicht-invasive Methode zur Erfassung einer Kohlenhydratmalassimilation dar, mit der bereits ein Übertritt geringer Substratmengen (> 2g) in das Kolon nachweisbar ist (Levitt und Ingelfinger, 1968).

Für ein definiertes Substrat (z.B. Laktose, Laktulose) korreliert die intraindividuelle H_2-Exhalation dabei in bestimmten Grenzen (d.h., sofern keine Durchfallsymptomatik auftritt) mit der in das Kolon gelangten Menge des Kohlenhydrates (Bond u. Levitt, 1972).

Die H_2-Exhalationstests beruhen auf der Fähigkeit der Darmflora, bei der Metabolisierung von Kohlenhydraten nascierenden Wasserstoff freizusetzen. H_2 gelangt durch Diffusion in das Kapillarblut der Darmschleimhaut und unterliegt aufgrund geringer Löslichkeit im Blut einer praktisch vollständigen Clearance bei einmaliger Lungenpassage (Calloway, 1968).

Da Wasserstoff als Gas (H_2) im Intermediärstoffwechsel des Menschen nicht gebildet werden kann und in athmosphärischer Luft nur als Spurengas ($< 0,05$ ppm, 'parts per million') existiert, weist ein Anstieg der H_2-Exhalation eine H_2-Produktion im Gastrointestinaltrakt als Folge bakterieller Vergärung des verabreichten Substrates nach, d.h. entweder den Übertritt des Kohlenhydrates in den Dickdarm (Malassimilation) oder eine unphysiologische, bakterielle Überbesiedlung des Dünndarms (Übersicht: Lembcke und Caspary, 1983b).

Auf dem Prinzip der H_2-Messung in der Exhalationsluft beruhende Untersuchungen zeigen, daß unter physiologischen Bedingungen eine unvollständige Assimilation von resorbierbaren Nahrungs-Kohlenhydraten auftritt, und daß beim Vorliegen von Veränderungen der Anatomie oder Funktion (Z.n. partieller Gastrektomie; chron. Pankreatitis) ein deutlicher Verlust von Kohlenhydraten in das Kolon stattfinden kann (Bond u. Levitt, 1972; Kerlin et al., 1984).

Bei gesunden Probanden haben Anderson et al. (1981) eine Malassimilation von Kohlenhydraten nach Verabreichung von 100g Stärke in Form von Weizenmehl-Weißbrot oder Makkaroni nachgewiesen, nicht aber nach Gabe von 100g Saccharose, glutenarmem Weizenmehlbrot, von Reismehlbrot oder glutenarmem Weizenmehlbrot mit Zusatz von Gluten. Der Übertritt von Kohlenhydraten in das Kolon wurde dabei durch H_2-Exhalations-Messungen über 10 Stunden nachgewiesen. Die Ergebnisse zeigen, daß die Malassimilation der Nahrungs-Kohlenhydrate nicht durch unvollständigen hydrolytischen Aufschluß der Stärke an sich, sondern durch die natürliche Präsenz der Gluten enthaltenden Eiweißbestandteile im Mehl bedingt ist.

Inwieweit Gluten in seiner natürlichen Matrix zu einer sterischen Hemmung der Stärke-Hydrolyse führt (Caspary, 1983b), oder ob die Entfernung der Glutenfraktion auch den Gehalt an natürlich vorkommenden α-Amylase-Inhibitoren des Weizenmehls vermindert (Strumeyer, 1972), ist ungeklärt. Daß ein solcher Effekt von Bedeutung wäre, wird von Granum (1981) bezweifelt.

Kerlin und Mitarb. (1984) fanden in Übereinstimmung mit Anderson et al. (1981) bei gesunden Testpersonen nach Gabe von 100g Kohlenhydraten in Form von Reismehlpfannkuchen keinen Anstieg der endexspiratorischen H_2-Konzentration über 8 Stunden. Demgegenüber ließ ein deutlicher H_2-Anstieg bei Patienten mit Pankreas- und verschiedenen Dünndarmerkrankungen eine unvollständige Assimilation der Stärke erkennen. Diese Verdauungsinsuffizienz für Kohlenhydrate ließ sich bei Patienten mit einer Pankreaserkrankung durch Pankreatingabe korrigieren.

• Einer direkten Messung zugängig ist die Malabsorption von Nahrungsbestandteilen bei Ileostomie-Trägern.

Holgate und Read (1983) haben das Ileostomie-Effluat nach Verabreichung eines standardisierten Testmahls bei 14 Patienten untersucht, bei denen eine totale Kolektomie wegen einer Colitis ulcerosa durchgeführt worden war.

Die Befunde lassen erkennen, daß im Mittel 1,03 ± 0,09g der resorbierbaren Kohlenhydrate (26,1g) des Testmahls nicht resorbiert wurden; der resorbierte Anteil betrug 96,0 ± 0,3%.

Analog hierzu bestand auch eine Malabsorption anderer Nahrungsbestandteile, wobei die resorbierte Fraktion des Fett- und Proteinanteils des Testmahls 94,6 ± 0,7% bzw 83,0 ± 1,0% ausmachte.

Bei einer kritischen Wertung dieser Untersuchung ist anzumerken, daß die Existenz der Ileostomie allein bereits einen unphysiologischen Zustand darstellt, wobei insbesondere auf eine spezifische, ausgeprägte bakterielle Besiedlung des Ileostomas hinzuweisen ist (Gorbach et al., 1967). In welchem Ausmaß diese besonderen Verhältnisse Anlaß zu Fehldeutungen sein können, ist anhand der vorgestellten Untersuchung nicht zu übersehen; die Konkordanz der Daten von Holgate und Read mit denen der anderen, in diesem Zusammenhang erwähnten Untersucher spricht jedoch gegen einen systematischen, Ileostomie-bedingten Fehler. Chapman et al. (1985) kamen in einer ähnlichen Untersuchung zu analogen Ergebnissen.

• Untersuchungen mit Sondierung des terminalen Ileums unter Verwendung einer 'slow-marker' Perfusionstechnik (Stephen et al., 1983) haben die genannten, mit der H_2-Exhalationsmethode bzw. direkten Messung im Ileostomie-Effluat erhobenen Ergebnisse bestätigt. Danach werden bei Ingestion physiologischer

Mahlzeiten von 20g Stärke im Mittel 9% und von 60g Stärke 6% nicht resorbiert, die dann bakteriellem Abbau im Dickdarm unterliegen. Ein Anstieg der endexspiratorischen H_2-Konzentration wurde unter diesen Bedingungen jedoch nicht beobachtet.
Ein Übertritt resorbierbarer Kohlenhydrate in den Dickdarm ist somit in geringem Umfang physiologisch und wird vom Darmgesunden beschwerdefrei toleriert.

Mit gleicher Technik wurde von Bond u. Mitarb. (1980) am Menschen unter Verwendung ^{14}C-markierter Saccharose gezeigt, daß auch dieses Disaccharid einer partiellen, physiologischen Malassimilation unterliegt (2-4% nach oraler Gabe von 50g Saccharose).
Eine energetische Nutzung des in das Colon übergetretenen Zuckers wird dabei durch die Resorption der infolge bakterieller Verstoffwechselung des Disaccharids freigesetzten kurzkettigen Fettsäuren gewährleistet ('colonic salvage') (Bond et al, 1980; Ruppin et al., 1980) .
Die Resorptionskapazität des Dickdarms für kurzkettige Fettsäuren ist beim Menschen erheblich (Ruppin et al., 1980; Flourie et al., 1986); ein Befund, der klinisch unter diagnostischem und therapeutischem Aspekt von Interesse ist. Einerseits wird damit verdeutlicht, warum die Bestimmung des Stuhl-pH ein relativ unempfindlicher diagnostischer Parameter zum Nachweis einer Kohlenhydrat-Malassimilation ist (Flourie et al., 1986).
Andererseits begründet dieser Mechanismus, warum *a*-Amylase- oder *a*-Glukosidase-Inhibitoren beim Menschen nicht zu einem fäkalen Verlust von Kalorien führen müssen und als „Schlankmacher“ wirkungslos sind (Berchthold u. Kiesselbach, 1981; Bo-Linn et al., 1982; Caspary, 1984).

Kohlenhydrat-Malassimilation

Tierexperimentelle Befunde über eine Gewichtsreduktion durch Hemmung der Kohlenhydratdigestion mit hohen Dosen von Acarbose (Fölsch u. Creutzfeldt, 1985) sind auf eine verminderte Futteraufnahme der Tiere zurückzuführen, deren Ursache in Beschwerden (röntgenologisch: ausgeprägter Meteorismus) im Zusammenhang mit der Nahrungsaufnahme gesehen wird.
Beim Menschen wurde von Caspary (1984) unter dem Aspekt unterschiedlicher Auswirkungen auf das Körpergewicht die Unterscheidung eines kompensierten und dekompensierten Kohlenhydrat-Malassimilationssyndroms (analog zum Gallensäureverlustsyndrom) vorgeschlagen.
Das klinische Beschwerdebild bei der Kohlenhydrat-Malassimilation mit Blähungen (Meteorismus), lauten Darmgeräuschen, Völlegefühl, Flatulenz, Distensionsschmerzen und Durchfällen resultiert aus verstärkter bakterieller Gasbildung, transmuralen Flüssigkeitsbewegungen, einer Volumenzunahme des Darminhaltes, Verkürzung der intestinalen Passagezeit, Überladung der resorptiven Kapazität des Kolons für Wasser und kurzkettige Fettsäuren sowie Irritation der Kolonschleimhaut durch letztere (Abb.7; Christopher u. Bayless, 1971; Bedine u. Bayless, 1973; Bond et al., 1975; Ladas et al., 1982; Ruppin et al., 1980; Flourie et al., 1986).

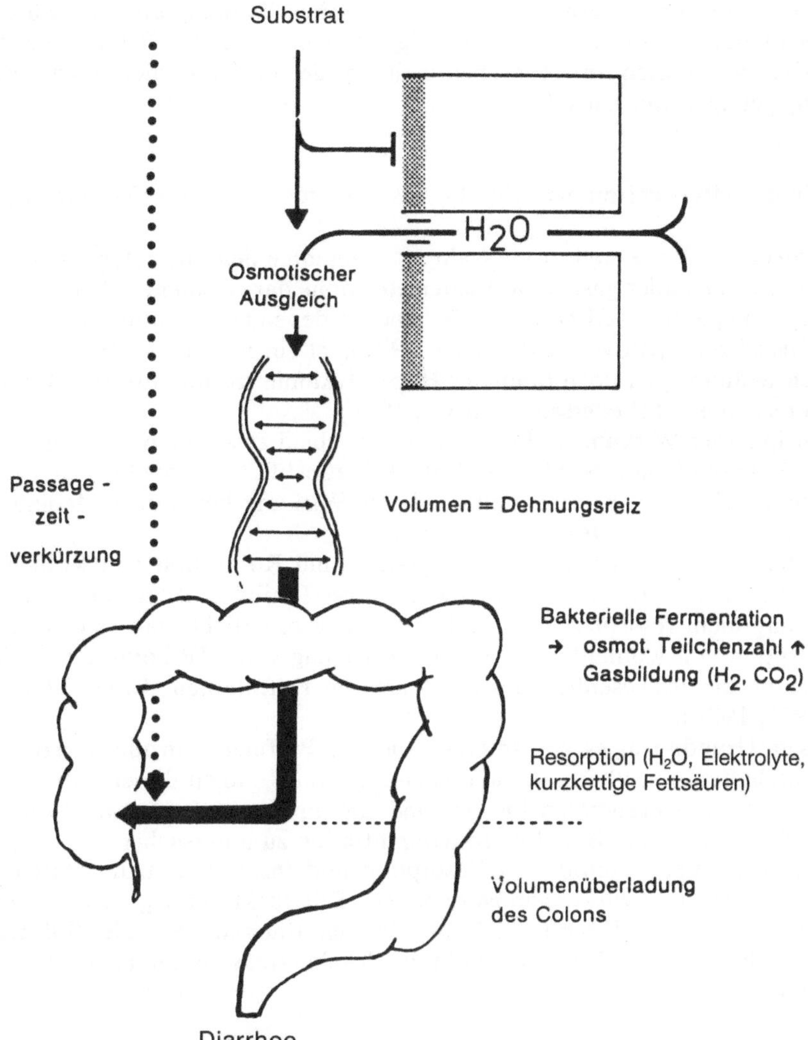

Abb. 7. Pathophysiologie der Kohlenhydrat-Malassimilation. Bakterielle Fermentation von Kohlenhydraten im Kolon führt zur Bildung von H_2 und CO_2 sowie kurzkettiger Fettsäuren, die in erheblichem Umfang resorbiert werden können und einem fäkalen Kalorienverlust entgegenwirken

Prinzipiell kann bei einer wirksamen pharmakologischen Beeinflussung der Kohlenhydrat-Verdauung mit dem Auftreten von Malassimilationssymptomen als Nebenwirkung gerechnet werden.

Das isolierte Fehlen (Preiser et al., 1974; Gray et al., 1976; Schmitz et al., 1974) bzw. Inaktivität (Dubs et al., 1973) des Saccharase-Isomaltase-Komplexes in der Bürstensaummembran stellt dabei als eine seltene, kongenitale Form der Kohlenhydrat-Intoleranz ein klinisches Äquivalent zur Supprimierung intestinaler *a*-Glukosidasen-Aktivität mit diesen charakteristischen Symptomen dar.

Dieses im Wirkprinzip begründete Junktim zwischen Wirkung und unerwünschten Nebenwirkungen macht die Notwendigkeit einer parallelen Betrachtung beider Größen bei Studien am Menschen deutlich, der in der vorliegenden Arbeit Rechnung getragen werden soll.

Kohlenhydrat-Resorption als Stimulus insulinotroper Hormonfreisetzung

In verschiedener Weise stellt orale Nahrungsaufnahme den physiologischen Reiz für die Freisetzung aller gastrointestinalen Hormone dar (Rehfeld, 1979). Gastric inhibitory polypeptide (GIP), auch als 'glucose dependent insulinotropic polypeptide' bezeichnet (Brown u. Pedersen, 1977), ist ein intestinales Hormon, das unter den Bedingungen postprandialer Hyperglykämie Insulin aus den B-Zellen des Pankreas freisetzt (Pedersen u. Brown, 1976).
Das Prinzip dieser Wirkung, auf dem der Unterschied zwischen oraler und intravenöser Glukosetoleranz beruht, wird als 'Inkretin-Effekt' bezeichnet, und GIP gilt heute als einer der preferentiell an dieser Wirkung beteiligten Mediatoren (Creutzfeldt, 1979; Creutzfeldt u. Ebert, 1985).
Untersuchungen mit Inhibitoren der Digestion und Resorption von Kohlenhydraten (Phlorizin, $Tris^+$ und dem *a*-Glukosidase-Inhibitor Acarbose) und die Verwendung nicht-resorbierbarer Zucker haben verdeutlicht, daß es erst durch die Resorption von Kohlenhydraten zur Freisetzung von GIP kommt und nicht bereits durch die Anwesenheit des Substrates im Darmlumen (Creutzfeldt und Ebert, 1977; 1986).
Aus diesem Grunde war es von Interesse, bei der Prüfung resorptionsverzögernder Eigenschaften von Pharmaka am Menschen, im Rahmen dieser Arbeit Veränderungen des postprandialen Insulin- und GIP-Profils im Zusammenhang mit der Beeinflussung der pp. Blutglukose-Konzentration zu untersuchen.
Die funktionale Verknüpfung von Resorption und Insulinfreisetzung durch gastrointestinale Hormonwirkungen ist dabei ein Teilaspekt der sog. „Entero-insulären Achse“ (Unger u. Eisentraut, 1969), die begrifflich alle Signale (Substrate, Nerven, Hormone) vom Darm zu den Inseln des Pankreas umfaßt (Creutzfeldt u. Ebert, 1986).

Methodischer Teil

Alle in den dieser Arbeit zugrundeliegenden Untersuchungen verwandten analytischen Methoden bzw. in-vitro-Techniken sind Routinemethoden oder Standardverfahren gastroenterologischer Forschung und im Schrifttum detailliert beschrieben; für die Glykogenbestimmung wurde eine Modifikation bekannter Methoden verwand.

Versuchstiere

Alle tierexperimentellen Untersuchungen erfolgten an weiblichen Wistar-Ratten (Gewicht 170-210g), die von der Fa. Mus Rattus, München, bezogen wurden. Die Tiere erhielten eine faserreiche (6%) Standard-Laborkost (Altromin® der Fa. Altrogge; 58% Kohlenhydrate, überwiegend als Polysaccharide, 28 % Protein, 14% Fett) sowie Trinkwasser ad libitum; für alle Untersuchungen im Nüchternzustand wurde ihnen das Futter 13 Stunden vor Versuchsbeginn (d.h. am Vorabend) entzogen.

Enzymbestimmungen

α-Amylase (EC 3.2.1.1)

Die Bestimmung der *α*-Amylase-Aktivität in den Kontrollansätzen (menschliches Pankreassekret; Gewinnung im Rahmen diagnostischer endoskopischer Pankreasgangkanülierung sowie gereinigte Pankreas-*α*-Amylase vom Schwein [1060 U/mg Protein]; Sigma) und in Gegenwart der Prüfsubstanzen erfolgte nach der Methode von Rick und Stegbauer (1970).
In Gegenwart von Acarbose kann diese Methode nur bei Inhibitorkonzentrationen < 50 μg/ml verwand werden, da Acarbose (eigene Resultate) in höherer Konzentration die Dinitrosalicylsäure-Reaktion stört (lineare Extinktionszunahme [λ = 546nm] von 0,4-2,0mg Acarbose/Ansatz).

Disaccharidasen

Die Aktivität der *α*-Glukosidasen Saccharase (EC 3.2.1.48), Glukoamylase (EC 3.2.1.3), Maltase (EC 3.2.1.20), Isomaltase-*α*-Dextrinase (EC 3.2.1.10), Trehalase (EC 3.2.1.28) sowie der *β*-Galaktosidase Laktase (EC 3.2.1.23) in Homogenaten der menschlicher Jejunalschleimhaut wurde nach der von Dahlqvist (1964) beschriebenen Methode bei einer Substratkonzentration von 0,028 Mol/l im Ansatz gemessen; für die Bestimmung der Glukoamylase wurde lösliche Stärke nach Zulkowski (1g/100ml) verwand.
Die Möglichkeit, diese Untersuchungen an menschlicher Jejunalmukosa durchführen zu können, verdanke ich Herrn Priv.-Doz. Dr. G. Lepsien, Chirurgische Universitätsklinik Göttingen, von dem ich ein geeignetes Segment gesunden Darmes erhielt, das bei einer Patientin mit einem Ulcus ventriculi im Rahmen der Anlage einer ROUX-Y-Anastomose aus technischen Gründen abgesetzt worden war.

Saure α-Glukosidase (saure Maltase; EC 3.2.1.20)

Die enzymatische Aktivität der (lysosomalen) sauren α-Glukosidase kann durch die Hydrolyse von Glykogen, Maltose oder Methylumbelliferyl-α-D-glucopyranosid bestimmt werden, das Enzym scheint dabei verschiedene katalytische Zentren für die Oligosaccharide und Glykogen zu besitzen (Koster und Slee, 1977; Galjaard, 1980).
Standardmethode (Huijing, 1974) ist die Messung als saure Maltase.
Die Aktivität der sauren Maltase wurde im Skelettmuskel des Menschen (freundlicherweise von Herrn Dr. K.W. Rumpf, Nephrologisches Labor der Med. Univ.-Klinik Göttingen, zur Verfügung gestelltes, gepooltes, homogenisiertes und Ultraschall-behandeltes Referenzmaterial für klinische Bestimmungen) bei pH 4,8 (Huijing, 1974) und in späteren Untersuchungen bei Ratten in Homogenaten des M. soleus nach der von Hers und Van Hoof (1966) beschriebenen Methode bei pH 4 bestimmt.

Dipeptidasen

Zur Frage der Spezifität der α-Glukosidase-Inhibitoren BAY m 1099 und BAY o 1248 wurde die Aktivität ausgewählter Peptidhydrolasen in der Jejunalschleimhaut beim Menschen (s.o.) untersucht.
Im einzelnen wurden die Aktivitäten der Glycyl-L-Leucin-Hydrolase als sog. 'master'-Dipeptidase der Jejunalmukosa (Das und Radhakrishnan, 1973), die L-Phenylalanyl-Glycin-Hydrolase als vorwiegend in der enterocytären Bürstensaummembran lokalisierte Dipeptidase (Heizer et al., 1972) sowie die Glycyl-L-Phenylalanin-Hydrolase als intrazelluläre Dipeptidasenaktivität unter Kontrollbedingungen und in Anwesenheit der α-Glukosidase-Inhibitoren nach der von Caspary (1974) angegebenen Methode unter Verwendung von L-Aminosäure-Oxidase [EC 1.4.3.2; Boehringer, Mannheim] (Fujita et al., 1972) bestimmt. Die Enzymaktivität wurde als μmol/min. x mg Protein berechnet. Angegeben sind die Mittelwerte ± Standardabweichung (SD) von 4-12 Analysen, die jeweils in Doppelbestimmungen durchgeführt wurden.

Protein

Proteinbestimmungen (Jejunalmukosa, Skelettmuskel) erfolgten nach der Methode von Lowry et al. (1951).

Glykogen

Die auf enzymatischer Spaltung des Glykogens durch Amyloglucosidase (eine α-Glukosidase) beruhenden Methoden der Glykogenbestimmung (Keppler und Decker, 1983) sind in Gegenwart der resorbierbaren α-Glukosidase-Inhibitoren entsprechend dem Wirkungsspektrum dieser Substanzen ungeeignet (eigene Beobachtung).

Unter den in Vorversuchen getesteten älteren Methoden zur Glykogenbestimmung bei den nüchtern zu untersuchenden Tieren erwiesen sich die Bestimmung mittels KOH-Aufschluß, anschließender Fällung und gravimetrischer Bestimmung (Pflüger, 1905) sowie die Phenol-Schwefelsäure-Methode in der von Dubois (1956) beschriebenen Form als zu unempfindlich; die Bestimmung der Glukosereste mittels Anthron-Reagenz (Hassid u. Abraham, 1957) war durch Farbumschlag von blau-grün nach rot störanfällig.
Als gut reproduzierbar und ausreichend empfindlich konnte dagegen die Bestimmung des Glykogens nach Säurehydrolyse (H_2SO_4) (Pirt u. Whelan, 1951) – die auch heute noch Verwendung als Referenzmethode findet (Keppler und Decker, 1983) – mit anschließender Messung der Glukosereste (nach Neutralisation; Hassid und Abraham, 1957) mit Tris-Glukose-Oxidase-Reagenz (TGO) (Hugget u. Nixon, 1957, Dahlqvist, 1961) bestätigt werden.
Zur Glykogenbestimmung wurden 300-500mg Leber bzw. M. soleus in flüssigem Stickstoff schockgefroren und bei -70° asserviert.
Die Berechnung des Glykogengehaltes erfolgte unter Bezug auf eine Eichkurve als " mg Glukose $_f$/g Leber bzw. Muskel" ($_f$ = freigesetzt).

Histologische Untersuchungen

Die Fixierung des Lebergewebes für die lichtmikroskopische Untersuchung der Glykogenspeicherung erfolgte nach Vorversuchen in 100% Äthanol (24 Std.). Es wurden 4 μm dünne Paraffinschnitte angefertigt; anschließende PAS-Färbung nach McManus und Hotchkiss (Burck, 1973) und Kerndarstellung mit Hämalaunlösung.
Diese Präparate ergeben einen Eindruck von der Glykogenbeladung der Zellen. Zur Differenzierung der Glykogenspeicherung innerhalb der Hepatocyten wurden Semidünn- (1µm) und Ultradünnschnitte (80-100 nm) nach Einbettung in Epon (PAS-Färbung) sowie elektronenmikroskopische Präparate angefertigt.

Elektronenmikroskopie

Die Elektronenmikroskopie-Präparate wurden über 24 Std. in Karnovsky-Lösung fixiert, in Epon eingebettet und in Anlehnung an de Bruijn (1973) zur besseren Kontrastierung des Glykogens 1 Std. mit $Os0_4$+K_3 $Fe(CN)_6$ nachfixiert.

Laboranalytik im Rahmen klinischer Prüfungen

Blutglukose

Bestimmungen der Blutglukosekonzentration erfolgten mit der GOD-Perid-Methode (Boehringer, Mannheim).

Serum-Insulin

Serum-Insulin wurde radioimmunologisch, im Rahmen der Tierexperimente nach Melani et al. (1965), sonst unter Verwendung kommerziell erhältlicher RIA-Kits (Behringwerke, Marburg; Pharmazia, Uppsala) bestimmt. Als Standard wurde Humaninsulin verwendet.
Die untere Nachweisgrenze des RIA liegt bei 6 μU/ml (Behring-RIA) bzw. 2 μU/ml (Pharmacia-RIA).
Die Interassay-Variationskoeffizienten beider Testsysteme liegen im klinisch relevanten Bereich unter 15%.

Gastric inhibitory polypeptide (GIP)

Immunoreaktives GIP (IR-GIP) wurde nach der von Kuzio et al. (1974) beschriebenen, später modifizierten Methode (Creutzfeldt et al., 1976; Ebert und Finke, 1978) mit dem vom Kaninchen stammenden Antikörper GÖ 5/76/9 gemessen.
Die untere Nachweisgrenze des RIA liegt bei 30-50pg/ml Serum; der Interassay-Variationskoeffizient beträgt 14-18% (Ebert u. Finke, 1978).

Wasserstoff-(H_2)-Exhalationstest

Die endexspiratorische H_2-Konzentration der Atemluft stellt im Rahmen eines oralen Kohlenhydrat-Belastungstests einen sensitiven Funktionsparameter für den Substratübertritt in das Kolon dar (Levitt und Ingelfinger, 1968; Levitt und Donaldson, 1970; Metz et al., 1975; Newcomer et al., 1975; Metz et al., 1976a; Perman et al., 1978; Übersicht: Lembcke u. Caspary, 1983b).
Die Bestimmung der endexspiratorischen H_2-Konzentration (Angaben als 'parts per million', ppm) erfolgte mit der 'single breath'-Technik (Metz et al., 1976b) in der von Lembcke und Caspary (1982) angegebenen Weise.
In späteren Untersuchungen wurde die H_2-Konzentration mit einer von Bartlett et al. (1980) beschriebenen Technik (GMI H_2-Atemtestgerät der Fa. Stimotron) anstelle der zeitaufwendigeren Gaschromatographie (Pye Unicam series 204) durchgeführt; beide Methoden liefern äquivalente und zuverlässige Ergebnisse (Lembcke und Caspary, 1982; Lembcke et al., 1983).

Verwendung von Metoclopramid in den Probandenstudien

Die Spontanvariabilität im Zeit-Konzentrationsverlauf von Blutglukoseprofilen nach oraler Kohlenhydratbelastung ist groß (Hale-White u. Payne, 1926; Freeman et al., 1942; McDonald et al., 1965; Ganda et al., 1978; Köbberling et al., 1980).
Thompson et al. (1982) konnten zeigen, daß diese Variabilität von der Phase motorischer Aktivität abhängt und durch die Gabe von 20mg Metoclopramid 15 min. vor einem Kohlenhydrat-Belastungstest erheblich verringert wird.

Eine pharmakologische Eigenwirkung von Metoclopramid auf die Freisetzung von Insulin, GIP und die H_2-Exhalation konnte in Vorversuchen nicht nachgewiesen werden.
Metoclopramid wurde im Rahmen der vorliegenden Untersuchung in den Studien zur Wirksamkeit der Desoxynojirimycin-Derivate BAY m 1099 und BAY o 1248 bei gesunden Probanden verwandt.

Statistische Auswertung

Sofern nicht anders angegeben, liegen den Abb. und Tabellen arithmetische Mittelwerte, ggfs. ± SEM, zugrunde.
Statistische Prüfungen der Differenzen zweier Verteilungen erfolgten mit dem verteilungsfreien Wilcoxon U-Test bzw. dem Wilcoxon-Test für Paardifferenzen oder dem t-Test für paarige Stichproben (Sachs, 1984).
Signifikanzen wurden dabei aus einer Irrtumswahrscheinlichkeit $p \leq 0{,}05$ (zweiseitiger Test) abgeleitet.
Berechnungen von „Flächen unter der Kurve“ (area under the curve; AUC) für die Zeit-Konzentrationsverläufe der Parameter Blutglukose, Insulin und GIP im Serum sowie H_2 in der Exhalationsluft erfolgten nach der sog. Trapezformel (sofern nicht anders angegeben unter Abzug des Ausgangswertes x t_x) wobei t_x die zeitliche Begrenzung der zu berechnenden Fläche markiert.

Materialien

Substrate

Als Substrate wurden Saccharose, Laktose, Trehalose, Glycyl-L-Leucin in p.A.-Qualität (Serva), Maltose in der reinsten erhältlichen Form (<0,05% Glukose; Grand Island Biochem. Corp., Grand Island, New York [nicht mehr im Handel]), Maltose für die Best. der sauren Maltase von Serva (< 0,5% Glukose), Isomaltose (Calbiochem, La Jolla, Californien) und lösliche Stärke nach Zulkowsky (Merck) sowie Glycyl-L-Phenylalanin (Sigma) und L-Phenylalanyl-Glycin (Sigma) verwandt.

In den klinisch-pharmakologischen Studien wurde Saccharose der Fa. Merck verabreicht. Bei den Stärke-Belastungstests handelte es sich um lyophilisierte Maisstärke, bestehend aus 97% Amylopektin und 3% Amylose (Fa. CPL Nederland, BV Westkade, Sas van Gent).
Guar wurde als Mehl von der Fa. Roeper, Hamburg, bezogen, Pektin von Serva.

Pharmaka

Die α-Glukosidase-Inhibitoren Acarbose (BAY g 5421), Miglitol (BAY m 1099) und BAY o 1248 wurden von Herrn Prof. Dr. W. Puls, Vorstand des Institutes für Pharmakologie der Bayer AG, Wuppertal, bzw. für die klinischen Prüfungen von Frau Dr. I. Hillebrand, Ressort Klinische Forschung I der Bayer AG, zur Verfügung gestellt.

Den α-Amylase-Inhibitor Trestatin A+B+C (Ro 9-0154) sowie Trestatin A (Ro 9-0183) erhielt ich von Herrn Dr. W. Pirson, Pharmazeutische Forschungsabteilung der Fa. Hoffmann-La Roche, Basel, den α-Amylase-Inhibitor Tendamistat (HOE 467) durch Herrn Dr. E. Draeger, Abt. Klinische Forschung der Hoechst AG, Frankfurt. Metoclopramid (Paspertin) wurde von der Fa. Kali Chemie-Pharma (Hannover) bezogen.

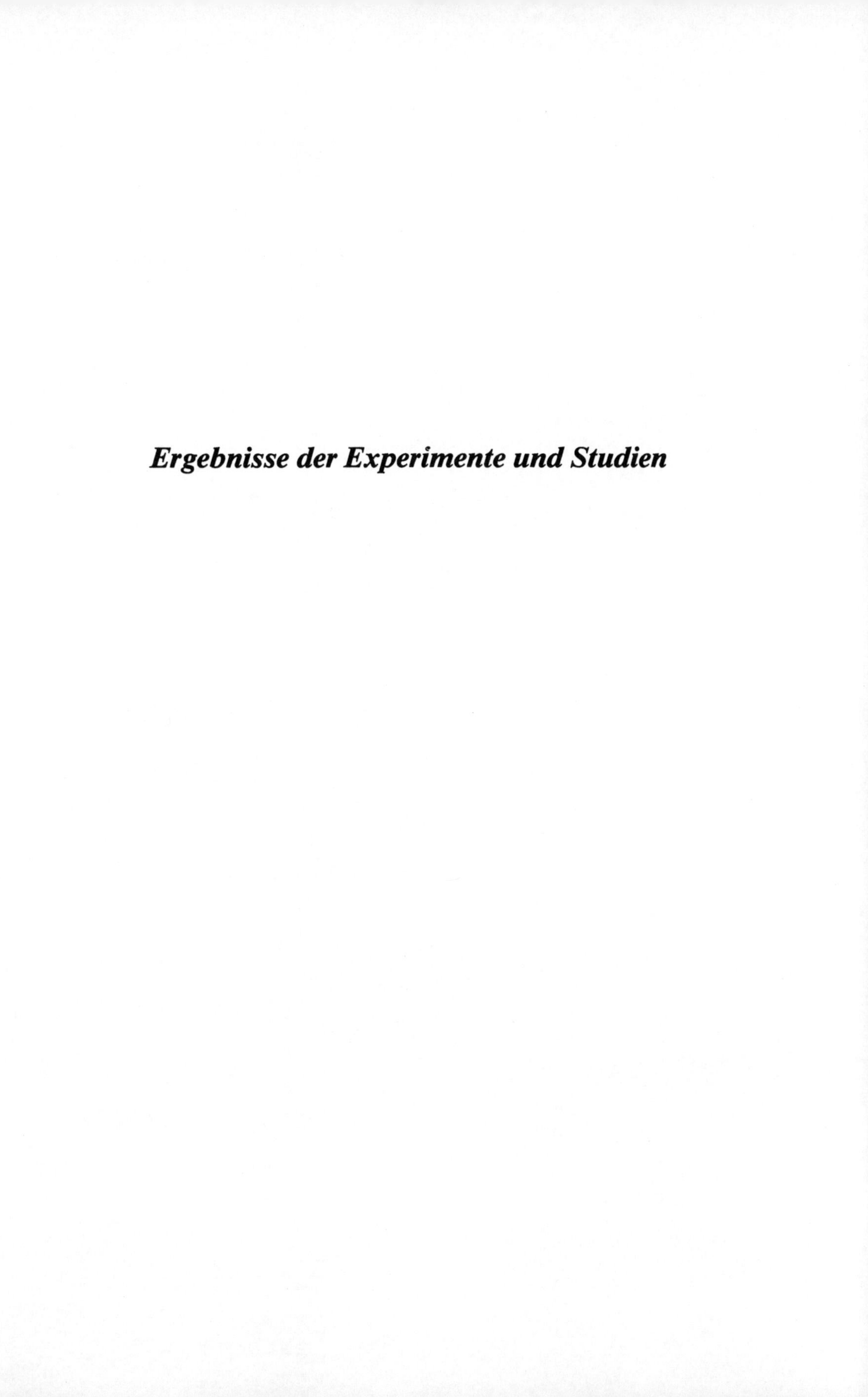

Ergebnisse der Experimente und Studien

In vitro-Untersuchungen

Wirkung der α-Amylase-Inhibitoren Trestatin und Tendamistat auf jejunale Disaccharidasen des Menschen in vitro

Hintergrund

Die α-Amylase-Inhibitoren Trestatin (Ro 9-0154) und Tendamistat (HOE 467) führten im Tierexperiment (Pirson u. Buchschacher, 1981; Regitz et al., 1981) sowie in klinischen Prüfungen zu einer Hemmung der Kohlenhydratassimilation nach Stärkeingestion (Eichler et al., 1984; Meyer et al., 1983a u. 1984a,b).
Eine Hemmung der Blutglukose- und Insulinanstiege nach oraler Gabe von Glukose oder Saccharose (Trestatin) bzw. von Glukose oder Maltose (Tendamistat) wurde dagegen nicht beobachtet (Eichler et al., 1984; Regitz et al., 1981).

Ungeklärt ist, ob das dem α-Glukosidase-Inhibitor Acarbose strukturell nahestehende Trestatin oder das Polypeptid Tendamistat neben einer Inaktivierung der α-Amylase des Pankreas auch eine Hemmung der intestinalen Glukoamylaseaktivität (γ -Amylase) oder anderer intestinaler α-Glukosidasen bewirken.
Ein solcher Effekt würde sich synergistisch im Sinne der Resorptionsverzögerung auswirken.

Daher wurde die Wirkung von Trestatin (A+B+C) und Tendamistat auf das Spektrum intestinaler Disaccharidasen beim Menschen in vitro untersucht.

Methodik

Die Enzymaktivitäten wurden als U/g Protein (μ mol/min x g Protein) berechnet und – abgesehen von den kinetischen Untersuchungen – in % der Kontrolle ausgedrückt. Das Spektrum der Inhibitorwirkungen wurde bei einer Substratkonzentration von 28 mMol/l (Endkonzentration) bzw. 1g Stärke/100ml Puffer (Glukoamylase) untersucht; die kinetischen Untersuchungen erfolgten unter Verwendung von Stärke in Konzentrationen von 1,0-0,333-0,166-0,1 g/100ml.
Den Angaben der Mittelwerte ± Standardabweichung (SD) liegen jeweils 5-7 Untersuchungen mit Doppelbestimmungen zugrunde.
Die dargestellten kinetischen Untersuchungen (Lineweaver-Burk-plots) wurden in Doppelbestimmungen durchgeführt.

Disaccharidasenaktivität unter Trestatin

Trestatin führte in finalen Konzentrationen von 0,1 - 10,0 μg/ml zu einer deutlichen, dosisabhängigen Hemmung der Glukoamylase-Aktivität (Abb. 8). Darüber hinaus bestand eine Tendenz zu einer geringen Hemmung der Aktivitäten der Isomaltase > Maltase [n.s.] > Saccharase. Trehalase (α-Glukosidase) und Laktase (ß-Galaktosidase) wurden nicht beeinflußt (Abb. 8).

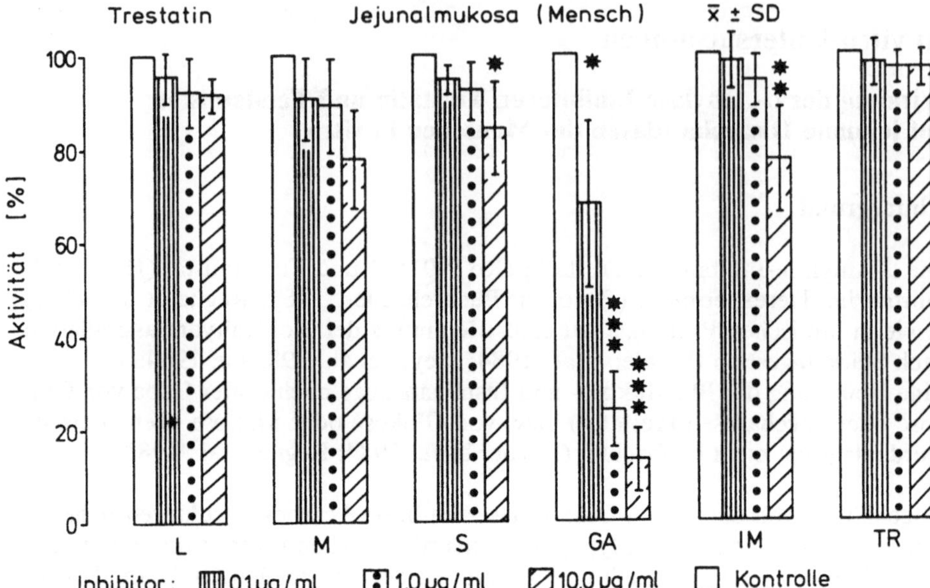

Abb. 8. Wirkung von Trestatin auf intestinale *a*-Glukosidaseaktivitäten und die Laktaseaktivität an Homogenaten der Jejunalschleimhaut beim Menschen. Angaben in % der Kontrollaktivität. (n = 6). L = Laktase; M = Maltase; S = Saccharase; GA = Glukoamylase; IM = Isomaltase; TR = Trehalase. * p < 0,05 ; ** p < 0,02 ; *** p < 0,001

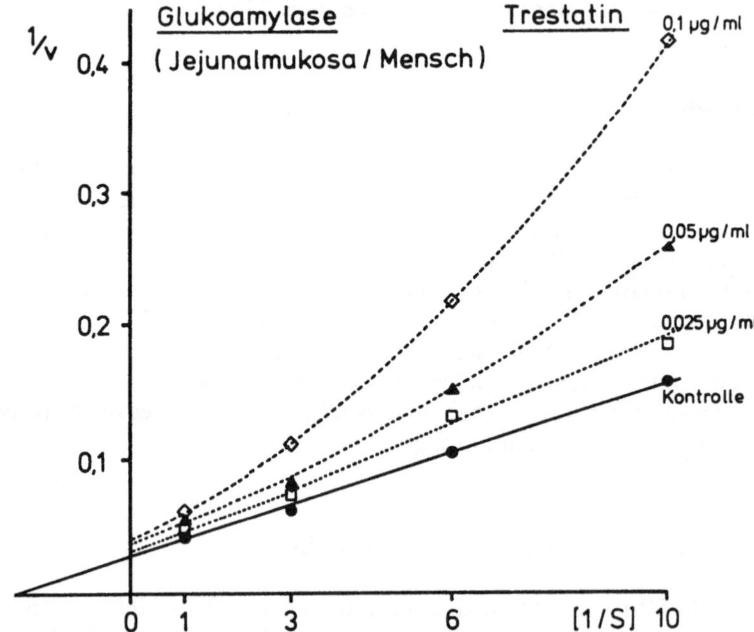

Abb. 9. Glukoamylase-Hemmung durch Trestatin (A+B+C) [Ro 9-0154] an der Jejunalmukosa beim Menschen in vitro. Auftragung nach Lineweaver-Burk.
Abszisse: [1/S] [10^2 ml/g]; Ordinate: [1/v] [(μ mol/min. x g Protein)$^{-1}$]

Abhängigkeit von der Substratkonzentration

Die Hemmung der Glukoamylaseaktivität durch Trestatin läßt sich weder einer kompetitiven noch einer nicht-kompetitiven Hemmung zuordnen; die Beeinflussung der Inhibitorwirkung durch die Substratkonzentration ist in der Auftragung nach Lineweaver und Burk in Abb. 9 wiedergegeben (eine von mehreren Untersuchungen mit gleichem Ergebnis).

Disaccharidasenaktivität unter Tendamistat

In vitro (Mensch) war eine Beeinflussung der jejunalen Aktivitäten der Maltase, Isomaltase, Trehalase und Laktase durch den α-Amylase-Inhibitor Tendamistat in Konzentrationen von 0,1 - 10,0 μg/ml nicht nachweisbar; die Substanz führte jedoch zu einer minimalen ($p < 0{,}05$), dosisabhängigen Hemmung der Saccharase- und, weniger einheitlich, der Glukoamylaseaktivität (Abb. 10).

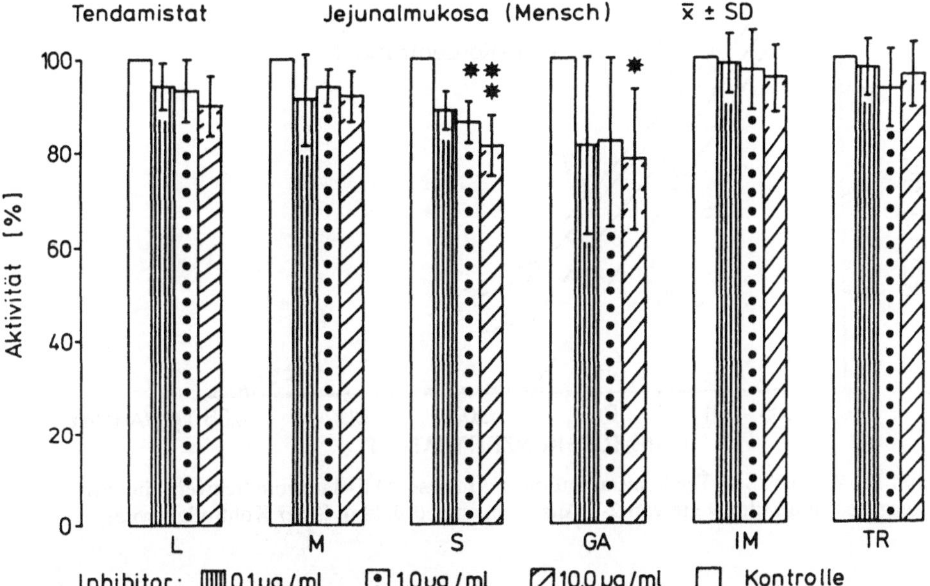

Abb. 10. Wirkung von Tendamistat auf intestinale α-Glukosidaseaktivitäten und die Laktaseaktivität an Homogenaten der Jejunalschleimhaut beim Menschen.
Angaben in % der Kontrollaktivität (n = 6). L = Laktase; M = Maltase; S = Saccharase; GA = Glukoamylase; IM = Isomaltase; TR = Trehalase; *$p < 0{,}05$; **$p < 0{,}02$

Hemmung der *a*-Amylase-Aktivität durch Tendamistat [HOE 467]

Einleitung

Tendamistat (HOE 467) bildet mit der *a*-Amylase des Pankreas einen stabilen, mit gängigen biochemischen Methoden nicht auftrennbaren Komplex im Molverhältnis 1:1 (Vertésy et al., 1984).

Abb. 11 zeigt die Abnahme der Aktivität gereinigter *a*-Amylase aus Schweinepankreas in vitro (ungehemmt: 0,265 U/Ansatz) bei verschiedenen Substratkonzentrationen (1-0,5-0,25-0,1 % Stärke) in Gegenwart von Tendamistat (0,005-0,01-0,025-0,05 µg/Ansatz; 10 min. Vorinkubation des Enzyms mit dem Inhibitor).

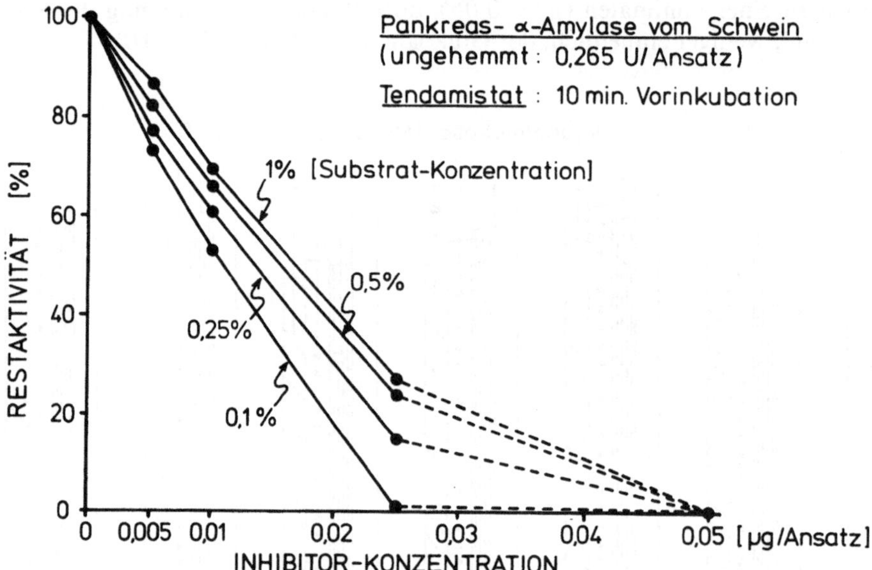

Abb. 11. Wirkung von Tendamistat auf die *a*-Amylase-Aktivität (vom Schwein) in vitro. Angegeben sind Mittelwerte von 2-6 Analysen, ausgedrückt in % der Kontrollaktivität

Die Hemmung der *a*-Amylase menschlichen Pankreassekretes (bei selektiver Kanülierung des D. Wirsungianus im Rahmen diagnostischer ERP gewonnen; Verdünnung 1:10.000) durch Tendamistat (0,001-0,005-0,01 µg/Ansatz) in vitro gibt Abb. 12 wieder (Substratkonzentration 0,125-1,0 % Stärke).

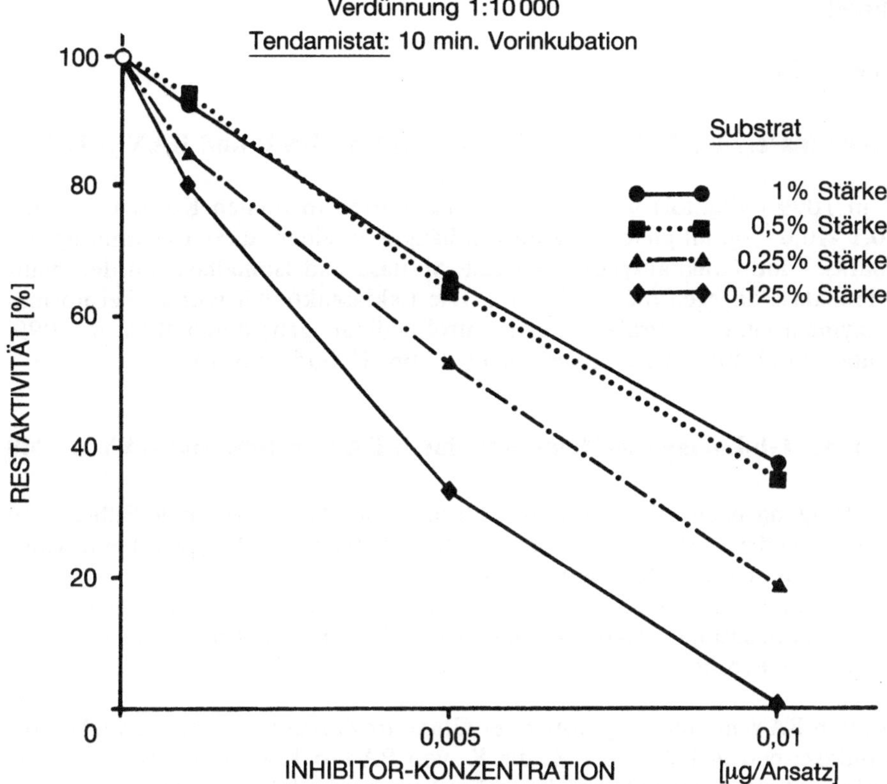

Abb. 12. Hemmung der α-Amylase aus menschlichem Pankreassekret durch Tendamistat in vitro (Doppelbestimmungen; Angaben in % der Kontrollaktivität)

Wirkung der α-Glukosidase-Inhibitoren Miglitol (BAY m 1099) und Emiglitate (BAY o 1248) auf jejunale Disaccharidasen und Dipeptidasen beim Menschen in vitro

Einleitung

Untersuchungen über das Spektrum der Disaccharidasen-Beeinflussung und die Wirkungscharakteristik als kompetitive Inhibitoren der Saccharase-Aktivität an der Ratte sind für beide Substanzen kürzlich veröffentlicht worden (Puls et al., 1984; Lembcke et al., 1985a).

Untersuchungen über das Spektrum inhibitorischer Wirkungen auf die Disaccharidasen beim Menschen und deren Kinetik werden erstmals mit dieser Arbeit vorgelegt.

Methodik

S. Seite 33, 34.

Disaccharidasenaktivität unter Miglitol (BAY m 1099) und BAY o 1248

BAY m 1099 (Miglitol) und BAY o 1248 führten in finalen Konzentrationen von 0,1 -10,0 μg/ml gleichartig dosisabhängig zu einer starken Hemmung der Saccharase- und Glukoamylase-Aktivität. Maltase und Isomaltase wurden deutlich, Trehalase dagegen nicht gehemmt. Die Laktaseaktivität wurde (bei normaler Enzymaktivität der Probe unter Kontrollbedingungen) durch BAY m 1099, nicht aber durch BAY o 1248, vermindert (Abb. 13 und Abb. 14).

Kinetik der Glukoamylase-Hemmung durch BAY m 1099 und BAY o 1248

Die Auftragung nach Lineweaver und Burk verdeutlicht, daß beide Substanzen im Bereich niedriger Hemmstoffkonzentrationen (0,01 - 0,04 μg/ml) eine kompetitive Hemmung der Glukoamylase bewirken.
Die Auftragung der Steigungen aus dem Lineweaver-Burk-plot gegen die Hemmstoffkonzentration (Abb. 15 und Abb. 16) ermöglicht nach Engel (1977) die graphische Ermittlung der reversiblen Hemmkonstante K_i.

Die K_i von BAY m 1099 gegenüber der Glukoamylaseaktivität menschlicher Jejunalmukosa betrug $1{,}7 \times 10^{-7}$ M; die K_i von BAY o 1248 gegenüber der Glukoamylaseaktivität menschlicher Jejunalmukosa betrug $9{,}2 \times 10^{-8}$ M.

In gleicher Weise wurde an Homogenaten menschlicher Jejunalschleimhaut eine kompetitive Hemmung der Isomaltase durch BAY m 1099 [Miglitol] und BAY o 1248 nachgewiesen (ohne Abb.).
Die Inhibitorkonstanten (K_i) gegenüber der Isomaltase-Aktivität betrugen dabei $2{,}8 \times 10^{-7}$ M für BAY m 1099 und $4{,}2 \times 10^{-7}$ M für BAY o 1248.

Wirkung von BAY m 1099 und BAY o 1248 auf jejunale Dipeptidasen-Aktivitäten beim Menschen

Analog zur Disaccharidasen-Aktivität wurde der Einfluß von BAY m 1099 und BAY o 1248 auf verschiedene Dipeptidasen-Aktivitäten an der Jejunalschleimhaut des Menschen geprüft.
Keine der drei untersuchten Hydrolasen-Aktivitäten (GLY-LEU-, GLY-PHE- und PHE-GLY-Hydrolase) wurde durch einen der beiden Inhibitoren in einer Endkonzentration von 0,01 - 10,0 μg/ml verändert (Abb. 17).

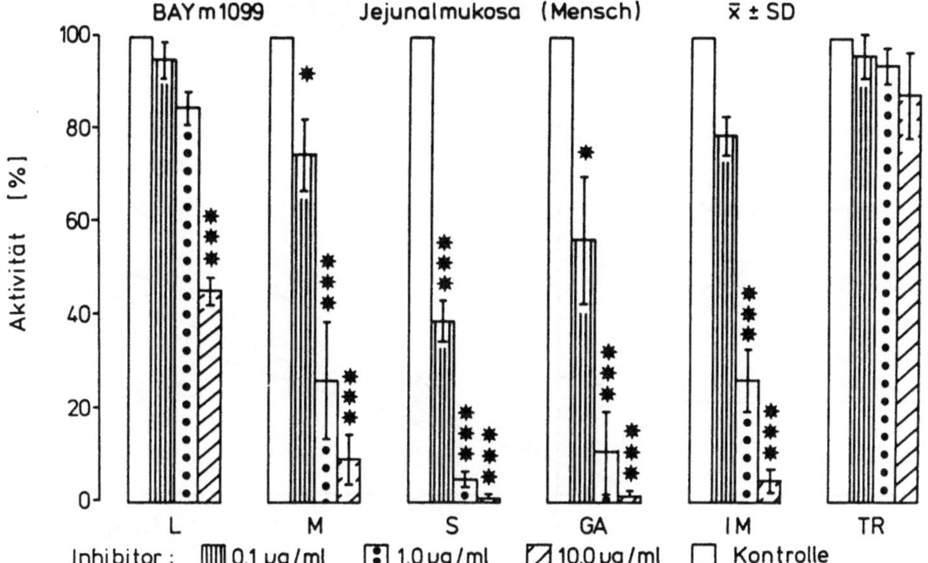

Abb. 13. Wirkung von BAY m 1099 auf intestinale α-Glukosidaseaktivitäten und die Laktaseaktivität an Homogenaten der Jejunalschleimhaut beim Menschen.
Angaben in % der Kontrollaktivität; n = 5–7 Untersuchungen mit Doppelbestimmungen.
L = Laktase; M = Maltase; S = Saccharase; GA = Glukoamylase; IM = Isomaltase; TR = Trehalase. * $p < 0{,}05$; *** $p < 0{,}001$

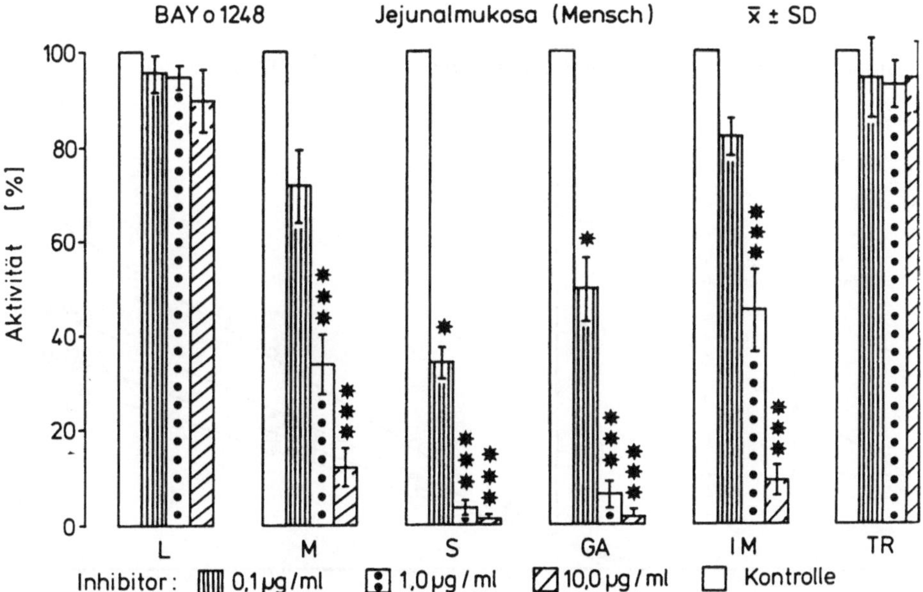

Abb. 14. Wirkung von BAY o 1248 auf intestinale α-Glukosidaseaktivitäten und die Laktaseaktivität an Homogenaten der Jejunalschleimhaut beim Menschen.
Angaben in % der Kontrollaktivität; n = 5–7 Untersuchungen mit Doppelbestimmungen.
L = Laktase; M = Maltase; S = Saccharase; GA = Glukoamylase; IM = Isomaltase; TR = Trehalase. * $p < 0{,}05$; *** $p < 0{,}001$

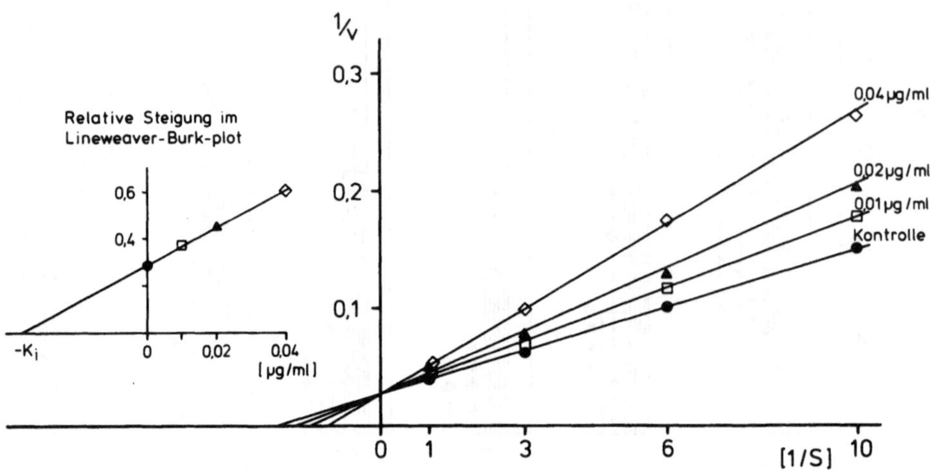

Abb. 15. Glukoamylase-Hemmung durch BAY m 1099 an der Jejunalmukosa beim Menschen in vitro. Auftragung nach Lineweaver und Burk.
Abszisse: [1/S] [10^2 ml/g]; Ordinate: [1/v] [(μmol/min x g Protein)$^{-1}$].
Ausschnitt: Graphische Ermittlung der K_i nach Engel (1977)

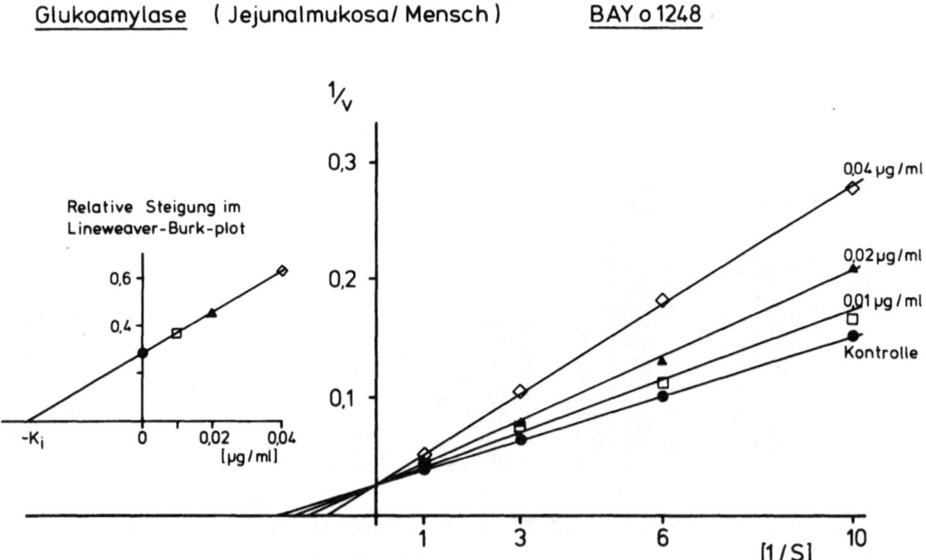

Abb. 16. Glukoamylase-Hemmung durch BAY o 1248 an der Jejunalmukosa beim Menschen in vitro. Auftragung nach Lineweaver und Burk.
Abszisse: [1/S] [10^2 ml/g]; Ordinate: [l/v] [(μmol/min x g Protein)$^{-1}$].
Ausschnitt: Graphische Ermittlung der K_i nach Engel (1977).

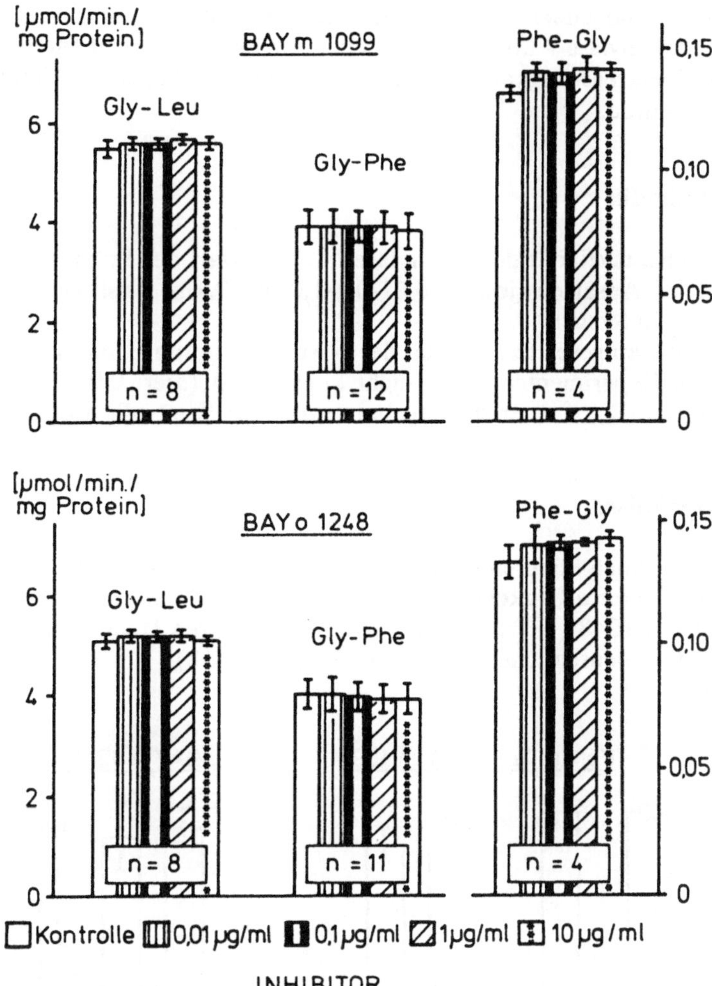

Abb. 17. Fehlen einer Hemmung intestinaler Dipeptidasen-Aktivitäten durch die α-Glukosidase-Inhibitoren BAY m 1099 und BAY o 1248 an der Jejunalmukosa beim Menschen in vitro (Mittelwerte ± 1 SD; $p > 0{,}05$)

Hemmen die Desoxynojirimycin-Derivate BAY m 1099 (Miglitol) und BAY o 1248 die α-Amylase des Pankreas?

Einleitung

Acarbose vermag sowohl die Aktivität intestinaler α-Glukosidasen als auch die α-Amylase des Pankreas verschiedener Spezies in vitro zu hemmen (Puls et al., 1980; Suehiro et al., 1981).
Die Desoxynojirimycin-Derivate BAY m 1099 und BAY o 1248 sollen demgegenüber die α-Amylase-Aktivität nicht beeinflussen (Puls et al., 1984); Untersuchungen

hierzu sind jedoch nicht publiziert. Daher wurde die Wirkung beider Inhibitoren auf die α-Amylase-Aktivität in menschlichem Pankreassekret untersucht, das bei selektiver Pankreasgangkanülierung im Rahmen endoskopischer Untersuchungen gewonnen wurde.

Methodik

Die Restaktivität der *a*-Amylase in Gegenwart der Prüfsubstanzen wurde in parallelen Ansätzen (jeweils 0,01-0,1-1,0 mg/2,1ml Ansatz) im Vergleich zur Kontrolle untersucht.
Da die eingesetzte Aktivität der *a*-Amylase im ungehemmten Ansatz bei mehrfachen Experimenten (n=5) nicht konstant ist (hier: 0,9 ± 0,2 U/Ansatz; Mittelwert ± SD), wurden die Ergebnisse in % der Kontrolle ausgedrückt.

Ergebnisse

In erheblich höheren Konzentrationen [1mg/2,1ml Ansatz] als bei der Hemmung intestinaler *a*-Glukosidasen in vitro führten BAY m 1099 (2,3 x 10^{-3} M) bzw. BAY o 1248 (1,3 x 10^{-3} M) zu einer meßbaren Hemmung der *a*-Amylase-Aktivität in menschlichem Pankreassekret (Abb. 18).

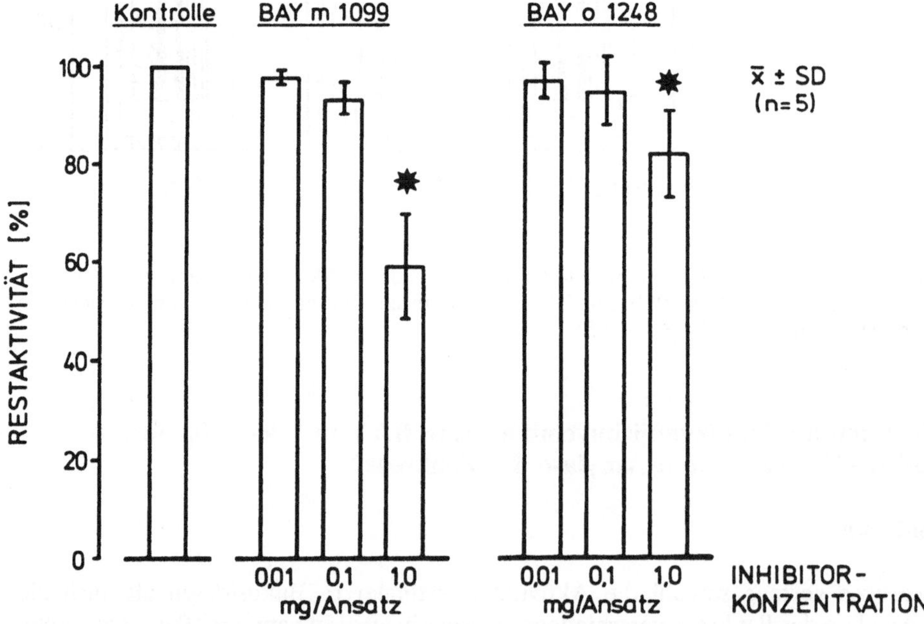

Abb. 18. Inhibitorische Wirkung der α-Glukosidase-Inhibitoren BAY m 1099 und BAY o 1248 auf die Aktivität der Pankreas-α-Amylase (vom Menschen) in vitro. Ein Hemmeffekt wird nur bei sehr hohen Konzentrationen der Desoxynojirimycin-Derivate (> 0,1 mg/Ansatz) beobachtet (* $p < 0.05$: n = 5).

Im Vergleich hierzu führte Acarbose in Konzentrationen von $7{,}4 \times 10^{-8}$, $7{,}4 \times 10^{-7}$ und $7{,}4 \times 10^{-6}$ M (0,1-1,0-10 µg/2,1 ml) im Ansatz zu einer Hemmung der α-Amylase-Aktivität (Kontrolle: 2,987 U/Ansatz; Substrat: 1% Stärke) in vitro um 1,9%, 13,9% bzw. 70,4% (Einzelexperiment mit Doppelbestimmungen), d.h., der Effekt war trotz höherer Aktivität der eingesetzten Probe und erheblich geringerer Inhibitorkonzentrationen wesentlich ausgeprägter als bei den Desoxynojirimycin-Derivaten. Als Nebenbefund wurde festgestellt, daß die α-Amylase-Aktivität in Gegenwart von Acarbose aufgrund einer Eigenreaktion des Inhibitors mit der Dinitrosalicylsäure-Reaktion bei höheren Acarbose-Konzentrationen (Linearität [$E_{546\,nm}$] von 0,4-2,0 mg/Ansatz) nur bei Inhibitorkonzentrationen unter $7{,}4 \times 10^{-5}$ M (100 µg/Ansatz) ohne Interferenz meßbar ist.

Beeinflussung extraintestinaler α-Glukosidasen-Aktivität durch α-Glukosidase-Inhibitoren (BAY m 1099, BAY o 1248, Acarbose)

Wirkung der α-Glukosidase-Inhibitoren auf die Aktivität der sauren Maltase im Skelettmuskel

Einleitung

Nachdem gezeigt worden ist, daß sowohl BAY m 1099 als auch BAY o 1248 potente Inhibitoren der im neutralen Bereich (pH-Optimum bei pH 6) wirksamen Maltase-Aktivität (EC 3.2.1.20) der Jejunalschleimhaut darstellen, lag es nahe, ergänzend eine mögliche Beeinflussung der sog. sauren Maltase-Aktivität (EC 3.2.1.20) durch die α-Glukosidase-Inhibitoren zu untersuchen.

Ein Fehlen dieses lysosomalen Enzyms (Lejeune et al., 1963) stellt das diagnostische Charakteristikum für das Vorliegen einer Glykogenspeicherkrankheit Typ II (M. POMPE; Pompe, 1932) dar (Hers, 1963; Mahler, 1976).

Die pathogenetische Rolle der fehlenden Aktivität saurer Maltase für die bei dieser Erkrankung pathognomonische, abnorme Speicherung von Glykogen in den Lysosomen, vorwiegend des Skelett- und Herzmuskels sowie in der Leber, ist indessen nicht geklärt (Hers, 1964).

Methodik

S. Seite 34.

Konzentrationsabhängige Hemmung saurer Maltase im M. soleus der Ratte durch resorbierbare a-Glukosidase-Inhibitoren

Die Aktivität der sauren (lysosomalen) Maltase in Homogenaten des M. soleus von Ratten (pH 4,0; Hers u. van Hoof, 1966) wurde in Gegenwart der Desoxynojirimycin-Derivate BAY m 1099 [Miglitol] und BAY o. 1248 [Emiglitate] konzentrationsabhängig gehemmt (Abb. 19).

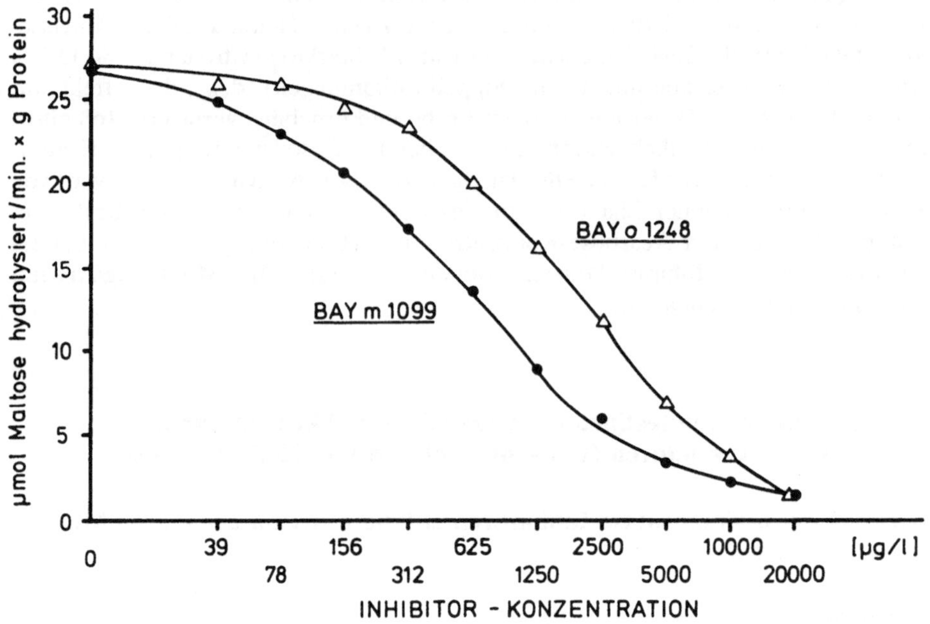

Abb. 19. Dosisabhängige Hemmung der sauren Maltase (pH 4,0) in Homogenaten des M. soleus von Ratten durch BAY m 1099 und BAY o. 1248. Doppelbestimmungen.
Substratkonzentration: Maltose, 25 g/l; Inkubationsdauer 4,5 Std.
Abszisse: Inhibitorkonzentration (logarithmische Auftragung); Ordinate; Hydrolyserate [µmol Maltose hydrolysiert/min x g Protein]

Konzentrationsabhängige Hemmung der sauren Maltaseaktivität in menschlichem Skelettmuskel durch a-Glukosidase-Inhibitoren

In vitro, in Homogenaten menschlicher Skelettmuskulatur, führten BAY m 1099, BAY o 1248 und Acarbose zu einer dosisabhängigen Hemmung der Aktivität der sauren Maltase (pH 4,8; Huijing, 1974) mit sigmoidaler Dosis-Wirkungs-Charakteristik bei logarithmischer Auftragung der Hemmstoffkonzentrationen (6,1 µg/l - 50mg/l) auf der Abszisse und linearer Auftragung der Hydrolyserate (ΔE_{540} ; Abb. 20).

Kinetik

Die Auftragung nach Lineweaver-Burk weist sowohl die Desoxynojirimycin-Derivate BAY m 1099 und BAY o 1248 als auch das Pseudo-Oligosaccharid Acarbose als kompetitive Inhibitoren der sauren Maltase-Aktivität in Homogenaten menschlicher Skelettmuskulatur aus (Abb. 21-23).

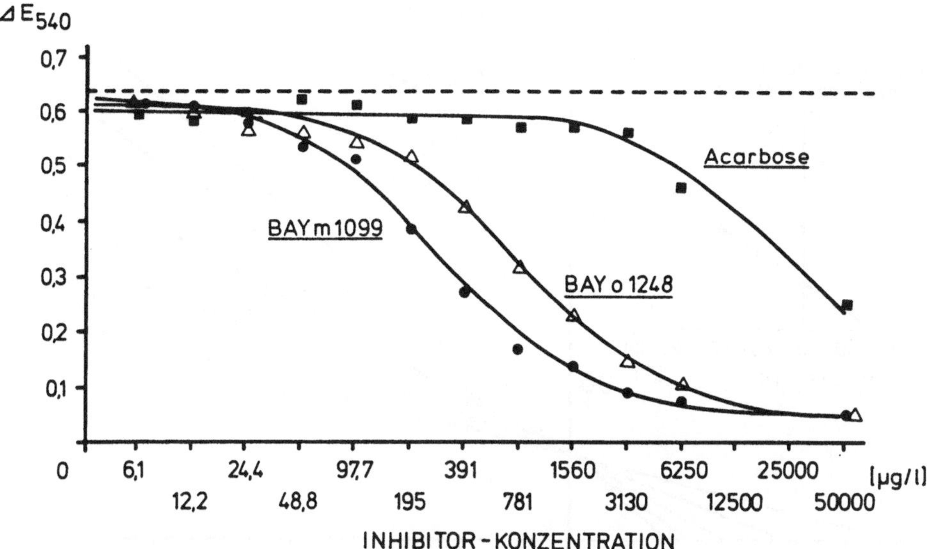

Abb. 20. Dosisabhängige Hemmung der sauren Maltase (pH 4,8) in Homogenaten menschlicher Skelettmuskulatur durch BAY m 1099, BAY o 1248 und Acarbose.
Dreifachbestimmungen. Substratkonzentration: Maltose, 25 g/l; Inkubationsdauer 3 Std.
Abszisse: Inhibitorkonzentration (logarithmische Auftragung); Ordinate: Extinktion (Δ E_{540}).
Gestrichelte Linie: Δ E_{540} bei ungehemmter Aktivität der sauren Maltase

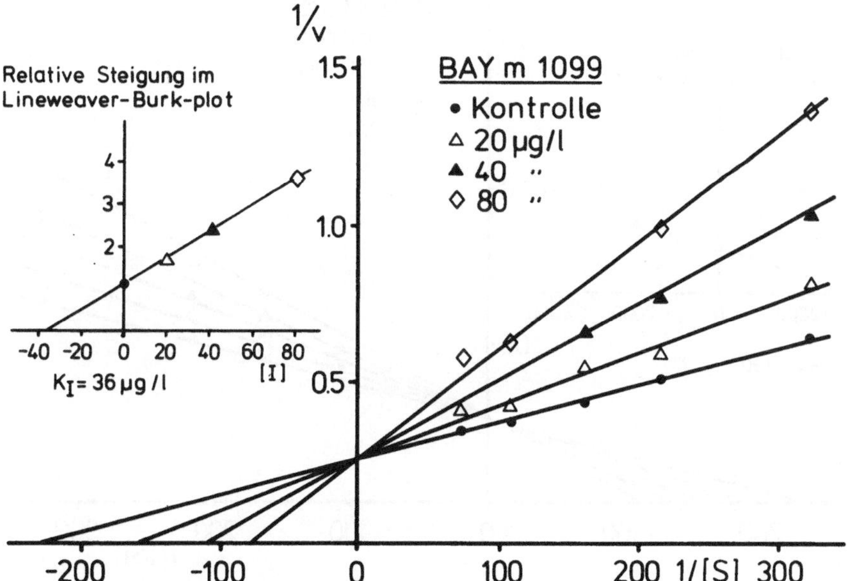

Abb. 21. Wirkung von BAY m 1099 auf die Aktivität der sauren Maltase in Homogenaten menschlicher Skelettmuskulatur. Auftragung nach Lineweaver-Burk.
Abszisse: [1/S]; Ordinate [1/v]. Ausschnitt: Graphische Ermittlung der K_i n. Engel (1977)

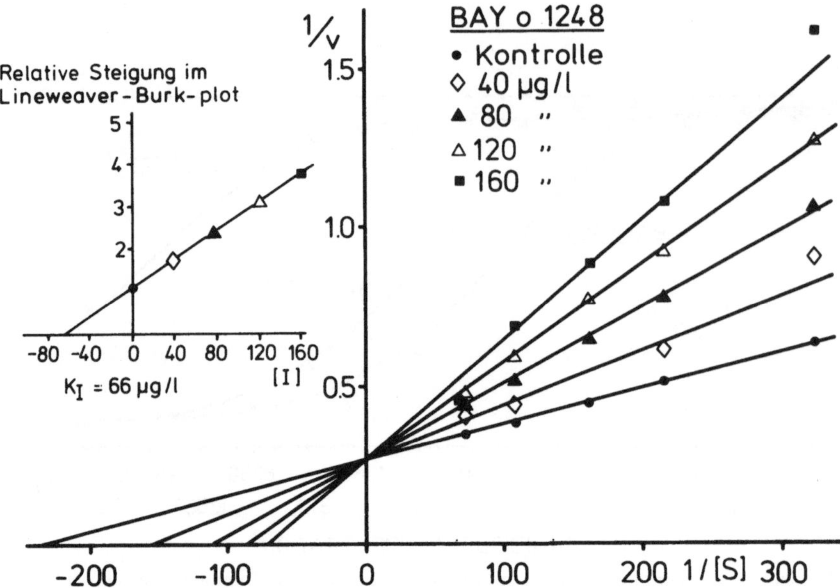

Abb. 22. Wirkung von BAY o 1248 auf die Aktivität der sauren Maltase in Homogenaten menschlicher Skelettmuskulatur. Auftragung nach Lineweaver-Burk.
Abszisse: [1/S]; Ordinate [1/v]. Ausschnitt: Graphische Ermittlung der K_i n. Engel (1977)

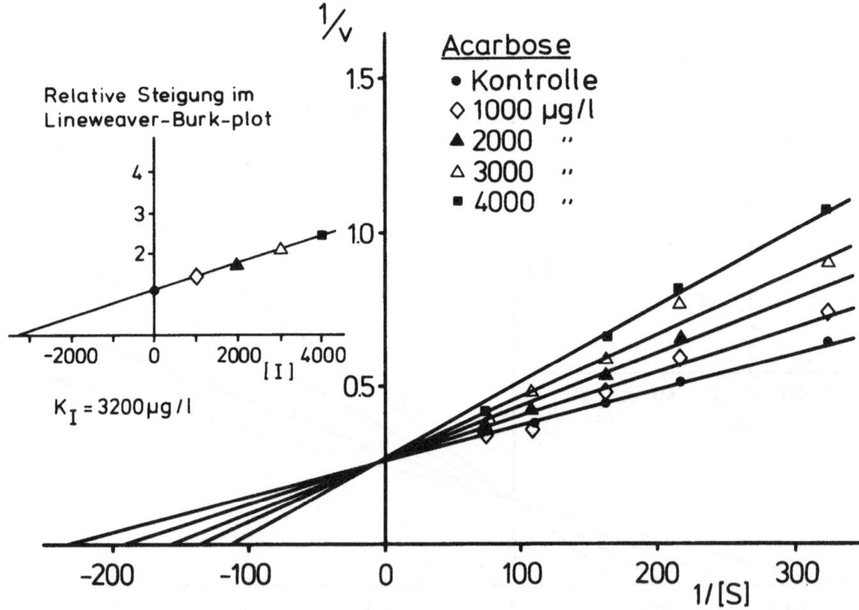

Abb. 23. Wirkung von Acarbose auf die Aktivität der sauren Maltase in Homogenaten menschlicher Skelettmuskulatur. Auftragung nach Lineweaver-Burk.
Abszisse: [1/S]; Ordinate [1/v]. Ausschnitt: Graphische Ermittlung der K_i n. Engel (1977)

Die graphische Ermittlung der reversiblen Hemmkonstanten K_i aus den Steigungen der Geraden der Lineweaver-Burk-plots (Engel, 1977) ergibt für

BAY m 1099:	$K_i = 36\ \mu g/l$	=	$1{,}74 \times 10^{-7}$ M
BAY o 1248:	$K_i = 66\ \mu g/l$	=	$1{,}86 \times 10^{-7}$ M
Acarbose:	$K_i = 3{,}2 mg/l$	=	$4{,}96 \times 10^{-6}$ M.

Untersuchungen an der Ratte in vivo

Veränderungen der Glykogenspeicherung nach Gabe resorbierbarer α-Glukosidase-Inhibitoren im Tierexperiment

Da sowohl BAY m 1099 als auch BAY o 1248 im Gastrointestinaltrakt praktisch vollständig resorbiert werden (Rämsch et al., 1985), war es aufgrund der vorgelegten in vitro-Daten (Lembcke et al., 1985b) unumgänglich, die Möglichkeit einer pathologischen, lysosomalen Glykogenspeicherung durch Hemmung der lysosomalen α-Glukosidase-Aktivität, d. h. die mögliche Verursachung von Verhältnissen wie bei der Glykogenose Typ II, tierexperimentell zu untersuchen.

Daher wurde die Wirkung beider Substanzen (BAY m 1099, BAY o 1248) auf die Glykogenspeicherung (speziell in Leber und Muskel) bei der Ratte unter den Aspekten Substanz-, Dosis- und Zeitabhängigkeit geprüft.

Die Tierversuche wurden von der Tierschutz-Kommission der Medizinischen Fakultät der Georg-August-Universität Göttingen befürwortet und durch die zuständige Behörde genehmigt.

Methodik

Alle Tiere in dieser Versuchsreihe (n=222) bekamen Altromin-Standardkost und Wasser ad libitum.

Die Ratten wurden jeden abend (gegen 17-18^{30} Uhr) gewogen und erhielten dann die Prüfsubstanzen bzw. deren Lösungsmittel (0,9% NaCl-Lsg.) per Schlundsonde verabreicht. Je 8 weibliche Wistar-Ratten erhielten dabei 5, 50 oder 500mg BAY m 1099 bzw. BAY o 1248/kg Körpergewicht über 3, 7 oder 28 Tage.

Die (drei) Kontrollgruppen (je 10 Tiere) erhielten physiologische Kochsalzlösung über 3, 7 bzw. 28 Tage.

Nach 3, 7 oder 28 Tagen wurden die Ratten in Stoffwechselkäfigen (zur Verhinderung von Koprophagie) unter Belassung der Trinkmöglichkeit nüchtern gesetzt und am nächsten Morgen, d.h. $>$ 13 Stunden nach Verabreichung der Prüfsubstanzen (bzw. phys. Kochsalzlösung) und mindestens 13 Std. nach der letzten möglichen Nahrungsaufnahme, in alternierender Reihenfolge durch Genickbruch getötet. Die zu untersuchenden Organe (Leber und M. soleus) wurden unverzüglich entnommen und in Trockeneis asserviert bzw. für morphologische Untersuchungen in absolutem Alkohol fixiert.

Zusätzlich wurde die Wirkung des nur minimal resorbierbaren α-Glukosidase-Inhibitors Acarbose in einer Dosis von 1000mg/kg Körpergewicht (KG) auf die hepatische und muskuläre Glykogenspeicherung bei der gefasteten Ratte an 8 Tieren im Vergleich zur Kontrolle untersucht.

In weiteren Versuchen über 7 Tage wurde die Wirkung von BAY m 1099 (500mg/kg), BAY o 1248 (500mg/kg) und Acarbose (1000mg/kg) auf die Glykogenspeicherung in Leber und Muskel bei jeweils 8 *gefütterten* Ratten im Vergleich zur Kontrolle (0,9% NaCl-Lsg.) geprüft.

Bestimmungen

Glykogen wurde in der Leber und im Skelettmuskel durch Schwefelsäure-Hydrolyse und Bestimmung der Glukose-Einheiten mit TGO nach Neutralisation quantifiziert (s. S. 34).
Zur morphologischen Beurteilung der Glykogenspeicherung gelangten kleine Gewebsstückchen aus dem linken Leberlappen, die lichtmikroskopisch (PAS-Färbung) und elektronenmikroskopisch untersucht wurden (s. S. 35).

Ergebnisse

Gewichtsverlauf

Da stets mehrere Tiere aus den 7 Gruppen (Kontrolle und 6 Behandlungsgruppen / Behandlungszeitraum) parallel geführt wurden, ergab sich die Schwierigkeit bei der Versuchsplanung, die einzelnen Vorgänge (Fütterung, Applikation der Substanzen per Schlundsonde, Tötung der Tiere) in engen zeitlichen Grenzen abzuwickeln, um systematische Fehler zu vermeiden.
Aus diesem Grunde wurde u.a. darauf verzichtet, die Futteraufnahme der Tiere zu kontrollieren bzw. Paarfütterung durchzuführen.
Vergleichbarkeit der Befunde ist jedoch nur gegeben, wenn das Gewichtsverhalten der Tiere nicht wesentlich voneinander abweicht.

Die Gewichtszunahme der über 28 Tage gefütterten und mit BAY m 1099 bzw. BAY o 1248 behandelten Ratten im Vergleich zu den Kontrolltieren ist in Abb. 24 (BAY m 1099) und Abb. 25 (BAY o 1248) wiedergegeben.
Dabei wird deutlich, daß keine Retardierung des Wachstums durch die 'pharmakologischen' bzw. 'toxikologischen' Dosierungen (10-1000 x ED_{50} ; Puls et al., 1984) der beiden Substanzen hervorgerufen wurde, d.h. unter dem Aspekt der Gewichtszunahme bzw. Körpermasse ist Vergleichbarkeit der Kollektive gegeben.

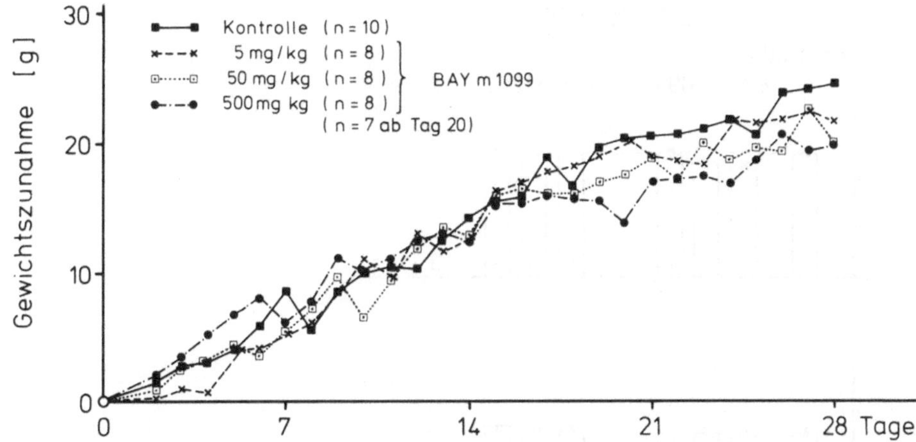

Abb. 24. Gewichtsverlauf (Gewichtszunahme) der mit BAY m 1099 [Miglitol] behandelten Tiere über 28 Tage (Mittelwerte); ein Tier aus der 500mg/kg KG-Gruppe verstarb interkurrent

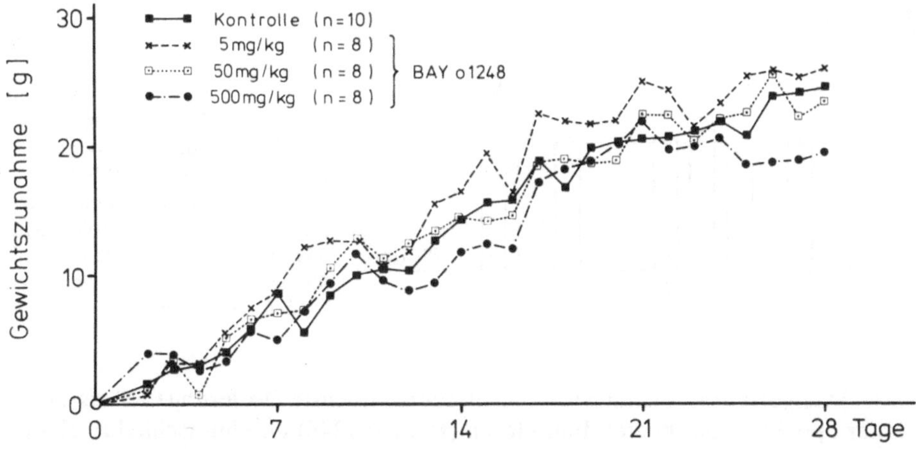

Abb. 25. Gewichtsverlauf (Gewichtszunahme) der mit BAY o 1248 behandelten Tiere über 28 Tage (Mittelwerte)

Um die Variabilität des Körpergewichtes der Ratten im Einzelfall zu berücksichtigen, wurden die einzelnen Parameter jedoch in der Berechnung auf 100g Körpergewicht bezogen.

Lebergewicht

Weder BAY m 1099 noch BAY o 1248 führte in den drei untersuchten Dosierungen (5-50-500mg/kg KG) nach 3 und 7 Tagen zu einer Veränderung des Lebergewichtes.

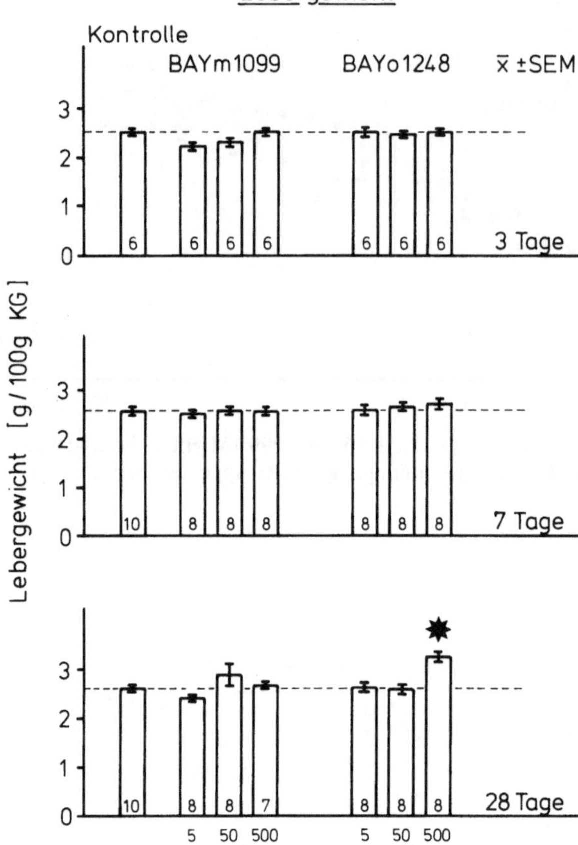

Abb. 26. Lebergewicht (bezogen auf 100g KG) bei den über 3, 7 und 28 Tage mit 5, 50 oder 500 mg/kg KG BAY m 1099 bzw. BAY o 1248 behandelten Ratten im Vergleich zur Kontrolle. Mittelwerte ± SEM. Die Anzahl untersuchter Tiere ist jeweils in den Säulen angegeben. * $p < 0{,}01$

Nach 28tägiger Verabreichung war jedoch für die höchste Dosierung (500 mg/kg) des stärker lipophilen der beiden Inhibitoren (BAY o 1248) im Unterschied zu BAY m 1099 (Miglitol) ein signifikanter Anstieg des Lebergewichtes bei der fastenden Ratte nachweisbar (* $p < 0{,}01$; Abb. 26).

Glykogengehalt der Leber

Beide *a*-Glukosidase-Inhibitoren führten im Vergleich zu den Kontrolltieren in Abhängigkeit von der Dosierung nach 3, 7 und 28 Tagen zu einem Anstieg der hepatischen Glykogenkonzentration (Abb. 27).

Während unter 5mg BAY m 1099 oder BAY o 1248 /kg Körpergewicht noch kein Anstieg des Leberglykogens nach 3, 7 oder 28 Tagen beobachtet wurde, kam es unter Verabreichung von 50mg der *a*-Glukosidase-Inhibitoren /kg KG (mit Ausnahme von BAY m 1099 in der kürzesten Anwendung) zu einer deutlichen Zunahme der hepatischen Glykogenkonzentration. Dieser Effekt war bei

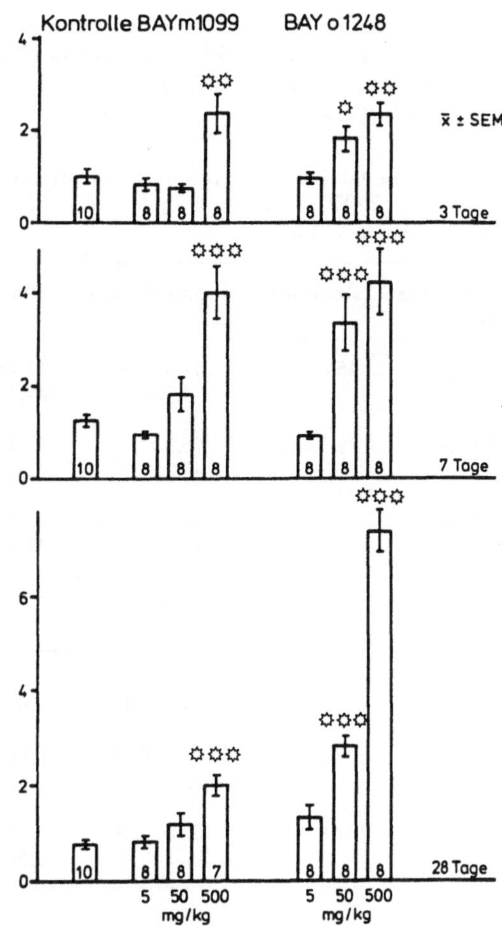

Abb. 27. Hepatische Glykogenkonzentration im Nüchternzustand (ausgedrückt in [mg Glukose x (g Leber x 100 g KG)$^{-1}$]) bei den über 3,7 und 28 Tage mit 5,50 oder 500 mg/kg KG BAY m 1099 oder BAY o 1248 behandelten Ratten im Vergleich zur Kontrolle. * $p < 0{,}05$; ** $p < 0{,}01$; *** $p < 0{,}002$

der Dosierung von 50mg/kg unter BAY o 1248 regelmäßig stärker ausgeprägt als unter BAY m 1099 (Miglitol).

Unter einer Dosierung von 500mg /kg wurde eine weitere Zunahme der hepatischen Glykogenkonzentration beobachtet; offenkundige Unterschiede zwischen BAY m 1099 und BAY o 1248 traten dabei während der 3- bzw. 7tägigen Behandlung nicht auf.
Demgegenüber wurde während der 28tägigen Verabreichung der *a*-Glukosidase-Inhibitoren unter BAY o 1248 eine wesentlich ausgeprägtere Zunahme der Leberglykogen-Konzentration festgestellt als unter BAY m 1099.

Die Wirkung von BAY o 1248 auf den Glykogengehalt in der Leber wird noch deutlicher, wenn in diesem Zusammenhang neben der – gegenüber den Kontrolltieren – etwa 10fach höheren Glykogen-Konzentration auch die Zunahme des Lebergewichtes Berücksichtigung findet.

Die (arteriell in der Aorta) gemessenen Blutglukose- und Insulin-Konzentrationen wiesen weder unter BAY m 1099 noch unter BAY o 1248 in den drei untersuchten Dosierungen über 3, 7 oder 28 Tage eine gerichtete, signifikante Veränderung auf (Tabelle 4).

Tabelle 4. Blutglukose- und Insulin-Konzentrationen (arteriell, nüchtern) bei den mit 5, 50 oder 500mg/kg KG BAY m 1099 oder BAY o 1248 über 3, 7 und 28 Tage behandelten Tieren. Mittelwerte ± SEM

Blutglukose (mg/dl)	Kontrolle	5mg/kg KG	50mg/kg KG	500mg/kg KG	Inhibitor
3 Tage	45,8±5,4	41,3±2,9	42,4±2,3	50,2±3,8	BAY m 1099
		34,2±4,9	47,1±5,3	39,2±5,4	BAY o 1248
7 Tage	48,2±2,0	46,5±2,7	41,1±5,5	49,5±2,3	BAY m 1099
		47,2±1,9	47,4±2,1	48,6±3,0	BAY o 1248
28 Tage	41,1±3,0	46,9±2,1	44,9±2,5	51,4±4,8	BAY m 1099
		38,9±1,9	41,8±2,4	44,4±5,8	BAY o 1248
Serum-Insulin (ng/ml)	Kontrolle	5mg/kg KG	50mg/kg KG	500mg/kg KG	Inhibitor
3 Tage	0,87±0,22	0,62±0,06	0,51±0,06	0,72±0,11	BAY m 1099
		0,83±0,18	0,64±0,12	0,66±0,08	BAY o 1248
7 Tage	0,43±0,04	0,43±0,03	0,60±0,12	0,55±0,12	BAY m 1099
		0,37±0,04	0,53±0,07	0,49±0,05	BAY o 1248
28 Tage	0,66±0,14	0,46±0,06	0,55±0,05	0,68±0,07	BAY m 1099
		0,35±0,05	0,56±0,07	0,40±0,06	BAY o 1248

Morphologische Untersuchungen zur hepatocellulären Lokalisation des Glykogens unter Verabreichung von α-Glukosidase-Inhibitoren

Lichtmikroskopisch zeigt eine PAS-Färbung an 4 μm dicken Schnitten entsprechend der quantitativen Analyse eine deutliche Zunahme des Nüchtern-Glykogengehaltes in der Leber nach 500mg BAY o 1248 (28 Tage) im Vergleich zur Kontrolle (Abb. 28-31).

Bei stärkerer Vergrößerung PAS-gefärbter 1 μm-Schnitte wird bereits lichtmikroskopisch erkennbar, daß ein großer Teil der PAS-positiven (intensiv rot gefärbten) Strukturen umschriebenen, rundlichen (globulären) Kompartimenten entspricht, die sich deutlich von der schütteren Darstellung zytoplasmatischen Glykogens im 4 μm-Schnitt unterscheiden und im Kontrollpräparat nicht nachweisbar sind (Abb. 33; Abb. 32).

Die meisten dieser rundlichen, PAS-positiven Gebilde haben einen Durchmesser von etwa 10 (-20) % des Durchmessers der Leberzellkerne.

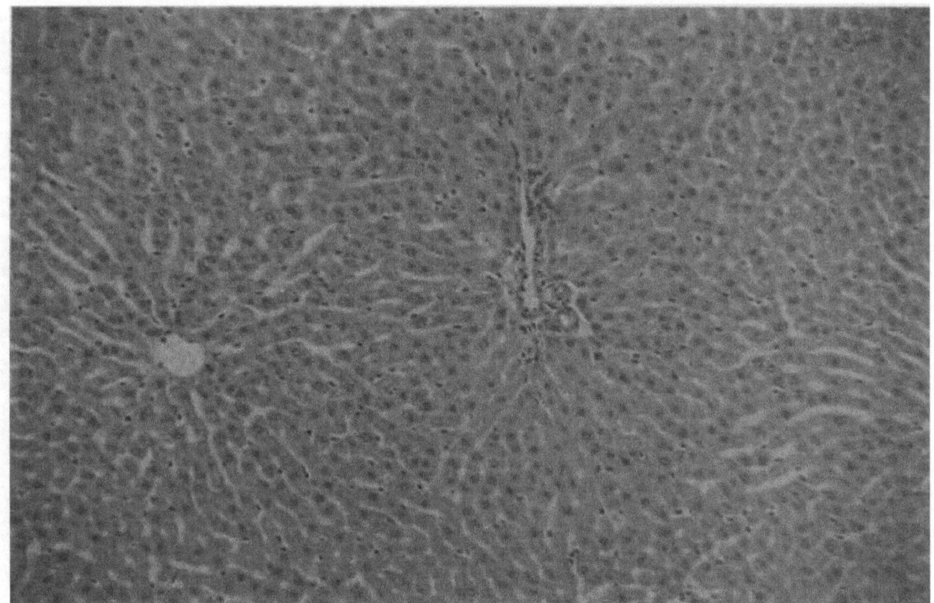

Abb. 28. Leber; Kontrollratte. Vergr. 40fach (PAS)

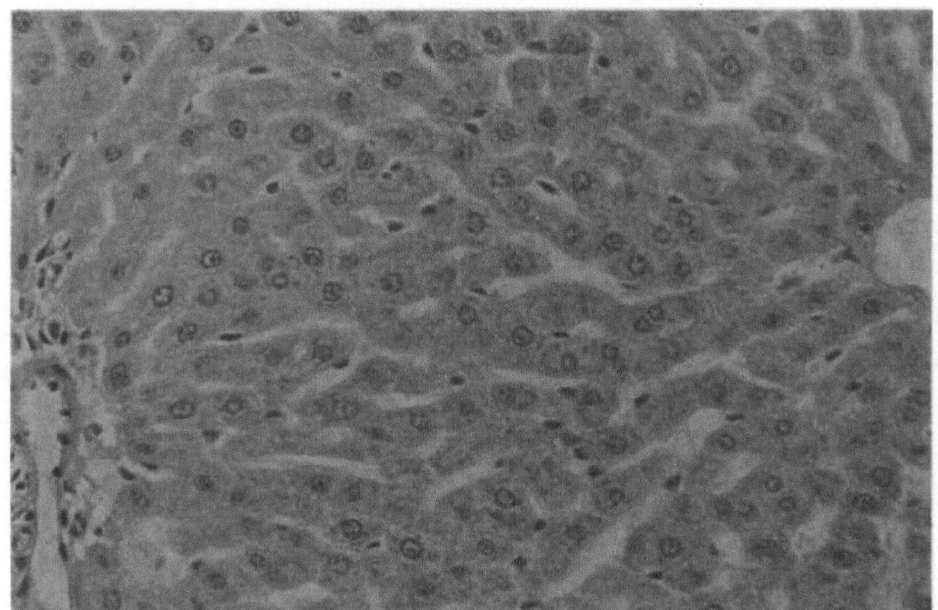

Abb. 29. Kontrollratte. Vergr. 100fach (PAS)

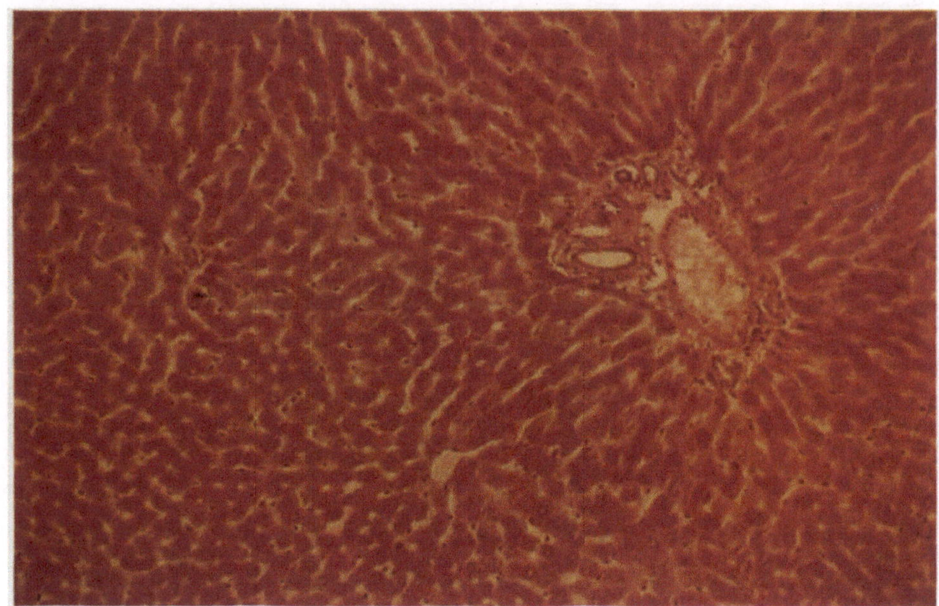

Abb. 30. Leber, BAY o 1248 (500 mg/kg). Vergr. 40fach (PAS)

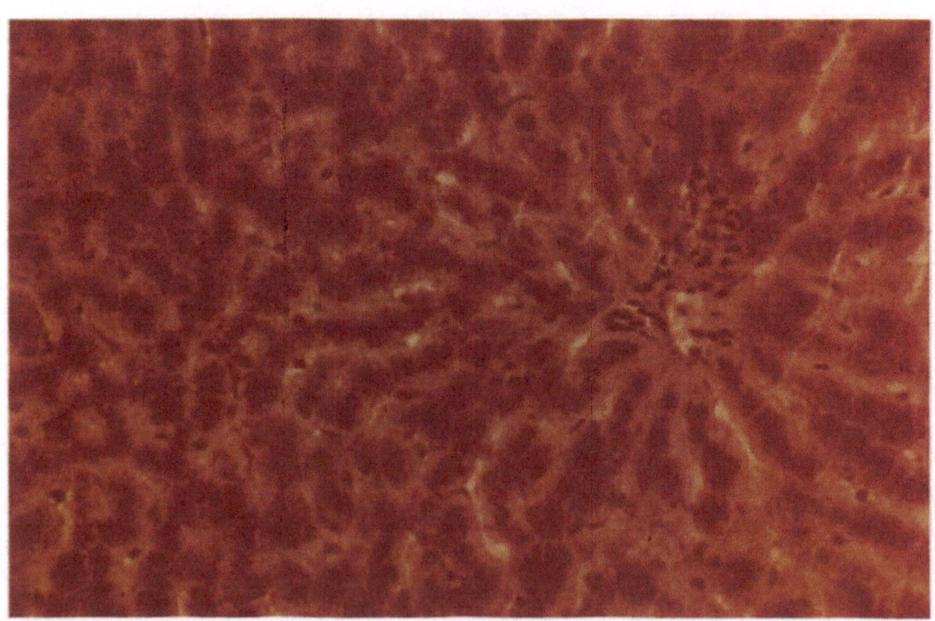

Abb. 31. Leber, BAY o 1248 (500 mg/kg). Vergr. 100fach (PAS)

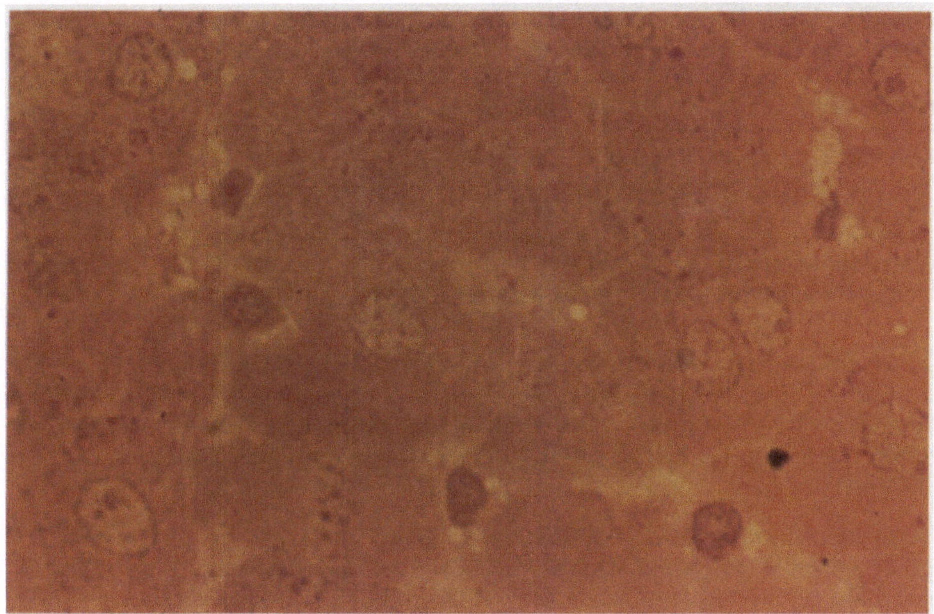

Abb. 32. Leber; Kontrollratte; 1 μm-Schnitt, PAS; Vergr. x400

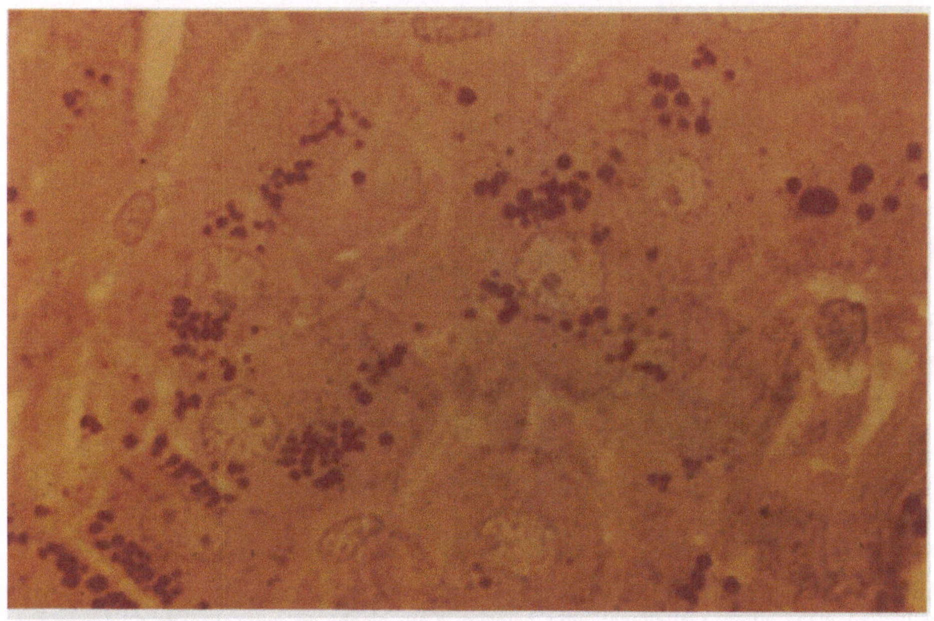

Abb. 33. Leber; BAY o 1248 (500mg/kg KG) 1 μm-Schnitt, PAS; Vergr. x400

Tabelle 5. Semiquantitative Beurteilung des hepatocellulären Glykogengehaltes unter BAY m 1099 und BAY o 1248 (500mg/kg KG über 28 Tage) im Vergleich zu Kontrolltieren

Testperiode	Präparat/Beurteilung								
Kontrolle	Φ	Φ	Φ	Φ	Φ				(n = 5)
BAY m 1099	Φ	Φ	(+)	(+)	Φ	Φ	Φ		(n = 7)
BAY o 1248	++	+	++	+	+	+	++	+	(n = 8)

Bewertungskriterien: Φ = negativ; (+) = schwach positiv; + = positiv; ++ = stark positiv; +++ = sehr stark positiv; ++++ = positiv bei gefüttertem Tier

Die semiquantitative Beurteilung der PAS-Darstellung in den Präparaten einiger der über 28 Tage mit 500mg/kg BAY m 1099 oder BAY o 1248 behandelten Tiere (Tabelle 5) läßt nur in Einzelfällen eine geringfügige, inkonstante Glykogen-Vermehrung durch BAY m 1099, aber einen deutlichen Effekt von BAY o 1248 erkennen.

Im Elektronenmikroskop stellen sich die hepatocellulären Lysosomen nüchtern (Abb. 34) oder postprandial (Abb. 35) untersuchter Kontrolltiere als in spärlicher Zahl nachweisbare (s. auch Abb. 36), rundliche, von einer Doppelmembran umgebene Strukturen dar.
Diese Lysosomen sind durchweg kleiner, in amorpher Weise elektronendichter als die angeschnittenen Mitochondrien und enthalten, vorwiegend randständig, kondensiertes, stark elektronendichtes Material.

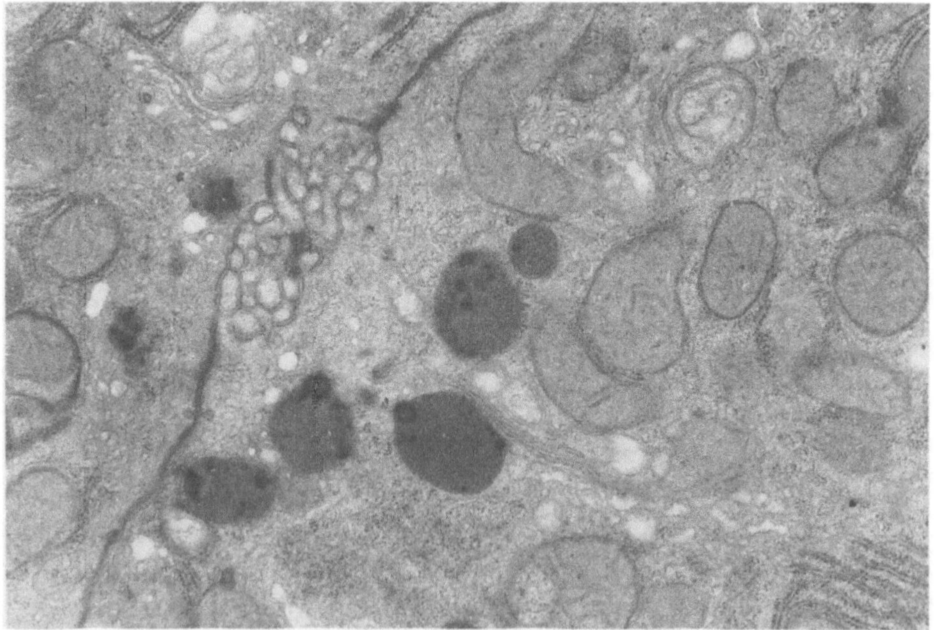

Abb. 34. Normaler elektronenmikroskopischer Aspekt von Lysosomen, am Rande eines Hepatocyten, nahe einem Gallekanaliculus gelegen. Kein Nachweis cytosolischen Glykogens in Form von α-Partikeln. Kontrolltier, nüchtern. (x 24000)

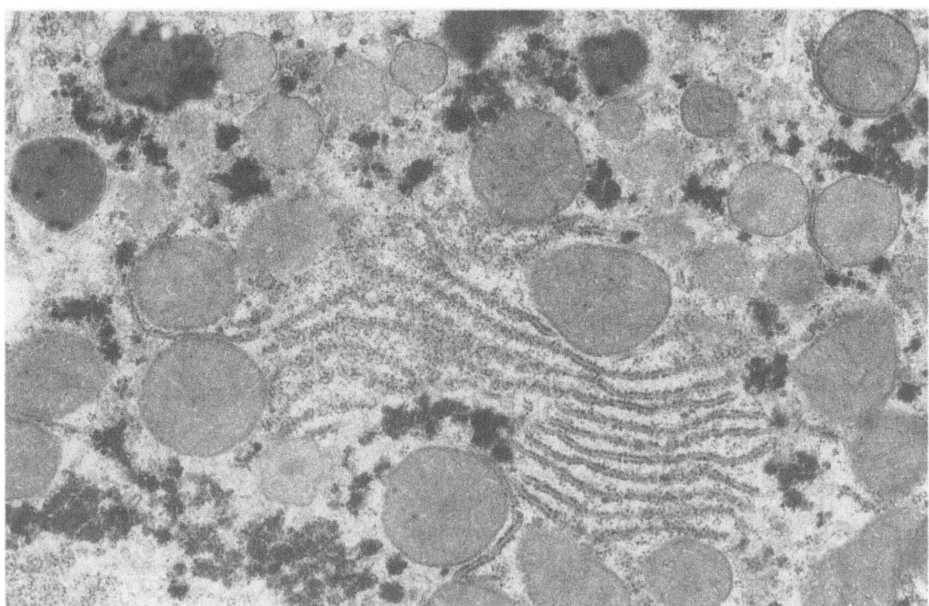

Abb. 35. Normaler elektronenmikroskopischer Aspekt einzelner Lysosomen, am linken oberen Bildrand gelegen. Morphologischer Nachweis cytosolischen, schollig-granulären Glykogens in Form der sog. *a*-Partikel. Kontrolltier, gefüttert. (x 24000)

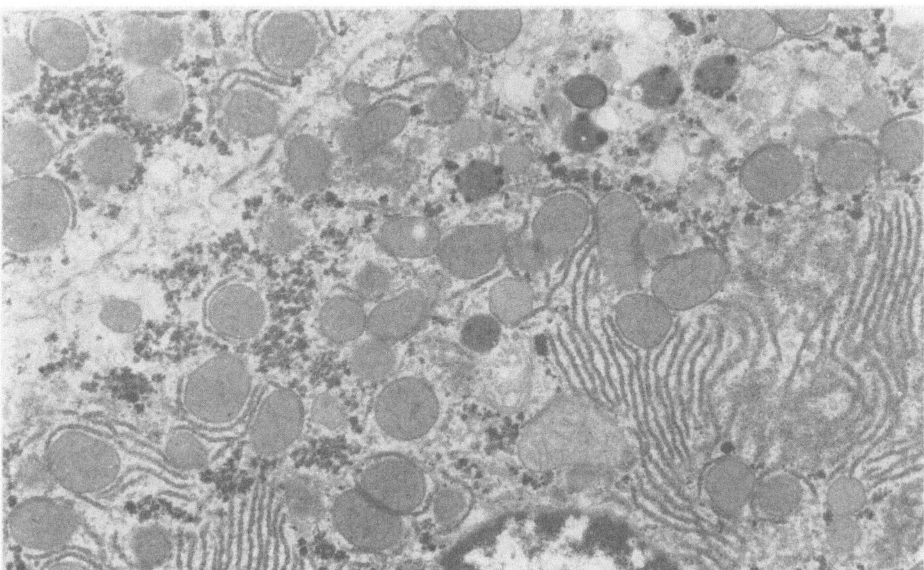

Abb. 36. Elektronenmikroskopische Übersicht eines Leberzellausschnitts bei einem gefütterten Kontrolltier. Darstellung mehrerer Lysosomen im oberen Bildanteil, die kleiner als die angeschnittenen Mitochondrien sind. Cytosolisches Glykogen in Form der *a*-Partikel. (x 13500)

Nüchtern untersuchte Tiere (Abb. 34) weisen im Gegensatz zum postprandialen Zustand (Abb. 35, 36) kein cytoplasmatisches Glykogen (sog. *a*-Partikel) auf.

Die elektronenmikroskopische Untersuchung der mit 500mg/kg KG BAY o 1248 über 28 Tage behandelten Tiere (Abb. 37, 38) läßt
a) eine eindrucksvolle Zunahme der Zahl und Größe der Lysosomen sowie
b) deutliche Veränderungen ihres Inhalts
erkennen.

In der elektronenmikroskopischen Darstellung beherrschen die Lysosomen – im Gegensatz zu ihrer spärlichen Verteilung unter Kontrollbedingungen – abschnittsweise das Zellbild (Abb. 37). Ihre Größe übertrifft dabei vielfach die der angeschnittenen Mitochondrien (Abb. 38).
Die geschwollenen Lysosomen unter 500mg/kg BAY o 1248 (28 Tage) sind großteils mit dichtem, körnig-grobgranulärem Material angefüllt.
Dieses strukturierte Material ist durch Diastase abbaubar und kann bereits morphologisch als Glykogen diagnostiziert werden.
Die im lichtmikroskopischen Präparat PAS-positiven, globulären Strukturen finden somit auf elektronenmikroskopischer Ebene eine Entsprechung in den vergrößerten, Glykogen-beladenen Lysosomen bzw. Lysosomen-Gruppen (Abb. 38).

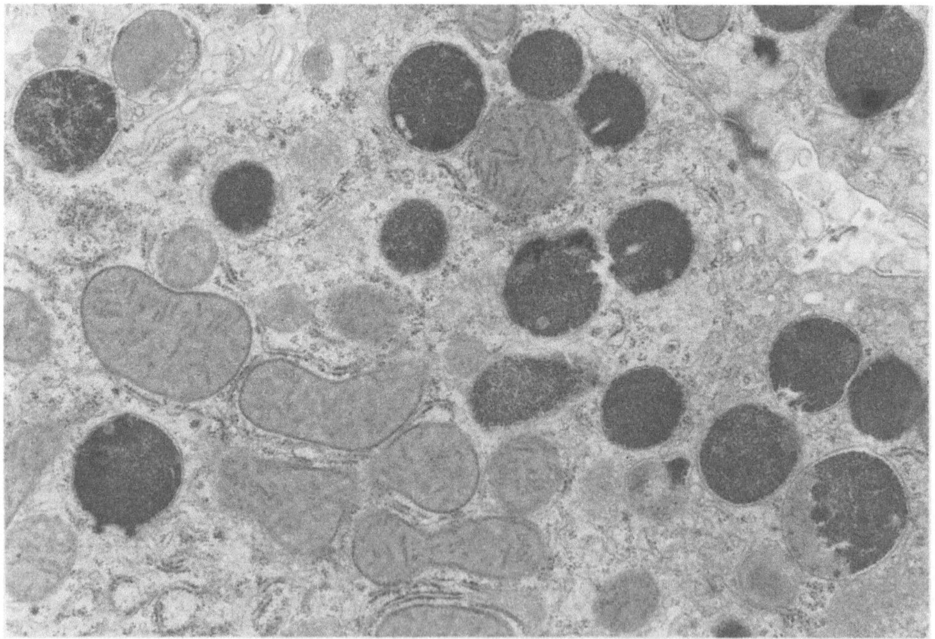

Abb. 37. Deutliche Vermehrung der Zahl und Größe hepatocellulärer Lysosomen unter BAY o 1248 (500mg/kg KG). Die Lysosomen sind partiell oder vollständig mit grob-granulärem, elektronendichtem Material (Glykogen) beladen. (x 24000)

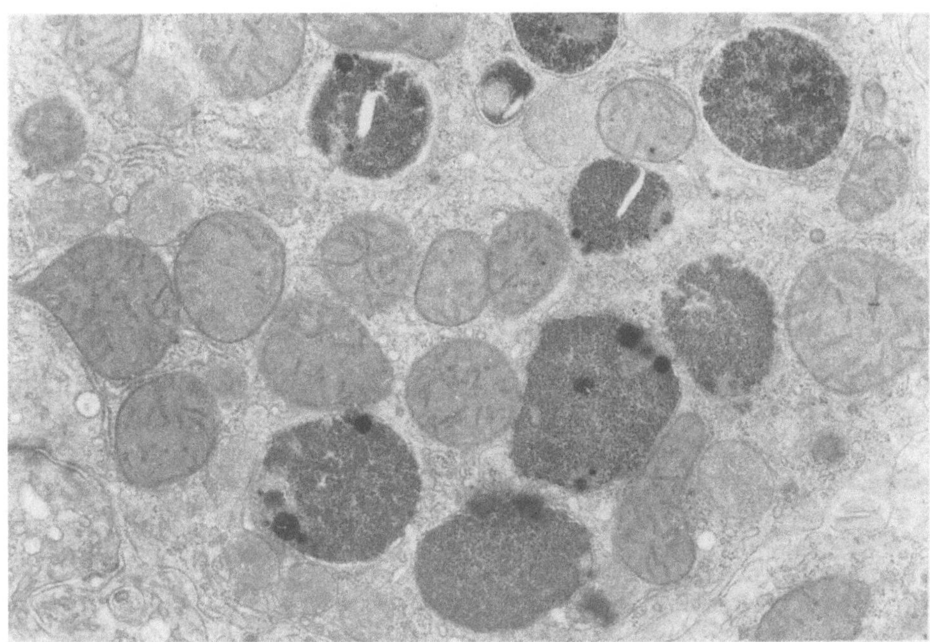

Abb. 38. Gruppe vergrößerter, prall mit Glykogen angefüllter Lysosomen unter BAY o 1248 (500mg/kg KG; 28 Tage). (x 25600)

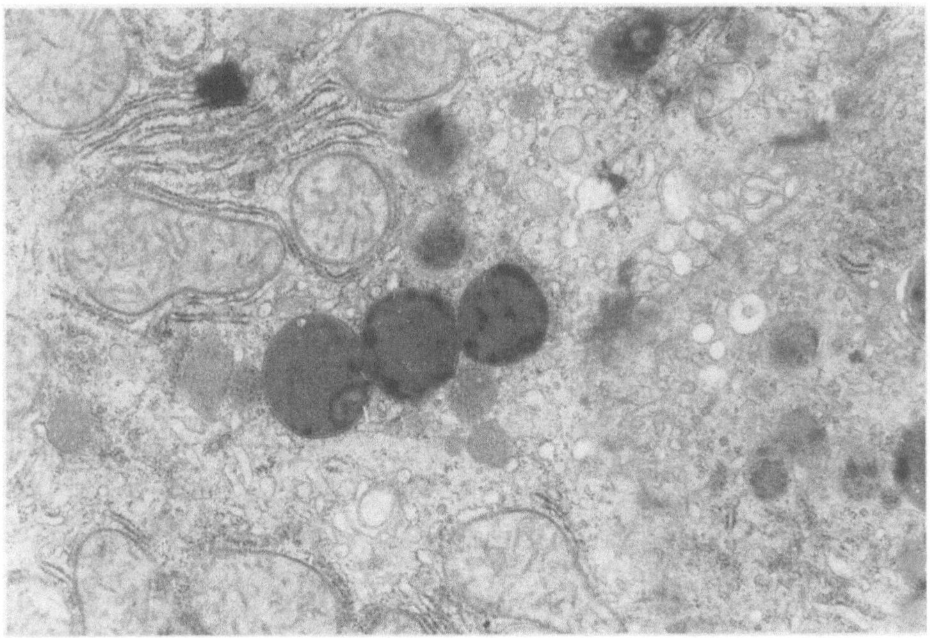

Abb. 39. Geringe Vergrößerung hepatocellulärer Lysosomen unter 5mg/kg KG BAY o 1248. Keine Darstellung pathologischer, intralysosomaler Glykogenstrukturen. (x 24000)

Cytoplasmatisches Glykogen (α-Partikel) war im Nüchternzustand unter 28tägiger Verabreichung von BAY o 1248 (500mg/kg KG) elektronenmikroskopisch nicht (Abb. 37, 38) bzw. nur ganz vereinzelt schwach nachweisbar.

Unter der niedrigen Dosierung von BAY o 1248 (5mg/kg KG) wurde nur eine geringe Zunahme der Zahl und Größe der Lysosomen beobachtet, die dem Glykogen entsprechende, grob-granuläre Struktur des Inhaltes kam hierbei nicht zur Darstellung (Abb. 39).

Ein anderer cytomorphologischer Aspekt ergab sich bei den mit 500mg/kg KG BAY m 1099 über 28 Tage behandelten Tieren.

Eindeutige Veränderungen der Lysosomen-Anzahl im Vergleich zur Kontrolle wurden (bei nicht-quantitativer Auswertung) in dieser Gruppe nicht festgestellt. Eine Zunahme cytoplasmatischen Glykogens war elektronenmikroskopisch gleichfalls nicht belegbar. Die vereinzelten Lysosomen wiesen keine oder eine nur geringgradige Vergrößerung gegenüber der Kontrollgruppe auf; die für das Glykogen typische, granuläre Binnenstruktur war dabei nur in ganz wenigen Präparaten darstellbar (Abb. 40).
Unter der niedrigen Dosierung (5mg/kg KG) des α-Glukosidase-Inhibitors BAY m 1099 wurde eine Zunahme der Größe einzelner Lysosomen (im Vergleich zur Mitochondriengröße) beobachtet (Abb. 41), wie sie auch unter 5mg/kg KG BAY o 1248 auftrat. Eindeutige Veränderungen der lysosomalen Struktur im Sinne einer abnormen Glykogenspeicherung kamen hierbei nicht zur Darstellung.

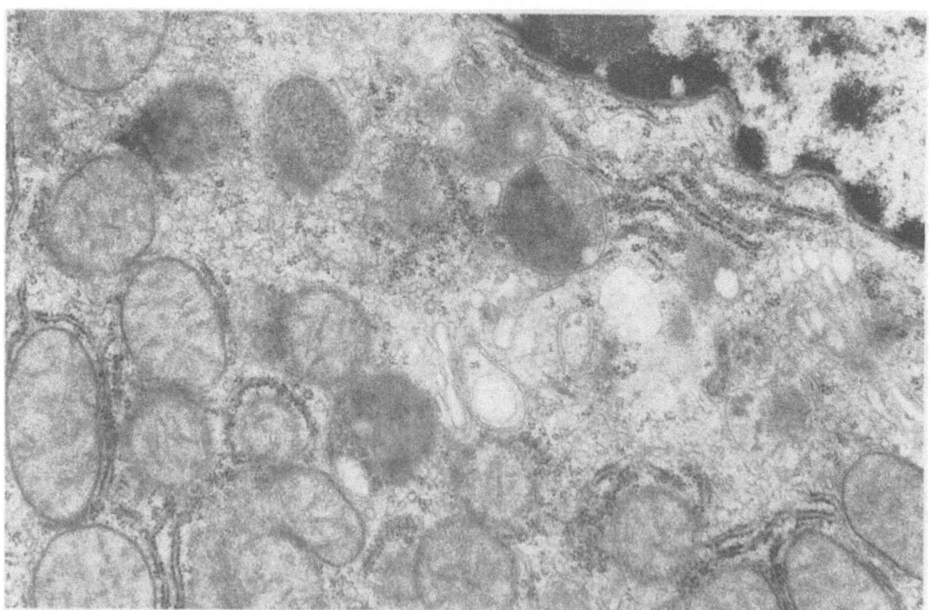

Abb. 40. Leberzellausschnitt einer mit 500mg/kg KG BAY m 1099 über 28 Tage behandelten Ratte. In Bildmitte mehrere Lysosomen mit partieller Glykogenbeladung. (x 24000)

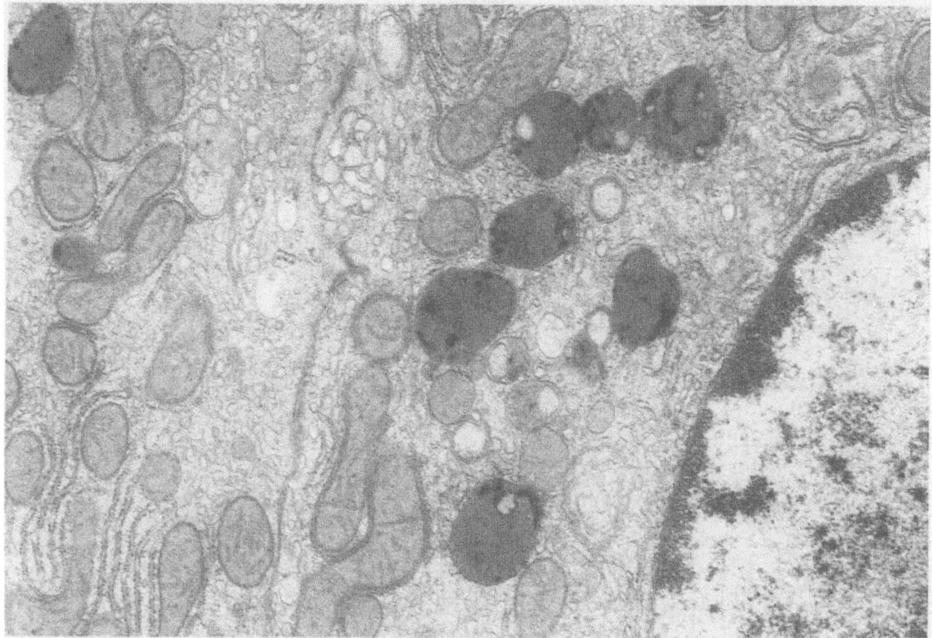

Abb. 41. Hepatocelluläre Lysosomen bei einer über 28 Tage mit 5mg/kg KG BAY m 1099 behandelten Ratte. Im Vergleich zur Kontrolle und unter Bezug auf die Mitochondriengröße erscheinen die Lysosomen vergrößert. Keine Darstellung pathologischer intralysosomaler Glykogenstrukturen. (x 13500)

Glykogengehalt im Skelettmuskel (M. soleus)

Abb. 42 läßt, ähnlich den Befunden an der Leber, eine dosisabhängige Tendenz zu höheren Glykogenkonzentrationen im M. soleus der Ratte unter der Verabreichung von BAY m 1099 und BAY o 1248 erkennen.
Statistisch betrachtet waren jedoch die beobachteten Anstiege der Glykogenkonzentration gegenüber der Kontrollgruppe nur für 500mg/kg KG BAY m 1099 (7 und 28 Tage) bzw. 500mg/kg KG BAY o 1248 (7 Tage) signifikant.

Insbesondere findet die auffallend ausgeprägte hepatische Glykogenspeicherung unter 500mg/kg KG BAY o 1248 nach 28 Tagen am Skelettmuskel keine Entsprechung.

Einfluß von Acarbose auf den Glykogengehalt von Leber und Skelettmuskel

Da der α-Glukosidase-Inhibitor Acarbose als Pseudotetrasaccharid im Gastrointestinaltrakt nach vorliegenden pharmakologischen Daten nicht nennenswert resorbiert wird (beim Menschen 0,6% nach einer 300mg-Einzeldosis; fehlende Akkumulation unter 600mg Acarbose/die über 3 Monate; Pütter, 1980), könnte ein

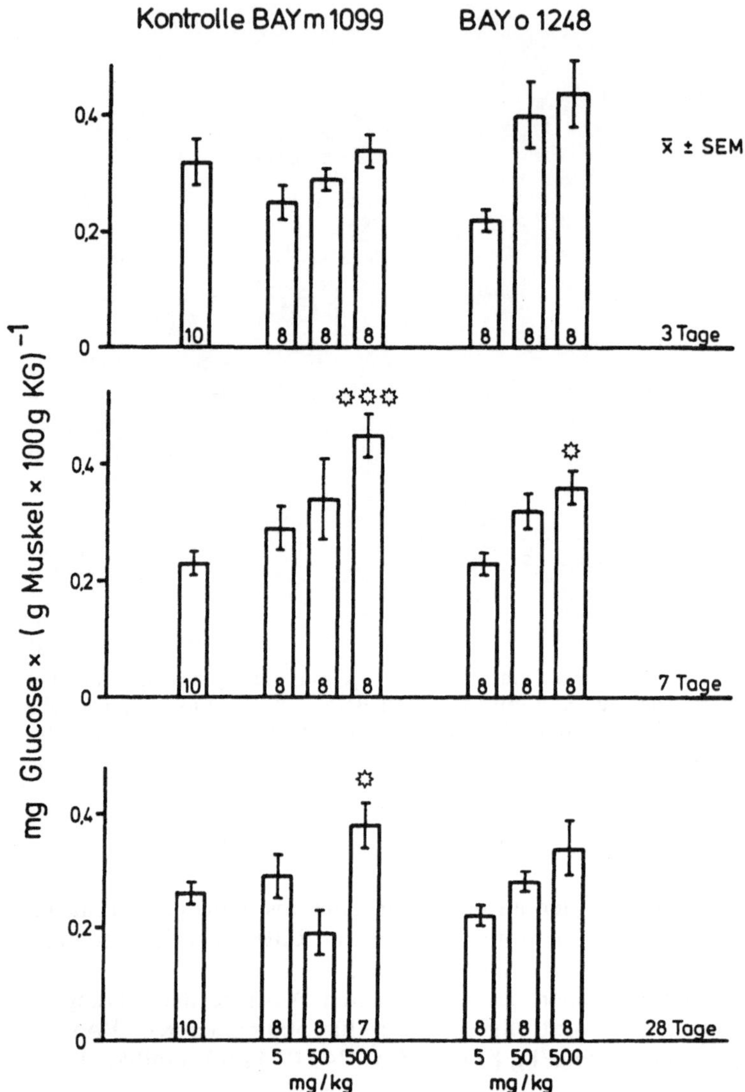

Abb. 42. Glykogenkonzentration des M. soleus im Nüchternzustand (ausgedrückt in [mg Glukose x (g Muskel × 100 g KG)$^{-1}$]) bei den über 3, 7 und 28 Tage mit 5,50 oder 500 mg/kg KG BAY m 1099 oder BAY o 1248 behandelten Ratten im Vergleich zur Kontrolle. * $p < 0{,}05$; *** $p < 0{,}002$

Anstieg des Glykogengehaltes von Leber und Skelettmuskel unter Verabreichung dieses Inhibitors als Hinweis dafür angesehen werden, daß die Glykogenspeicherung Folge der lokal-intestinalen *a*-Glukosidasen-Inhibition und einer dadurch prolongierten Phase physiologischer Substrataufnahme in die Leber ist, d.h. Folge einer verkürzten effektiven „Nüchtern-Periode".

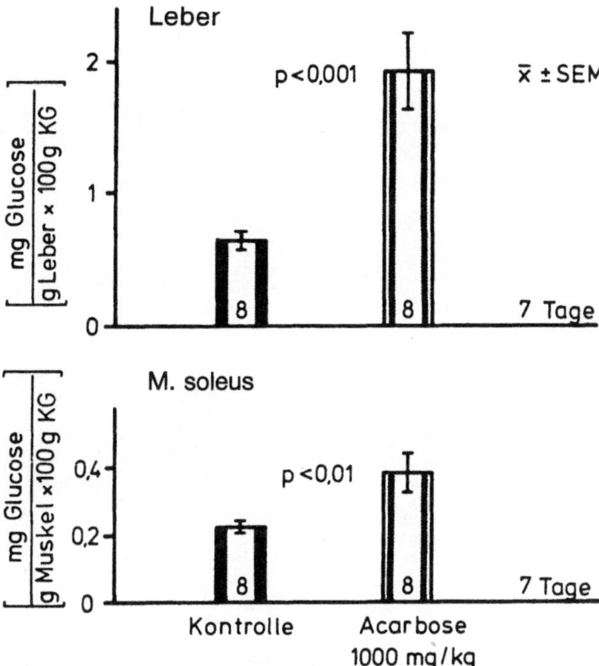

Abb. 43. Glykogenkonzentration der Leber (oben) und des M. soleus (unten) im Nüchternzustand bei den über 7 Tage mit 1000mg/kg KG Acarbose behandelten Ratten im Vergleich zur Kontrolle. n = 8 Tiere/Gruppe. Angaben als [mg Glukose x (g Leber x 100g KG) $^{-1}$] (oben) bzw. [mg Glukose x (g Muskel x 100g KG)$^{-1}$] (unten)

Aus diesem Grunde wurde die Glykogenkonzentration in Leber und Skelettmuskel nach 7tägiger Verabreichung von 1000mg Acarbose/kg KG an der Ratte im Nüchternzustand untersucht.
Diese sehr hohe Dosierung des Inhibitors (Tagesdosis beim Menschen: etwa 10mg/kg KG) wurde dabei (unter Bezug auf die ED_{50} in Akutversuchen) äquivalent zu 500mg/kg BAY m 1099 bzw. BAY o 1248 gewählt.

Acarbose führte unter diesen Bedingungen zu einem signifikanten Anstieg der Glykogenkonzentration in Leber ($p < 0{,}001$) und Skelettmuskel ($p < 0{,}01$) (Abb. 43).

Das relative Ausmaß dieses Effektes am Skelettmuskel und an der Leber erscheint dabei der Wirkung der Desoxynojirimycin-Derivate bei 7tägiger Verabreichung (Abb. 27; Abb. 42) vergleichbar.
Die (arterielle) Blutglukosekonzentration war unter Kontrollbedingungen (44,9 ± 1,8 mg/100ml) und bei den Acarbose-behandelten Tieren (45,4 ± 1,0 mg/100ml) praktisch identisch.

Eine orientierende elektronenmikroskopische Kontrolle der hepatocellulären Lysosomen-Morphologie unter diesen Untersuchungsbedingungen ergab eindrucksvolle Veränderungen (Abb. 44).
Die deutlichen morphologischen Veränderungen der Lysosomen lassen darauf schließen, daß Acarbose in der gewählten Dosierung zu einem beträchtlichen Teil enteral resorbiert wird.

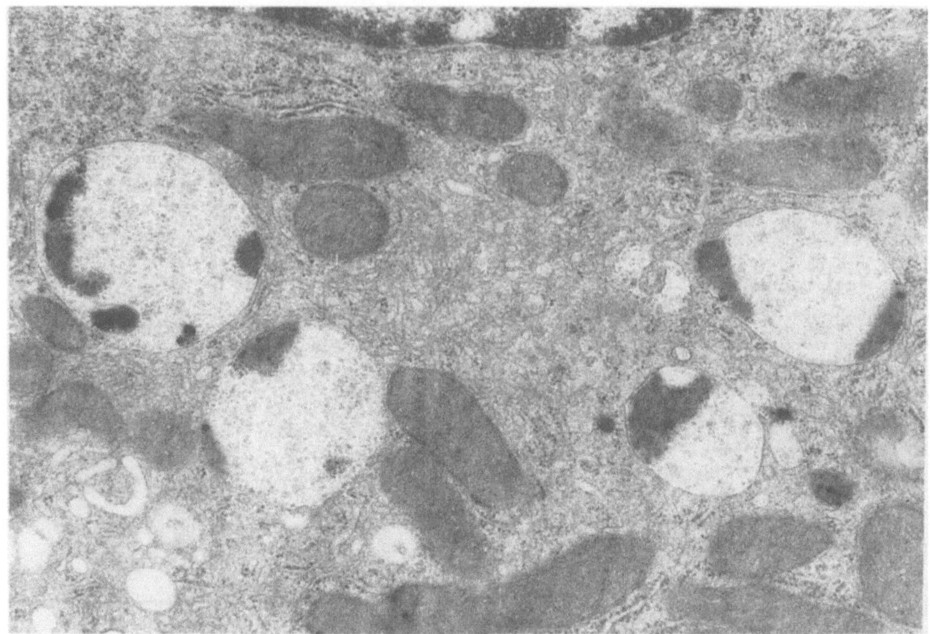

Abb. 44. Hepatocelluläre Lysosomen bei einer über 7 Tage mit Acarbose (1000mg/kg KG) behandelten Ratte. Massive Größenzunahme und deutliche Vermehrung der Lysosomen. Die Struktur des Inhalts weicht dabei sowohl von der Morphologie unter Kontrollbedingungen, als auch der pathologischen Glykogenspeicherung unter BAY o 1248 ab. (x 24000)

Einfluß von BAY m 1099, BAY o 1248 und Acarbose auf die hepatische und muskuläre Glykogenkonzentration bei gefütterten Ratten

Bei gefütterten Ratten (n=8/Gruppe) führte 7-tägige Verabreichung der Desoxynojirimycin-Derivate (BAY m 1099, BAY o 1248; 500mg/kg KG) oder von Acarbose (1000mg/kg KG) gegenüber den Kontrolltieren (0,9% NaCl) zu einer signifikanten Verminderung der Glykogenkonzentration in der Leber (Abb. 45) um 26,3% (Acarbose), 39,0% (Miglitol) bzw. 70,2% (BAY o 1248).

Bei den gleichen Tieren wurde die Glykogenkonzentration im M. soleus durch Acarbose (-7,8%) und BAY m 1099 (-9,8%) nicht verändert. Unter BAY o 1248 trat demgegenüber ein Anstieg des Glykogengehaltes im Skelettmuskel um 21,6% auf; diese Differenz zur Kontrollgruppe war statistisch jedoch nicht auf einem Signifikanzniveau von $p < 0,05$ zu sichern.

Die im arteriellen Blut bestimmten Glukose-Konzentrationen lagen mit 61,3 ± 4,1 (Kontrolle), 59,7 ± 1,5 (Acarbose), 57,0 ± 1,3 (BAY m 1099) und 60,0 ± 2,8 mg/100ml (BAY o 1248) deutlich höher als bei den nüchtern untersuchten Tieren, waren aber untereinander nicht verschieden ($p > 0,05$).

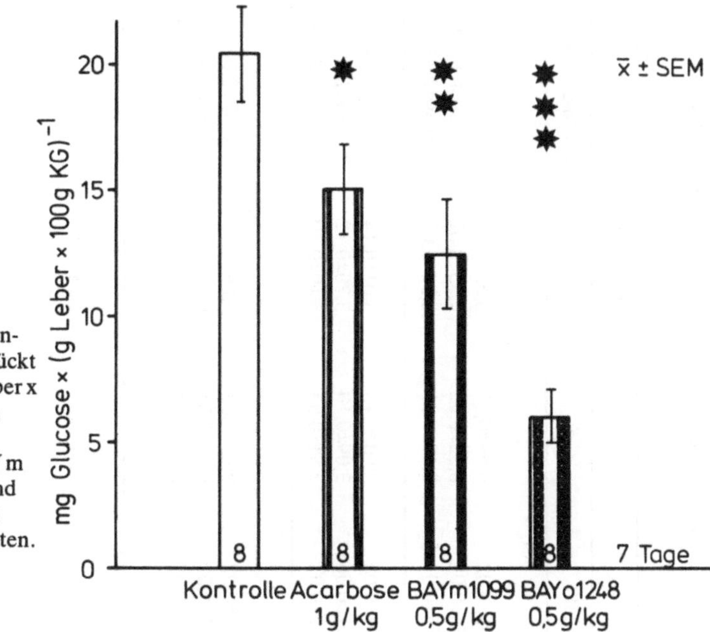

Abb. 45. Leberglykogenkonzentration (ausgedrückt als [mg Glukose x (g Leber x 100 g KG)$^{-1}$]) unter dem Einfluß von Acarbose (1 000 mg/kg KG), BAY m 1 099 (500 mg/kg KG) und BAY o 1 248 (500 mg/kg KG) bei gefütterten Ratten. n = 8 Tiere/Gruppe. * $p < 0{,}05$; ** $p < 0{,}02$; *** $p < 0{,}002$

Adaptative Veränderungen des Intestinaltraktes

Hintergrund

Allgemein kommt es bei der Ratte unter den Bedingungen einer verstärkten Substratexposition, z.B. nach Dünndarm-Resektion oder Gabe unverdaulicher, aber mikrobiell abbaufähiger Quell- und Faserstoffe, zu einer Größenzunahme des Coekums, die auf verstärkte 'metabolische Aktivität' der autochthonen Bakterienflora zurückgeführt und unter dem Aspekt der Energienutzung als Anpassungsvorgang verstanden wird (Elsenhans et al., 1981a; Florent et al., 1986).

Daher wurden im Rahmen der oben genannten tierexperimentellen Untersuchungen das Gewicht des Dünndarms, des Coekums und des Colons sowie die Dünndarmlänge nach Verabreichung verschiedener Dosierungen von BAY m 1099 bzw. BAY o 1248 über 3,7 oder 28 Tage bestimmt.

Methodik

Der Dünndarm wurde unverzüglich nach Tötung der Tiere und Eröffnung des Abdomens an der Flexura duodenojejunalis (Treitz' sches Band) durchtrennt und durch Exhairese unter konstantem Zug vom Mesenterium separiert. Distal wurde der Dünndarm am Ileocoekalübergang abgesetzt. Länge (frei hängend) und Gewicht des Dünndarms wurden nach kurzer Spülung mit 0,9%iger NaCl-Lösung und Abtropfen der Flüssigkeit im gleichen Arbeitsgang bestimmt.

Tabelle 6. Länge und Gewicht des Dünndarmes sowie Colon-Feuchtgewicht bei Verabreichung verschiedener Dosierungen von BAY m 1 099 (Miglitol) und BAY o 1248 (Emiglitate) über 3, 7 oder 28 Tage (Mittelwerte ± SEM)

		Kontrolle	BAY m 1099			BAY o 1248		
Segment	Tag	0,9%NaCl-Lsg.	5	50	500	5	50	500 (mg/kg KG)
Dünndarm								
— Länge	3	0,53±0,01	0,54±0,02	0,53±0,02	0,55±0,02	0,53±0,01	0,53±0,01	0,53±0,03
(m/100g KG)	7	0,52±0,01	0,51±0,02	0,53±0,01	0,54±0,01	0,52±0,02	0,55±0,02	0,59±0,02 **
	28	0,50±0,01	0,48±0,01	0,57±0,06	0,55±0,01 §	0,49±0,01	0,54±0,02	0,59±0,02 §§
— Gewicht	3	2,78±0,10	2,69±0,09	2,82±0,11	3,04±0,08	2,80±0,10	3,01±0,14	2,85±0,09
(g/100g KG)	7	2,91±0,07	2,72±0,11	2,62±0,30	3,02±0,06	3,09±0,10	3,20±0,12	3,39±0,09 §§
	28	2,95±0,08	2,77±0,06	3,18±0,27	3,02±0,07	2,81±0,06	3,10±0,20	3,95±0,23 §§
Dickdarm								
— Gewicht des	3	0,67±0,02	0,61±0,02	0,64±0,03	0,67±0,02	0,62±0,03	0,69±0,05	0,67±0,04
Colons (ohne	7	0,62±0,02	0,67±0,03	0,66±0,02	0,62±0,01	0,60±0,04	0,58±0,02	0,69±0,03
Coekum) (g/100 g KG)	28	0,72±0,01	0,66±0,01	0,73±0,08	0,75±0,03	0,66±0,02	0,70±0,03	0,85±0,05 *
Anzahl Ratten pro Gruppe		n = 10	n = 8	n = 8	n = 8 (n = 7 in der 28-Tage-Gruppe)	n = 8	n = 8	n = 8

* $p < 0,05$; ** $p < 0,02$; § $p < 0,01$; §§ $p < 0,002$

Das Coekum wurde als der caudal der Einmündung des terminalen Ileums in den Dickdarm liegende Dickdarmanteil definiert; das Colon als der übrige Dickdarm bis zum Anus. Beide Dickdarmanteile wurden sorgfältig durch Spülung mit 0,9%iger NaCl-Lsg. gesäubert und feucht (nach Abtupfen überschüssiger Flüssigkeit) gewogen.

Ergebnisse

Dünndarm

Unter BAY o 1248 kommt es nach 7 bzw. 28 Tagen dosisabhängig zu einer Längenzunahme des Dünndarms; die Betrachtung des Dünndarmgewichtes bestätigt diesen Eindruck (Tabelle 6).

Unter BAY m 1099 (500mg/kg KG) wurde nur nach 28 Tagen eine geringe, aber statistisch signifikante Zunahme der Dünndarmlänge festgestellt.

Dickdarm

Eine Gewichtszunahme war am Coekum bereits nach 3tägiger Verabreichung der α-Glukosidase-Inhibitoren in der höchsten untersuchten Dosierung (500 mg/kg KG) deutlich erkennbar.

Dieser Effekt nahm in Abhängigkeit von der Zeit zu und war nach 28 Tagen für beide Desoxynojirimycin-Derivate (500mg/kg KG) statistisch signifikant (Abb. 46).

Demgegenüber war eine Gewichtszunahme des Colons (ohne das Coekum) nur tendenziell nach Verabreichung von 500 mg/kg KG BAY m 1099 bzw. BAY o 1248 erkennbar (Tabelle 6).

Adaptative Veränderungen des Intestinaltraktes unter Acarbose

Nach 7tägiger Verabreichung von Acarbose (1000mg/kg KG) wurde bei den nüchtern untersuchten Ratten eine geringgradige Zunahme der Dünndarmlänge und des Kolongewichtes beobachtet (n.s.), während das Dünndarmgewicht und insbesondere das Coekumgewicht eine deutliche, signifikante ($p < 0{,}002$) Zunahme erfuhren (Tabelle 7).

Auch das Lebergewicht stieg mit 2,54 ± 0,06 g/100g KG unter Acarbose gegenüber 2,31 ± 0,05 g/100g KG bei den Kontrolltieren signifikant ($p \leq 0{,}02$) an, während sich das Gewicht des Herzens unter den Bedingungen der α-Glukosidase-Hemmung durch Acarbose nicht änderte (0,292 ± 0,007 vs. 0,295 ± 0,009 g/100g KG in der Kontrollgruppe).

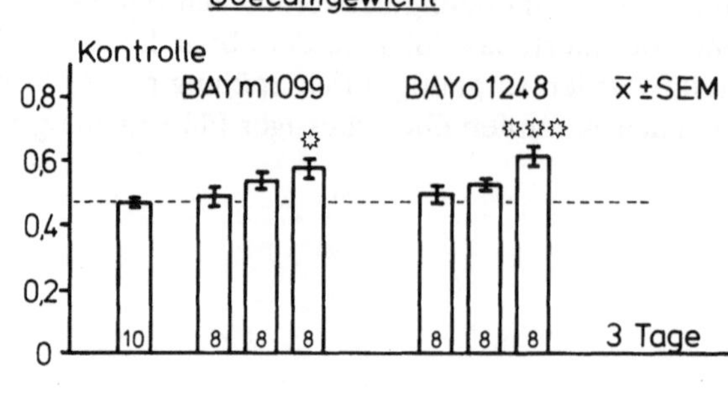

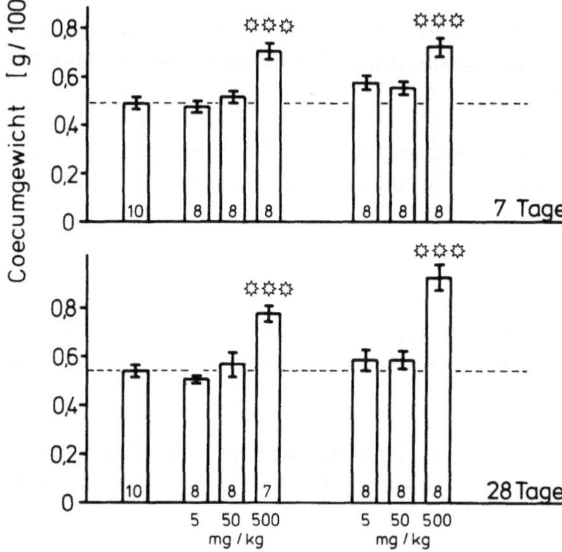

Abb. 46. Coecumgewicht (bezogen auf 100g KG) bei den über 3, 7 und 28 Tage mit 5, 50 oder 500mg/kg KG BAY m 1099 bzw. BAY o 1248 behandelten Ratten im Vergleich zur Kontrolle. Die Anzahl untersuchter Tiere ist in den Säulen angegeben. * $p < 0{,}01$; *** $p < 0{,}002$

Ingesta-Verteilung

Neben den Gewichts- bzw. Längenveränderungen wurde die Verteilung des Kohlenhydratanteils (Gesamtkohlenhydratmenge nach Säurehydrolyse [H_2SO_4]) der Ingesta im Darmtrakt quantitativ untersucht.
Für die Durchführung dieser Untersuchung (an codierten Proben) bin ich Herrn Dr. H. Bishoff, Institut für Pharmakologie der Bayer AG, Wuppertal, zu Dank verpflichtet.

Für diese Untersuchungen wurde der Dünndarm in drei gleiche Teile geteilt (proximales, mittleres und distales Drittel), deren Inhalt separat ausgespült und asserviert wurde. In gleicher Weise wurde mit dem Coekalinhalt verfahren. Die Asservate wurden unmittelbar bis zur Analyse bei -25° C eingefroren.

Unter Kontrollbedingungen zeigt die Verteilung der Gesamtkohlenhydratmenge (Σ μmol Glukose nach Säurehydrolyse) pro Darmabschnitt bei den nüchtern untersuchten Tieren eine Zunahme von proximal nach distal; in Anwesenheit

Tabelle 7. Gesamtkohlenhydratgehalt (Σ µmol Glukose/Segment) verschiedener Darmsegmente bei nüchtern und gefüttert untersuchten Ratten nach 7tägiger Verabreichung der resorbierten α-Glukosidase-Inhibitoren BAY m 1099 und BAY o 1248 (500 mg/kg KG) bzw. des ganz vorwiegend nicht resorbierten α-Glukosidase-Inhibitors Acarbose (1000 mg/kg KG), (Mittelwerte ± SEM)

		µmol Glukose/Segment				Trophischer Effekt		
		Dünndarm			Coekum	Dünndarm		Coekum
	n	proximal	Mitte	distal		Länge (m/100 g KG)	Gewicht (g/100 g KG)	Gewicht (g/100 g KG)
Gefütterte Tiere								
Kontrolle	8	51,3 ± 9,7	37,7 ± 6,2	90,1 ± 14,2	201,1 ± 84,2	0,45 ± 0,01	2,64 ± 0,10	0,49 ± 0,03
BAY m 1099 500 mg/kg KG	8	86,2 ± 15,6	141,8 ± 42,3 §	307,6 ± 93,6 **	309,6 ± 69,3	0,50 ± 0,01 §	3,02 ± 0,06 §	0,72 ± 0,03 §§
Bay o 1248 500 mg/kg KG	8	128,7 ± 23,2 §	162,7 ± 40,1 §§	379,2 ± 100,5 **	244,3 ± 64,7	0,50 ± 0,01 *	3,30 ± 0,16 §§	0,76 ± 0,02 §§
Acarbose 1000 mg/kg KG	8	92,5 ± 24,4	260,3 ± 76,0 §	532,1 ± 114,3 §§	1882,4 ± 442,4 §	0,49 ± 0,01 *	2,92 ± 0,15	0,61 ± 0,04 *
Nüchtern-Tiere								
Kontrolle	8	0,5 ± 0,2	1,6 ± 0,7	10,6 ± 7,6	267,3 ± 136,7	0,48 ± 0,01	2,42 ± 0,08	0,43 ± 0,01
Acarbose 1000 mg/kg KG	8	3,4 ± 1,8	7,0 ± 4,2	36,9 ± 20,7	1623,2 ± 200,0 §§	0,52 ± 0,01	3,09 ± 0,12 §§	0,55 ± 0,02 §§

* $p < 0,05$; ** $p < 0,02$; § $p < 0,01$; §§ $p < 0,002$

* $p < 0,05$; ** $p < 0,02$; § $p < 0,01$; §§ $p < 0,002$

von Acarbose nimmt die Kohlenhydratmenge in allen Abschnitten des Dünndarms deutlich, aber quantitativ unbedeutend zu, während im Coekum eine drastische Zunahme von 267,3 ± 136,7 μmol auf 1623,2 ± 200,0 μmol Glukose gemessen wurde ($p < 0{,}002$; Tabelle 7).

Adaptative Veränderungen des Intestinaltraktes bei gefütterten Tieren

Bei den Tieren, die morgens postprandial nach 7tägiger Verabreichung von BAY m 1099 (500 mg/kg KG), BAY o 1248 (500 mg/kg KG) bzw. Acarbose (1 000 m/kg KG) im Vergleich zu Kontrolltieren untersucht wurden, fand sich eine (n. s.) Tendenz zu niedrigerem Lebergewicht unter Verabreichung der α-Glukosidase-Inhibitoren (Kontrolle: 3,23 ± 0,07; Acarbose: 3,24 ± 0,06; BAY m 1099:3,12 ± 0,12; BAY o 1248: 3,03 ± 0,10 g/100 g KG).

Demgegenüber stiegen die Dünndarmlänge sowie in erheblichem Ausmaß und statistisch signifikant das Dünndarmgewicht und das Coekumgewicht an (Tabelle 7).
Dabei war auffallend, daß die Zunahme des Dünndarm- und Coekumgewichtes unter den „resorbierbaren" *a*-Glukosidase-Inhibitoren (BAY m 1099, BAY o 1248) wesentlich deutlicher ausfiel als bei Verabreichung des „nicht-resorbierbaren" *a*-Glukosidase-Inhibitors Acarbose.

Ingesta-Verteilung

Die Gesamtkohlenhydrat-Menge der Ingesta im proximalen, mittleren und distalen Dünndarm lag bei den gefütterten Tieren unter Kontrollbedingungen und nach Verabreichung der *a*-Glukosidase-Inhibitoren höher als bei den nüchtern untersuchten Tieren; die Kohlenhydratmenge im Coekum war demgegenüber nahezu gleich.

Alle *a*-Glukosidase-Inhibitoren führten zu einer deutlichen Zunahme der Kohlenhydratmenge in den analysierten Dünndarmabschnitten, aber nur unter Verabreichung des nicht resorbierten Pseudotetrasaccharids Acarbose trat ein Anstieg der Kohlenhydratmenge im Coekum auf (Tabelle 7).

Klinische Studien

Wirkung resorbierbarer *a*-Glukosidase-Inhibitoren auf das Blutglukose-Profil, enteropankreatische Hormone und die H_2-Exhalation nach oraler Kohlenhydratbelastung bei gesunden Probanden

In ersten Phase I-Studien wurde der Einfluß der resorbierbaren *a*-Glukosidase-Inhibitoren BAY m 1099 (Miglitol) und BAY o 1248 auf das postprandiale

Blutglukose-, Serum-Insulin- und -GIP-Profil sowie die H_2-Exhalation und subjektive Verträglichkeit nach Gabe von Saccharose oder Stärke untersucht.
Ziel dieser Studien war es, Wirksamkeit und Wirkungsdauer sowie das Auftreten unerwünschter Wirkungen bei verschiedenen Dosierungen dieser neuen α-Glukosidase-Inhibitoren unter standardisierten Bedingungen zu prüfen.

Den Untersuchungen erteilte die Ethik-Kommission der Medizinischen Fakultät der Georg-August-Universität Göttingen im Juni 1983 ihre Zustimmung.

Akutversuche mit oraler Saccharose-Belastung: BAY m 1099

Methodik

Protokoll

In einer kontrollierten, randomisierten Doppelblindstudie wurde die Wirkung von 25, 50 und 100mg BAY m 1099 (Miglitol) auf das Blutglukose-, IRI- und GIP-Profil sowie die H_2-Exhalation und subjektive Verträglichkeit nach repetitiver Saccharosebelastung gegenüber Plazebo an gesunden, freiwilligen Probanden untersucht. Zwischen den einzelnen Untersuchungstagen lagen wenigstens 5, höchstens 15 Tage als sog. Auswaschperiode.
Um unerwünschte Einflüsse durch die intraindividuelle Variabilität der Magenentleerung auf die zu untersuchenden Parameter zu reduzieren, erhielten alle Probanden 15 min. vor den Kohlenhydrat-Belastungstests 20mg Metoclopramid (Paspertin-Tropfen) in 20 ml Wasser verabreicht (Thompson et al., 1982).

Die Einnahme der in Wasser aufgelösten Prüfsubstanzen (bzw. des Plazebos) erfolgte einheitlich morgens nüchtern um 8^{00} Uhr, zusammen mit der ersten Kohlenhydrat-Belastung.
Anstelle einer Mahlzeit nahmen die Probanden morgens (8^{00} Uhr), mittags (12^{00} Uhr) und abends (17^{00} Uhr) jeweils 50g Saccharose in 400ml Wasser zu sich.

Während der 12stündigen Untersuchungsdauer wurden Hospitalisierungsbedingungen eingehalten, d. h. die Probanden waren unter Aufsicht, nahmen auch die Medikation unter Aufsicht ein und verbrachten die Zeit liegend oder sitzend unter körperlichen Ruhebedingungen. Die orale Nahrungsaufnahme war ausschließlich auf die im Prüfplan vorgesehenen Kohlenhydrat-Belastungen begrenzt, Wasser durfte zwischen den Belastungstests zusätzlich getrunken werden.

Parameter

Zur Beurteilung der Wirksamkeit und der Wirkungsdauer wurden das Blutglukose-, Serum-IRI- und -GIP-Profil über 3 Std. im Anschluß an die drei Kohlenhydrat-Belastungen untersucht.
Als objektiver Parameter einer Kohlenhydrat-Malabsorption wurde die endexspiratorische H_2-Konzentration über 12 Std. (8^{00}-20^{00} Uhr) bestimmt.
Symptome der Kohlenhydrat-Malabsorption (Meteorismus, Flatulenz und Diarrhoe) wurden subjektiv mit 0 (kein Auftreten), 1 (leicht), 2 (mäßig) oder 3

(stark) bewertet und in den Untersuchungen mit Saccharose-Belastung während des Untersuchungsablaufs stündlich (d.h. 12 mal) dokumentiert. Die Häufigkeit und Stärke der einzelnen Symptome wurde in Form eines Summenscores dargestellt, der maximal 288 für jedes Symptom (3 x 12 x 8 [Grad x Häufigkeit x Anzahl der Probanden]) betragen konnte.
Da die reiterative gezielte Befragung hierbei eine Möglichkeit zur Kumulierung der Beschwerden beinhaltet, wurde die subjektive Verträglichkeit in späteren Untersuchungen mit Stärke als Substrat lediglich durch offene Fragen nach etwaigen Symptomen evaluiert.

Probanden

Acht männliche, gesunde Probanden mit einem Durchschnittsalter von 26 (22-33) Jahren nahmen nach Aufklärung und schriftlicher Einverständniserklärung an der Studie teil. Der mittlere Broca-Index betrug 0,91 ± 0,18 (0,72 - 1,31).

Ergebnisse

Blutglukose

Die einmalige, morgendliche Gabe von 25, 50 oder 100 mg BAY m 1099 (Miglitol) führte dosisabhängig zu einer deutlichen Verminderung des Blutglukose-

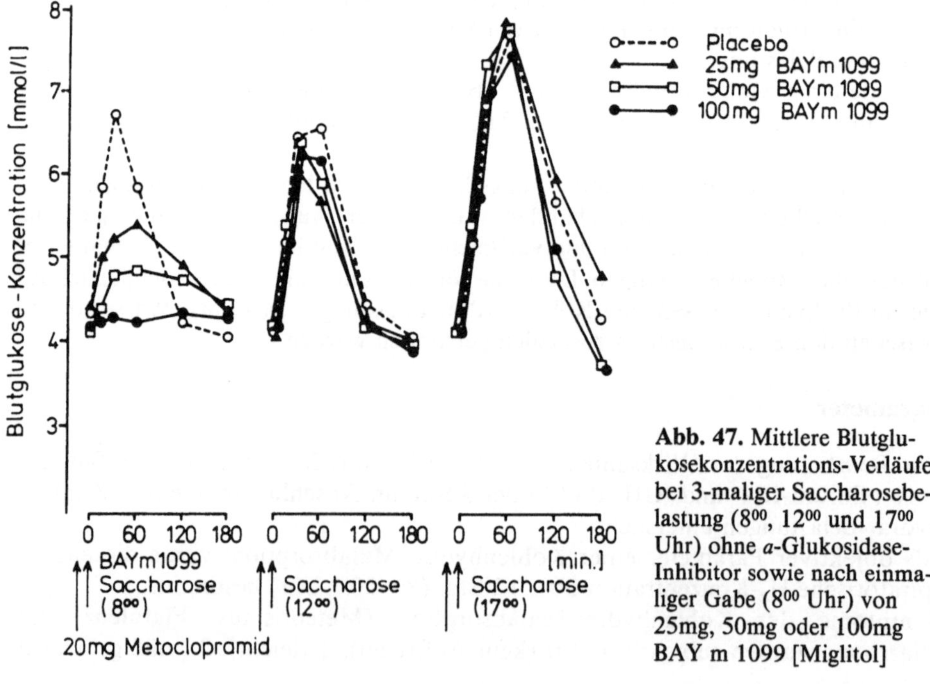

Abb. 47. Mittlere Blutglukosekonzentrations-Verläufe bei 3-maliger Saccharosebelastung (8^{00}, 12^{00} und 17^{00} Uhr) ohne *a*-Glukosidase-Inhibitor sowie nach einmaliger Gabe (8^{00} Uhr) von 25mg, 50mg oder 100mg BAY m 1099 [Miglitol]

Anstieges nach der ersten Saccharose-Belastung um 8^{00} Uhr. Diese Wirkung der Prüfsubstanz war sowohl durch den Verlauf der Mittelwertskurven (Abb. 47) als auch bei Betrachtung der AUC und des postprandialen Blutglukoseanstiegs nach der Kohlenhydrat-Belastung erkennbar (Tabelle 8).

Eine Betrachtung der Mittelwertskurven (Abb. 47) zeigt, daß 25 und 50mg Miglitol nicht nur den Anstieg, sondern auch den steilen Abfall der Blutglukose-

Tabelle 8. Wirkung der einmaligen Gabe (8^{00} Uhr) von BAY m 1099 (Miglitol) auf den integrierten Blutglukose-, Serum-Insulin- und -GIP-Anstieg [Δ AUC, 0-180 min.] sowie den maximalen Anstieg dieser Parameter [ΔBG_{max} ; ΔIRI_{max} ; ΔGIP_{max}] nach Saccharosebelastungen um 8^{00} , 12^{00} und 17^{00} Uhr. Mittelwerte ± SEM; * $p < 0,05$; ** $p < 0,01$

Blutglukose (Angaben als mmol/l x 180 min. [Δ AUC] bzw. mmol/l [ΔBG_{max}])

	1. Belastung		2. Belastung		3. Belastung	
	Δ AUC	ΔBG_{max}	Δ AUC	ΔBG_{max}	Δ AUC	ΔBG_{max}
Plazebo	128,5 ± 36,9	2,8 ± 0,5	196,9 ± 25,6	2,7 ± 0,4	329,2 ± 51,0	3,6 ± 0,4
BAY m 1099						
25 mg	88,6 ± 45,1	1,5 ± 0,3 *	147,3 ± 15,2	2,3 ± 0,2	338,8 ± 50,5	3,7 ± 0,3
50 mg	87,9 ± 48,4	0,9 ± 0,3 *	142,3 ± 32,9	2,6 ± 0,3	281,9 ± 47,4	3,7 ± 0,2
100 mg	13,8 ± 12,0 **	0,2 ± 0,1 **	143,4 ± 20,4	2,6 ± 0,2	287,8 ± 46,4	3,8 ± 0,4

Serum-Insulin (Angaben als mU/ml x 180 min. [Δ AUC] bzw. μU/ml [ΔIRI_{max}])

	1. Belastung		2. Belastung		3. Belastung	
	Δ AUC	ΔIRI_{max}	Δ AUC	ΔIRI_{max}	Δ AUC	ΔIRI_{max}
Plazebo	2,1 ± 0,7	45,4 ± 7,6 **	2,5 ± 0,6	39,7 ± 8,0	4,1 ± 0,8	48,8 ± 7,9
BAY m 1099						
25 mg	2,5 ± 0,5	26,5 ± 5,1 **	2,3 ± 0,5	42,7 ± 6,5	3,7 ± 0,5	45,0 ± 5,4
50 mg	1,4 ± 0,4	15,0 ± 4,1 *	2,1 ± 0,5	37,2 ± 7,2	3,5 ± 0,9	53,0 ± 9,9
100 mg	0,1 ± 0,1 *	2,8 ± 1,2 **	1,3 ± 1,1	31,4 ± 8,5	33,0 ± 0,3	40,3 ± 4,6

Serum-GIP (Angaben als ng/ml x 180 min. [Δ AUC] bzw. pg/ml [ΔGIP_{max}])

	1. Belastung		2. Belastung		3. Belastung	
	Δ AUC	ΔGIP_{max}	Δ AUC	ΔGIP_{max}	Δ AUC	ΔGIP_{max}
Plazebo	25,8 ± 6,9	298 ± 30	37,4 ± 3,9	464 ± 55	50,3 ± 9,7	463 ± 55
BAY m 1099						
25 mg	13,3 ± 8,3	178 ± 36 *	58,6 ± 9,7	533 ± 110	33,3 ± 10,2	345 ± 58
50 mg	3,1 ± 6,1	116 ± 25 **	18,5 ± 5,8 **	330 ± 67 *	29,6 ± 6,8	405 ± 36
100 mg	–11,8 ± 7,5 **	58 ± 21 **	18,5 ± 12,0	306 ± 62 *	33,3 ± 10,5	473 ± 94

Konzentration verzögern und so ausgleichend auf das pp. Blutglukose-Profil wirkten. Unter 100mg BAY m 1099 kam es zu einer praktisch vollständigen Nivellierung der Blutglukose-Profils nach der ersten Saccharose-Belastung. Dosisabhängigkeit und Wirksamkeit der Prüfsubstanz waren im Rahmen der zweiten (12^{00} Uhr) und dritten Saccharose-Belastung (17^{00} Uhr) nicht mehr zu erkennen.

Serum-Insulin

Das Verhalten des Serum-Insulins entsprach im Mittel den bei der Blutglukose gemachten Beobachtungen (Abb. 48).
Zudem deutete sich eine Tendenz zu einer dosisabhängigen Senkung des IRI-Anstieges auch nach der zweiten Saccharose-Belastung an (Tabelle 8), das individuelle Verhalten war hier jedoch nicht einheitlich.
Wirksamkeit der Prüfsubstanz und Dosisabhängigkeit ließen sich (bei Anwendung eines varianzanalytischen Modells mit kovarianzanalytischer Korrektur durch die 0-Minuten-Werte) nur im Rahmen der ersten Saccharose-Belastung belegen.

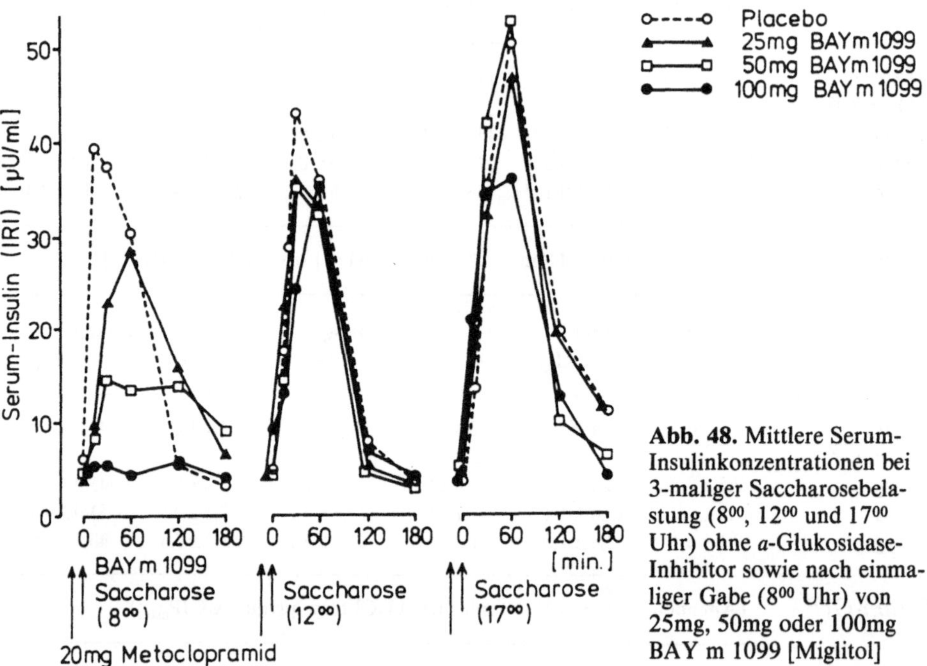

Abb. 48. Mittlere Serum-Insulinkonzentrationen bei 3-maliger Saccharosebelastung (8^{00}, 12^{00} und 17^{00} Uhr) ohne α-Glukosidase-Inhibitor sowie nach einmaliger Gabe (8^{00} Uhr) von 25mg, 50mg oder 100mg BAY m 1099 [Miglitol]

Serum-IR-GIP

Die mittleren Verläufe der Serum-IR-GIP-Konzentrationen lagen morgens unter Plazebo nach der Saccharose-Belastung deutlich über dem Verlauf nach Einnahme von BAY m 1099 (Abb. 49).

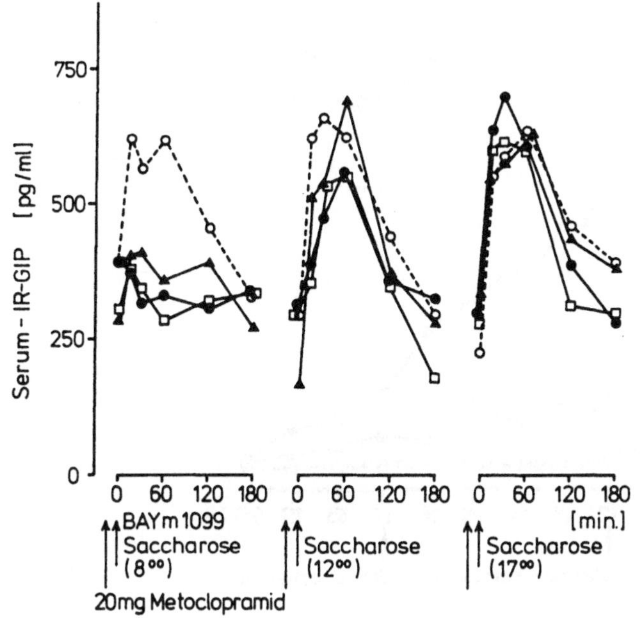

Abb. 49. Mittlere Serum-GIP-Konzentrations-Verläufe bei 3-maliger Saccharosebelastung (8^{00}, 12^{00} und 17^{00} Uhr) ohne α-Glukosidase-Inhibitor sowie nach einmaliger Gabe (8^{00} Uhr) von 25mg, 50mg oder 100mg BAY m 1099 [Miglitol]

Eine Betrachtung der Einzelverläufe ließ morgens bei 5 der Probanden eine Dosisabhängigkeit der Reduktion des IR-GIP-Anstieges erkennen.
Unter Zugrundelegung der AUC sowie des max. GIP-Anstieges war allerdings nach der ersten Saccharose-Belastung zwar eine Wirksamkeit der Prüfsubstanz nachweisbar, die Tendenz einer Dosisabhängigkeit des Effektes (Tabelle 8) varianzanalytisch hingegen nicht zu sichern.

H_2-Exhalation

50 und 100 mg BAY m 1099 führten zu einem deutlichen und dosisabhängigen Anstieg der H_2-Exhalation (Abb. 50).

Die Rückkehr der endexspiratorischen H_2-Konzentrationen auf Werte gegen 0 ppm am Ende des 12stündigen Untersuchungszeitraumes deutet darauf hin, daß die einmalige Einnahme des α-Glukosidase- Inhibitors ganz überwiegend morgens zu einer Malabsorption von Saccharose geführt hat. Eine angedeutete „Schulter“ im H_2-Exhalationsprofil nach 50 und 100 mg BAY m 1099 gegen 14-16 Uhr könnte jedoch Ausdruck einer geringfügigen Malabsorption von Saccharose aus der zweiten Kohlenhydrat-Belastung sein.

Die endexspiratorischen H_2-Konzentrationen nach 25 mg Miglitol unterschieden sich nicht von der H_2-Exhalation unter Kontrollbedingungen und ließen keine Malabsorption von Kohlenhydraten erkennen.

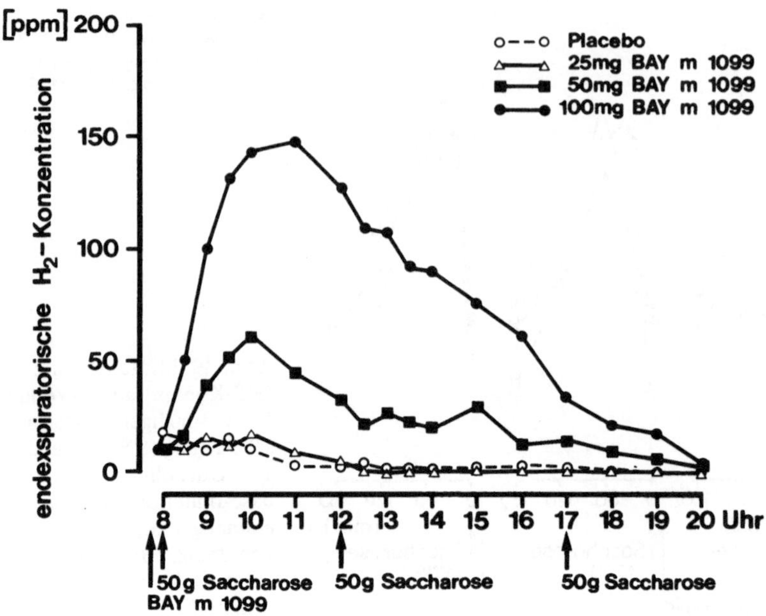

Abb. 50. Mittlere Wasserstoff-(H_2)-Konzentration in der Exhalationsluft bei 3-maliger Saccharosebelastung (8^{00}, 12^{00} und 17^{00} Uhr) ohne *a*-Glukosidase-Inhibitor sowie nach einmaliger Gabe (8^{00} Uhr) von 25mg, 50mg oder 100mg BAY m 1099

Symptome

Auch die Angaben zum Auftreten von Symptomen der Kohlenhydrat-Malabsorption unter Einnahme von 25 mg Miglitol unterschieden sich nicht von denen unter Plazebo (Tabelle 9).

Tabelle 9. Subjektive Symptombewertung unter Einnahme von BAY m 1099 [Miglitol] (Punktbewertung = Summen 'score' aus Intensität, Dauer und Häufigkeit des Auftretens der genannten Beschwerden; s. S. 79–80)

BAY m 1099	Anzahl Prob. mit Symptomen	Meteorismus	Flatulenz	Diarrhoe
		Punktbewertung		
Plazebo	3	2	2	3
25 mg BAY m 1099	2	2	1	0
50 mg BAY m 1099	4	24	24,5	23,5
100 mg BAY m 1099	8	34	23	24,5

Unter 50 und 100 mg BAY m 1099 traten Meteorismus, Flatulenz und Diarrhoe vorwiegend nach der ersten Saccharose-Belastung auf.

Dabei nahmen die Zahl der Probanden, die Beschwerden angaben und, weniger deutlich, die Intensität des Meteorismus mit der verabreichten Dosierung des α-Glukosidase-Inhibitors zu, während Flatulenz und Diarrhoe unter 50 und 100mg BAY m 1099 nicht verstärkt wurden (Tabelle 9).

Akutversuche mit oraler Saccharose-Belastung: BAY o 1248 (Emiglitate)

Methodik

Die Untersuchung erfolgte in der auf S. 79 angegebenen Weise. BAY o 1248 wurde im intraindividuellen Vergleich gegenüber Plazebo in Dosierungen von 10, 20 und 40 mg, als morgendliche Einmaldosis zusammen mit der ersten Saccharosebelastung um 8^{00} Uhr verabreicht, geprüft.

Probanden

An der Untersuchung nahmen 8 gesunde, freiwillige Probanden mit einem Durchschnittsalter von 25 (22 - 29) Jahren nach Aufklärung und schriftlicher Einwilligung teil.

Der mittlere Broca-Index betrug 0,96 ± 0,08 (0,83–1,07). Zwischen den einzelnen Testtagen lagen in jedem Fall 7–14 Tage als sog. Auswaschperiode.

Ergebnisse

Blutglukose

Aus Abb. 51 ist erkennbar, daß die mittleren Blutglukose-Verläufe nach Gabe von Plazebo deutlich über den Verläufen nach Gabe von BAY o 1248 liegen.

Dieser Effekt war am deutlichsten bei der morgendlichen Saccharose-Belastung und abends am schwächsten ausgeprägt, d.h., die Wirkung nach einmaliger Gabe von BAY o 1248 hielt bis abends an, nahm aber an Intensität ab.

Nach der ersten Saccharose-Belastung war die AUC unter Plazebo signifikant größer als bei Einnahme von BAY o 1248. Eine Dosisabhängigkeit des Substanzeffektes war für 10 und 20 mg des Inhibitors nachweisbar, eine zusätzliche Wirkungssteigerung unter der 40 mg-Dosis jedoch bei einer Varianzanalyse mit kovarianzanalytischer Korrektur durch die Ausgangswerte nicht erkennbar (s. auch Tabelle 10).

Bei Betrachtung der mittleren Blutglukose-Konzentration wurde der pp. Blutglukose-Anstieg nach 50g Saccharose (8^{00} Uhr) durch 40 mg BAY o 1248 nahezu vollständig supprimiert.

Serum-Insulin

Das Verhalten der mittleren Serum-Insulin-Konzentrationen entsprach dem der mittleren Blutglukose-Konzentrationen (Abb. 52).

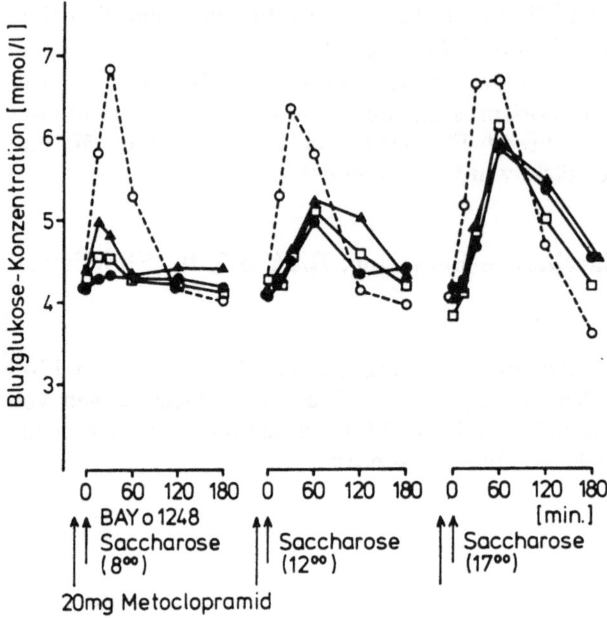

Abb. 51. Mittlere Blutglukose-konzentrations-Verläufe bei 3maliger Saccharosebelastung (8^{00}, 12^{00} und 17^{00} Uhr) ohne α-Glukosidase-Inhibitor und nach einmaliger Gabe (8^{00} Uhr) von 10 mg, 20 mg oder 40 mg BAY o 1248

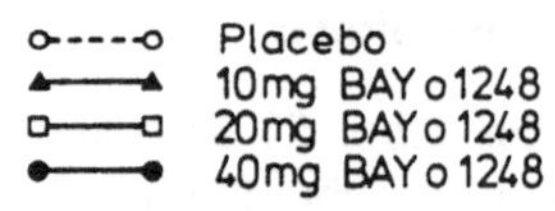

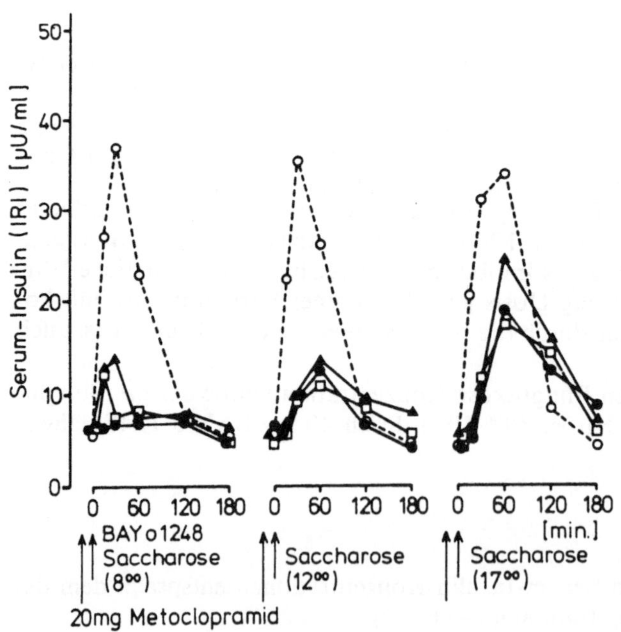

Abb. 52. Mittlere Serum-Insulinkonzentrations-Verläufe bei 3-maliger Saccharosebelastung (8^{00}, 12^{00} und 17^{00} Uhr) ohne *a*-Glukosidase-Inhibitor und nach einmaliger Gabe (8^{00} Uhr) von 10mg, 20mg oder 40mg BAY o 1248

Deutliche Dosisunterschiede ergaben sich dabei allerdings nur morgens; die Wirksamkeit der Prüfsubstanz im Vergleich zur Kontrolle (max. Insulin-Anstieg; AUC) zeigte sich jedoch auch mittags und, geringer, bei der dritten Saccharose-Belastung am Abend (Tabelle 10).

Tabelle 10. Wirkung der einmaligen Gabe (8^{00} Uhr) von BAY m 1248 auf den integrierten Blutglukose-, Serum-Insulin- und -GIP-Anstieg [Δ AUC, 0-180 min.] sowie den maximalen Anstieg dieser Parameter [Δ BG_{max} ; Δ IRI_{max} ; Δ GIP_{max}] nach Saccharosebelastungen um 8^{00} , 12^{00} und 17^{00} Uhr. Mittelwerte ± SEM; * $p < 0,05$; ** $p < 0,01$

Blutglukose (Angaben als mmol/l x 180 min. [Δ AUC] bzw. mmol/l [Δ BG_{max}])

	1. Belastung		**2. Belastung**		**3. Belastung**	
	Δ AUC	Δ BG_{max}	Δ AUC	Δ BG_{max}	Δ AUC	Δ BG_{max}
Plazebo	130,1 ± 30,3	2,8 ± 0,3	137,7 ± 26,4	2,5 ± 0,1	220,0 ± 24,2	2,8 ± 0,3
BAY o 1248						
10 mg	15,0 ± 11,6**	0,8 ± 0,1**	131,5 ± 20,1	1,2 ± 0,2**	201,9 ± 27,9	1,9 ± 0,3
20 mg	0,2 ± 2,0**	0,4 ± 0,1**	57,9 ± 23,3**	0,9 ± 0,2**	213,9 ± 36,5	2,2 ± 0,5
40 mg	17,1 ± 15,1*	0,4 ± 0,1**	66,5 ± 15,5**	0,8 ± 0,1**	170,6 ± 36,6	1,8 ± 0,4

Serum-Insulin (Angaben als mU/ml x 180 min. [Δ AUC [bzw. μU/ml [Δ IRI_{max}])

	1. Belastung		**2. Belastung**		**3. Belastung**	
	Δ AUC	Δ IRI_{max}	Δ AUC	Δ IRI_{max}	Δ AUC	Δ IRI_{max}
Plazebo	1,9 ± 0,4	34,7 ± 6,7**	1,9 ± 0,4	31,8 ± 5,4	2,9 ± 0,8	36,1 ± 7,6
BAY o 1248						
10 mg	0,4 ± 0,2**	11,0 ± 3,5*	0,7 ± 0,2*	8,2 ± 1,5**	1,8 ± 0,4	19,7 ± 5,8
20 mg	0,2 ± 0,1*	9,0 ± 2,3**	0,8 ± 0,3	7,8 ± 2,1	1,9 ± 0,4	15,1 ± 1,6**
40 mg	0,1 ± 0,1**	2,7 ± 0,9**	0,2 ± 0,2**	6,0 ± 1,6**	1,6 ± 0,3	16,0 ± 4,0*

Serum-GIP (Angaben als ng/ml x 180 min. [Δ AUC] bzw. pg/ml [Δ GIP_{max}])

	1. Belastung		**2. Belastung**		**3. Belastung**	
	Δ AUC	Δ GIP_{max}	Δ AUC	Δ GIP_{max}	Δ AUC	Δ GIP_{max}
Plazebo	19,8 ± 11,3	322 ± 390	38,2 ± 11,8	484 ± 76	47,7 ± 11,4	453 ± 62
BAY o 1248						
10 mg	-4,7 ± 11,0	190 ± 58	17,8 ± 5,7	185 ± 39	7,7 ± 7,4	110 ± 32*
20 mg	-8,3 ± 7,9	101 ± 41*	4,3 ± 2,6*	159 ± 49*	14,4 ± 4,5*	189 ± 47**
40 mg	-1,1 ± 5,6*	80 ± 45*	2,6 ± 7,5*	118 ± 57*	10,5 ± 11,3*	220 ± 95*

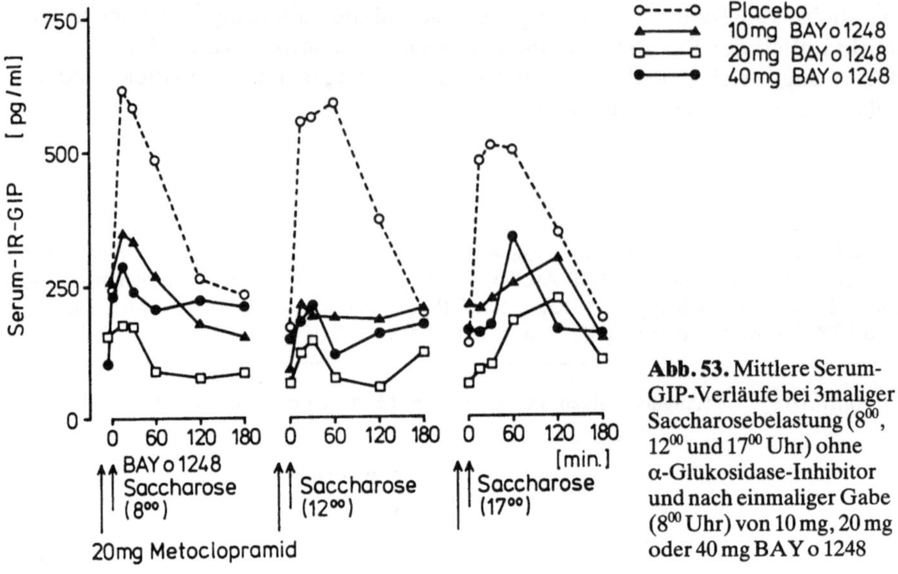

Abb. 53. Mittlere Serum-GIP-Verläufe bei 3maliger Saccharosebelastung (8^{00}, 12^{00} und 17^{00} Uhr) ohne α-Glukosidase-Inhibitor und nach einmaliger Gabe (8^{00} Uhr) von 10 mg, 20 mg oder 40 mg BAY o 1248

Serum-IR-GIP

Das pp. IR-GIP-Profil lag nach Einnahme von BAY o 1248 bei allen drei Saccharose-Belastungen niedriger als unter Kontrollbedingungen.

Bei Betrachtung der mittleren Verläufe (Abb. 53) war die Reduktion des GIP-Anstieges unter 20mg BAY o 1248 deutlicher als nach Einnahme von 10mg; bei Einnahme von 40 mg BAY o 1248 war jedoch keine weitere Wirkungssteigerung ersichtlich.

Die Analyse der AUC der GIP-Profile ergab dabei eine signifikante Reduktion des pp. GIP-Anstieges durch BAY o 1248 auf dem 5%-Niveau, wies jedoch keine Dosisabhängigkeit des Effektes nach.

H_2-Exhalation

Bei Betrachtung der Mittelwertsverläufe (Abb. 54) waren unter Kontrollbedingungen 60 min. nach Saccharose-Belastung geringe Anstiege der H_2-Exhalation nachweisbar. Diese Anstiege werden nicht selten im Zusammenhang mit einer Testmahl- bzw. Nahrungsaufnahme beobachtet und auf Motilitätsveränderungen (Entleerung des Ileum-Inhaltes in den Dickdarm, Durchmischung des Dickdarminhaltes, sog. gastro-colischer Reflex) oder enorale bakterielle H_2-Bildung (Thompson et al., 1985) zurückgeführt.

Sie sind in der Regel nicht Ausdruck einer Kohlenhydrat-Malabsorption, deren Kriterium eines Anstieges der H_2-Konzentration um > 20 ppm meistens auch nicht erfüllt ist.

BAY o 1248 verursachte einen raschen und ausgeprägten Anstieg der H_2-Exhalation nach der ersten Saccharose-Belastung. Dabei bewirkten 20 und 40mg der

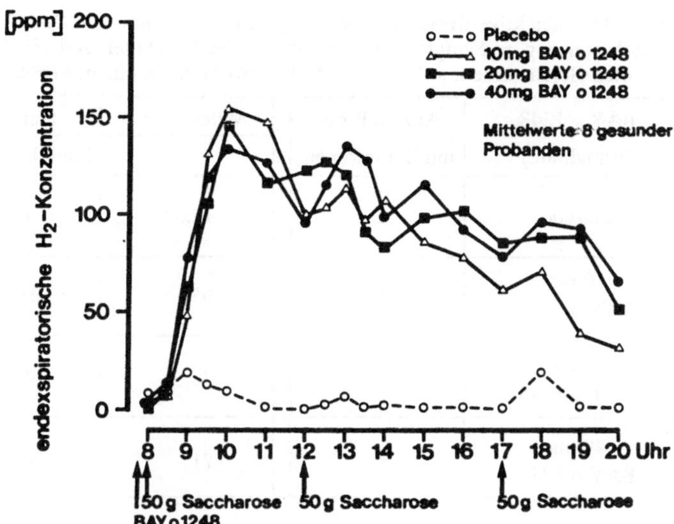

Abb. 54. Mittlere H_2-Konzentration in der Exhalationsluft bei 3-maliger Saccharosebelastung (8^{00}, 12^{00} und 17^{00} Uhr) ohne α-Glukosidase-Inhibitor und nach einmaliger Gabe (8^{00} Uhr) von 10mg, 20mg oder 40mg BAY o 1248

Substanz keine weitere Zunahme der H_2-Exhalation gegenüber der 10mg-Dosis. Die Analyse der AUC ließ dementsprechend einen hochsignifikanten Substanzeffekt ($p < 0{,}01$), jedoch keine Dosisabhängigkeit erkennen.

Bei Betrachtung der mittleren H_2-Konzentrationsverläufe wird eine Tendenz zu weiteren Anstiegen der H_2-Exhalation („Schulter") nach der zweiten und (bei besserer Abgrenzbarkeit) besonders nach der dritten Saccharose-Belastung sichtbar, die auf eine Malabsorption von Kohlenhydraten noch mehr als 8 Std. nach Einnahme des α-Glukosidase-Inhibitors hinweist.

Hierauf könnte zurückzuführen sein, daß sich die H_2-Exhalation im Beobachtungszeitraum (12 Std.) nicht normalisierte (Abb. 54).

Subjektive Verträglichkeit

BAY o 1248 führte bei allen Probanden und in allen Dosierungen zu erheblichen Symptomen der Kohlenhydrat-Malabsorption.

Tabelle 11 zeigt, daß das Symptom Meteorismus durch die Dosissteigerung des α-Glukosidase-Inhibitors nicht weiter aggraviert wurde und insofern qualitativ mit der H_2-Exhalation korrelierte.

Es kann angenommen werden, daß die intestinale Retention der Darmgase (und damit auch der Partialdruck der konstituierenden Gase und in mittelbarer Folge die H_2-Exhalation) unter diesen Bedingungen ein Maximum erreicht haben.

Ein Indiz hierfür ist die gleichzeitige Zunahme der Flatulenz (als Komplementäranteil zu den retinierten Darmgasen) unter der Dosissteigerung von 10 auf 20mg BAY o 1248.

Tabelle 11. Subjektive Symptombewertung unter Einnahme von BAY o 1248. Punktebewertung = Symptom 'score' aus Intensität, Dauer und Häufigkeit des Auftretens der genannten Beschwerden; s. S. 79–80. * Beschwerden bei einem Probanden („Ausreißer")

BAY o 1248 (Emiglitate)	Anzahl Prob. mit Symptomen	Meteorismus	Flatulenz	Diarrhoe
		Punktbewertung		
Plazebo	2	12,5*	6 *	19 (16*)
10 mg BAY o 1248	8	65	21,5	53
20 mg BAY o 1248	8	76,5	57,5	69
40 mg BAY o 1248	8	71	54	107

Unter 40mg BAY o 1248 läßt sich schließlich eine Steigerung der gasbedingten Malabsorptions-Beschwerden nicht mehr nachweisen; diese Dosis führte jedoch zu einer weiteren Aggravierung der (wässrigen) Durchfälle, die im Extremfall 14mal während der 12stündigen Untersuchungsdauer auftraten.
Die Durchfälle nach Einnahme von 10mg BAY o 1248 vor der Saccharose-Belastung waren demgegenüber vorwiegend breiig.

Akutversuche mit oraler Stärkebelastung: BAY m 1099 [Miglitol]

Da die Desoxynojirimycin-Derivate BAY m 1099 (Miglitol) und BAY o 1248 preferentiell nicht nur die Saccharase-, sondern auch die Glukoamylase-Aktivität hemmen (s. S. 47), und der überwiegende Teil der Nahrungskohlenhydrate in Form von Stärke aufgenommen wird, war es Gegenstand dieser Studie,

1. zu untersuchen, welche Wirkungen die einmalige, morgendliche Applikation von BAY m 1099 (Miglitol) auf das postprandiale Blutglukose-, Serum Insulin- und -GIP-Profil nach wiederholter Stärkebelastung (50g in 400ml Wasser um 8^{00}, 12^{00} und 17^{00} Uhr) hat, sowie
2. zu evaluieren, in welchem Maße dabei Symptome (H_2-Exhalation) und Beschwerden der Kohlenhydrat-Malabsorption auftreten.

Methodik

Die kontrollierte Doppeltblindstudie wurde analog zu den Untersuchungen mit Saccharose-Belastung in der oben angegebenen Weise durchgeführt; als Testmahl wurden morgens (8^{00} Uhr), mittags (12^{00} Uhr) und abends (17^{00} Uhr) 50g Stärke in 400ml Wasser verabreicht.
Plazebo bzw. BAY m 1099 (25mg, 50mg oder 100mg) wurde unmittelbar vor der Stärkebelastung in 40ml Wasser aufgelöst eingenommen.

Blutentnahmen und H_2-Exhalationsmessungen erfolgten in identischer Weise wie bei den Saccharosebelastungen.
Subjektive Symptome wurden jedoch ungezielt erfragt („wie geht es Ihnen ? – irgendwelche Beschwerden“ ?) und anschließend vom Untersucher unter dem Aspekt der Kohlenhydrat-Malabsorption nach folgenden Kriterien gewichtet:

- *geringe Beschwerden:* näherungsweises Benennen eines Symptoms der Kohlenhydrat-Malabsorption, z.B. gelegentliches 'Grummeln' ;
- *leichte Beschwerden:* ein Symptom eindeutig benannt;
- *deutliche Beschwerden:* mehrere Symptome angegeben (s. S. 28).

Probanden

An der Studie nahmen 8 gesunde, männliche, freiwillige Probanden mit einem Durchschnittsalter von 27 (24 - 32) Jahren nach Aufklärung und schriftlicher Einwilligung teil.
Der mittlere Broca-Index betrug 0,93 ± 0,06 (0,82 - 1,02).

Zwischen den einzelnen Testtagen lagen in allen Fällen 8-15 Tage.

Ergebnisse

Blutglukose

Wie in Abb. 55 für den Verlauf der Mittelwerte der Blutglukose-Konzentrationen dargestellt, führte die einmalige Gabe von BAY m 1099 um 8^{00} Uhr zu einer deutlichen und dosisabhängigen Reduktion des Blutglukose-Anstiegs nach der ersten Stärke-Belastung.

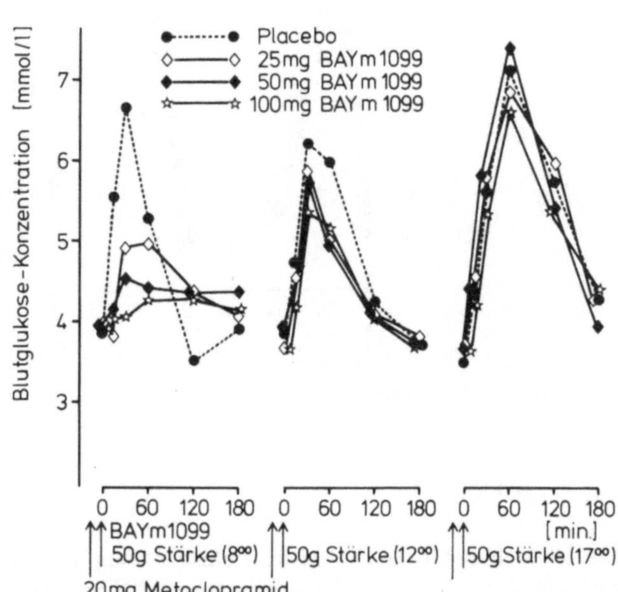

Abb. 55. Mittlere Blutglukosekonzentrations-Verläufe bei 3-maliger Stärkebelastung (8^{00}, 12^{00} und 17^{00} Uhr) ohne *a*-Glukosidase-Inhibitor und nach einmaliger Gabe (8^{00} Uhr) von 25mg, 50mg oder 100mg BAY m 1099

Dieser (dosisabhängige) Trend war nach der zweiten Stärke-Belastung (12^{00} Uhr) nur noch angedeutet und bei der dritten Stärke-Gabe um 17^{00} Uhr nicht mehr nachweisbar.

Analog war auch der maximale postprandiale Blutglukose-Anstieg nach der ersten Stärke-Belastung unter BAY m 1099 kleiner als unter Plazebo; auch dieser Effekt schien dosisabhängig (Tabelle 12).

Unabhängig von der Prüfsubstanz war die AUC nach der 3. Stärkebelastung größer als morgens.

Serum-Insulin

Das Verhalten der mittleren Serum-Insulin-Konzentrationen entsprach den bei der Blutglukose gemachten Beobachtungen (Abb. 56).
Der Anstieg des Serum-Insulins nach der ersten Stärke-Belastung wurde durch BAY m 1099 deutlich und dosisabhängig gehemmt. Mittags und abends war eine Wirkung auf den pp. IRI-Anstieg nicht zu sichern (Tabelle 12).
Auch für Insulin war die AUC unabhängig von der Prüfsubstanz nach der 3. Stärkebelastung größer als morgens.

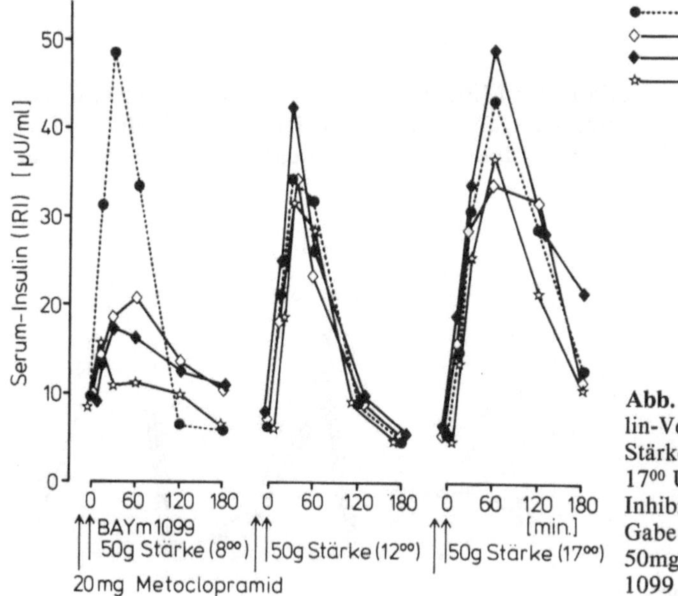

Abb. 56. Mittlere Serum-Insulin-Verläufe bei 3-maliger Stärkebelastung (8^{00}, 12^{00} und 17^{00} Uhr) ohne *a*-Glukosidase-Inhibitor und nach einmaliger Gabe (8^{00} Uhr) von 25mg, 50mg oder 100mg BAY m 1099

Serum IR-GIP

Das IR-GIP-Profil nach Stärke-Belastung lag morgens unter Plazebo deutlich über den Verläufen nach Einnahme von BAY m 1099 (Abb. 57).

Eine Dosisabhängigkeit dieser Wirkung war bei Zugrundelegung der Mittelwerte, der AUC sowie des max. GIP-Anstieges nicht nachweisbar; die Beurteilbarkeit war hier durch stark unterschiedliche Ausgangswerte eingeschränkt. Mittags und abends ließ sich keine Verminderung des pp. GIP-Anstieges durch Miglitol nachweisen.

Tabelle 12. Wirkung der einmaligen Gabe (8[00] Uhr) von BAY m 1099 (Miglitol) auf den integrierten Blutglukose-, Serum-Insulin- und -GIP-Anstieg [Δ AUC, 0-180 min.] sowie den maximalen Anstieg dieser Parameter [$\Delta\, BG_{max}$; $\Delta\, IRI_{max}$; $\Delta\, GIP_{max}$] nach Stärkebelastungen um 8[00], 12[00] und 17[00] Uhr. Mittelwerte ± SEM; * p < 0,05 ; ** p < 0,01

Blutglukose (Angaben als mmol/l x 180 min. [Δ AUC] bzw. mmol/l [$\Delta\, BG_{max}$])

	1. Belastung		2. Belastung		3. Belastung	
	Δ AUC	$\Delta\, BG_{max}$	Δ AUC	$\Delta\, BG_{max}$	Δ AUC	$\Delta\, BG_{max}$
Plazebo	131,4 ± 21,3	2,8 ± 0,3	203,0 ± 31,8	2,7 ± 0,2	377,2 ± 22,2	3,9 ± 0,3
BAY m 1099						
25 mg	94,8 ± 25,8	1,3 ± 0,2 **	147,0 ± 23,1	2,2 ± 0,3	356,1 ± 29,7	3,5 ± 0,3
50 mg	78,3 ± 17,1	1,1 ± 0,1 **	116,4 ± 26,9 **	2,0 ± 0,2 **	337,5 ± 45,0	3,8 ± 0,4
100 mg	48,8 ± 16,8 **	0,5 ± 0,1 **	137,9 ± 28,7 **	2,1 ± 0,2	303,3 ± 46,8	3,5 ± 0,4

Serum-Insulin (Angaben als mU/ml x 180 min. [Δ AUC] bzw. μU/ml [$\Delta\, IRI_{max}$])

	1. Belastung		2. Belastung		3. Belastung	
	Δ AUC	$\Delta\, IRI_{max}$	Δ AUC	$\Delta\, IRI_{max}$	Δ AUC	$\Delta\, IRI_{max}$
Plazebo	2,0 ± 0,4 **	39,0 ± 6,7	1,9 ± 0,3	31,1 ± 4,3	4,0 ± 0,6	39,5 ± 5,2
BAY m 1099						
25 mg	0,9 ± 0,2 *	11,9 ± 1,4 **	1,6 ± 0,2	29,6 ± 4,6	3,7 ± 0,4	35,9 ± 3,3
50 mg	0,8 ± 0,2	12,9 ± 1,6 *	1,9 ± 0,2	36,1 ± 4,6	4,5 ± 1,0	43,6 ± 7,3
100 mg	0,3 ± 0,2 **	5,6 ± 1,2 **	2,0 ± 0,3	29,9 ± 5,3	3,2 ± 0,6	34,2 ± 5,7

Serum-GIP (Angaben als ng/ml x 180 min. [Δ AUC] bzw. pg/ml [$\Delta\, GIP_{max}$])

	1. Belastung		2. Belastung		3. Belastung	
	Δ AUC	$\Delta\, GIP_{max}$	Δ AUC	$\Delta\, GIP_{max}$	Δ AUC	$\Delta\, GIP_{max}$
Plazebo	38,9 ± 11,4	527 ± 77	44,1 ± 2,6	491 ± 30	48,2 ± 8,3	467 ± 54
BAY m 1099						
25 mg	−11,4 ± 12,6 *	168 ± 56 **	45,2 ± 8,3	549 ± 53	41,9 ± 7,2	424 ± 42
50 mg	19,1 ± 23,4	311 ± 179	37,4 ± 14,5	481 ± 91	41,1 ± 7,8	479 ± 59
100 mg	−38,5 ± 16,1 *	93 ± 45 *	44,8 ± 14,5	517 ± 148	49,7 ± 8,5	490 ± 85

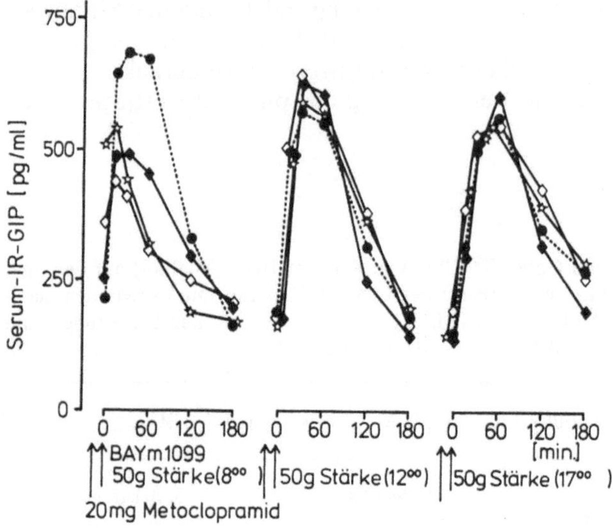

Abb. 57. Mittlere Serum-GIP-Verläufe bei 3-maliger Stärkebelastung (8[00], 12[00] und 17[00] Uhr) ohne *a*-Glukosidase-Inhibitor und nach einmaliger Gabe (8[00] Uhr) von 25mg, 50mg oder 100mg BAY m 1099

H_2-Exhalation

Die H_2-Exhalation als intraindividuelles Maß der Kohlenhydrat-Malabsorption nach Stärkebelastung wurde durch BAY m 1099 dosisabhängig signifikant erhöht (Abb. 58).

Dabei wurden nur unter 100 mg Miglitol mittlere H_2-Konzentrationen > 100 ppm in der Atemluft erreicht.

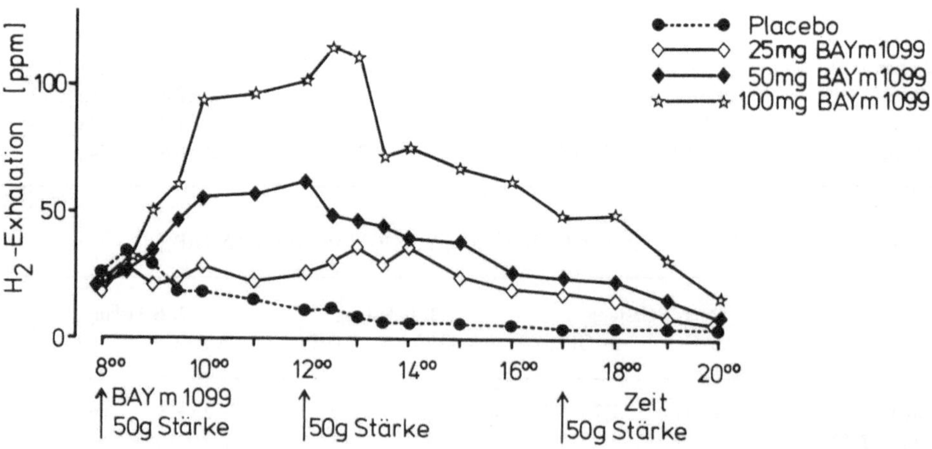

Abb. 58. Verlauf der H_2-Konzentration in der Exhalationsluft über 12 Stunden bei 3-maliger Stärkebelastung (8[00], 12[00] und 17[00] Uhr) ohne *a*-Glukosidase-Inhibitor und nach einmaliger Gabe (8[00] Uhr) von 25mg, 50mg oder 100mg BAY m 1099 [Miglitol]. (Mittelwerte; n=8)

Symptome

Unter den Bedingungen der oralen Stärke-Belastung bei Hemmung intestinaler α-Glukosidasen durch BAY m 1099 wurden Symptome der Kohlenhydrat-Malabsorption nur selten und in geringem Ausmaß angegeben; lediglich nach der höchsten untersuchten Dosierung von 100mg BAY m 1099 (Miglitol) traten deutliche, aber gut tolerierte, Symptome auf (Tabelle 13).

Tabelle 13. Maximaler individueller Anstieg der endexspiratorischen H_2-Konzentration und Symptome der Kohlenhydratmalassimilation während des 12-stündigen Untersuchungszeitraumes (3-malige Stärkebelastung) unter Einnahme (8^{00} Uhr) von Plazebo, 25mg, 50mg oder 100mg BAY m 1099 [ppm].

		BAY m 1099		
Proband	Plazebo	25 mg	50 mg	100 mg
No. 1	10	8	59●	99●●
No. 2	2	18	0	94
No. 3	21	8	50	77
No. 4	9	30	59	165●●
No. 5	0	45	21○	72○
No. 6	2	58	156●	209●●
No. 7	0	26	63○	96●
No. 8	33	28	35	78●●
$\bar{x}$	9,6	27,6	55,4	111,3
± SD	11,8	17,3	46,2	49,2

Bewertung gastrointestinaler Symptome (Meteorismus, Flatulenz, Diarrhoe):
○ geringfügig (z. B. gelegentliches „Grummeln"); ● leicht (ein Symptom eindeutig benannt);
●● deutlich (mehrere Symptome angegeben)

Akutversuche mit oraler Stärkebelastung: BAY o 1248 (Emiglitate)

Methodik

Die Untersuchung wurde in der gleichen Weise durchgeführt wie die Studien mit BAY o 1248 und Saccharose-Belastung bzw. BAY m 1099 und Stärkebelastung.
Dosierungen: 10, 20 oder 40 mg BAY o 1248 bzw. Plazebo;
Substrat: 50g Stärke in 400ml Wasser morgens (8^{00} Uhr), mittags (12^{00} Uhr) und abends (17^{00} Uhr).

Probanden

An der Untersuchung nahmen 8 gesunde, männliche, freiwillige Probanden mit einem Durchschnittsalter von 26 (24 - 29) Jahren nach Aufklärung und schriftlicher Einwilligung teil.

Der mittlere Broca-Index betrug 0,92 ± 0,04 (0,88–0,98). Zwischen den einzelnen Untersuchungstagen lagen 7–16 Tage.

Ergebnisse

Blutglukose

Bei Betrachtung der Mittelwertsverläufe (Abb. 59) war morgens und mittags eine deutliche, dosisabhängige Reduktion der Blutglukose-Anstiege nach Stärkebelastung durch BAY o 1248 nachweisbar, abends deutete sich ein dosisabhängiger Effekt an.
Dieser Eindruck bestätigte sich auch bei Betrachtung der AUC und des maximalen pp. Blutglukose-Anstiegs (Tabelle 14), wobei sich die AUC nach 10 und 20 mg BAY o 1248 (unter Zugrundelegung einer Varianzanalyse mit kovarianzanalytischer Korrektur durch den Ausgangswert) nicht signifikant unterschieden.

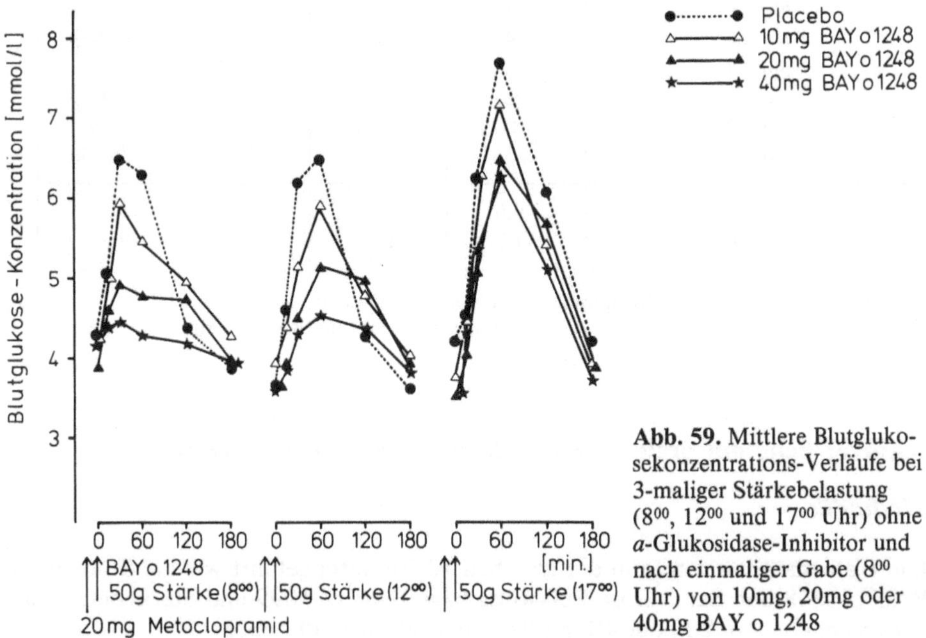

Abb. 59. Mittlere Blutglukosekonzentrations-Verläufe bei 3-maliger Stärkebelastung (8^{00}, 12^{00} und 17^{00} Uhr) ohne α-Glukosidase-Inhibitor und nach einmaliger Gabe (8^{00} Uhr) von 10mg, 20mg oder 40mg BAY o 1248

Serum-Insulin

Das Verhalten der Serum-Insulin-Konzentrationen entsprach morgens und mittags im wesentlichen der bei der Blutglukose gemachten Beobachtung einer dosisabhängigen Reduktion des Stärke-induzierten pp. Anstieges; die Dosisunterschiede zwischen 20 und 40mg BAY o 1248 erschienen jedoch nur schwach ausgeprägt.

Nach der dritten Stärkebelastung war kein Effekt der Prüfsubstanz erkennbar (Abb. 60).
Bei Betrachtung der Einzelverläufe war vor allem der Unterschied zu Plazebo deutlich, das Verhalten nach den 3 verschiedenen Dosierungen nur morgens einheitlich dosisabhängig.
Dieser Eindruck wurde durch eine Kovarianzanalyse (mit der Kovariate des Ausgangswertes) unter Zugrundelegung der AUC bestätigt.

Tabelle 14. Wirkung der einmaligen Gabe (8^{00} Uhr) von BAY m 1248 auf den integrierten Blutglukose-, Serum-Insulin- und GIP-Anstieg [Δ AUC, 0–180 min.] sowie den maximalen Anstieg dieser Parameter [Δ BG_{max}; Δ IRI_{max}; Δ GIP_{max}] nach Stärkebelastungen um 8^{00}, 12^{00} und 17^{00} Uhr. Mittelwerte ± SEM; * $p < 0,05$; ** $p < 0,01$

Blutglukose (Angaben als mmol/l n 180 min. [Δ AUC] bzw. mmol/l [Δ BG_{max}])

	1. Belastung		2. Belastung		3. Belastung	
	Δ AUC	Δ BG_{max}	Δ AUC	Δ BG_{max}	Δ AUC	Δ BG_{max}
Plazebo	132,2 ± 50,6	3,1 ± 0,4	235,3 ± 26,6	3,3 ± 0,2	413,8 ± 38,0	4,1 ± 0,4
BAY o 1248						
10 mg	142,4 ± 34,0	1,9 ± 0,2*	174,1 ± 16,4	2,2 ± 0,2**	323,4 ± 31,6	3,4 ± 0,3
20 mg	126,7 ± 23,2	1,4 ± 0,3*	173,7 ± 36,9	1,9 ± 0,4*	312,6 ± 21,2	3,1 ± 0,3*
40 mg	12,5 ± 20,2	0,5 ± 0,2**	117,4 ± 16,0	1,3 ± 0,2	271,3 ± 31,8**	2,8 ± 0,4**

Serum-Insulin (Angaben als mU/ml x 180 min. [Δ AUC [bzw. μU/ml [ΔIRI_{max}])

	1. Belastung		2. Belastung		3. Belastung	
	Δ AUC	Δ IRI_{max}	Δ AUC	Δ IRI_{max}	Δ AUC	Δ IRI_{max}
Plazebo	2,3 ± 0,7	40,6 ± 5,6	2,9 ± 0,6	39,3 ± 6,5	4,1 ± 0,6	39,6 ± 6,8
BAY o 1248						
10 mg	1,5 ± 0,3	21,0 ± 3,3*	2,1 ± 0,4	28,2 ± 5,2*	3,6 ± 0,3	37,7 ± 3,7
20 mg	0,9 ± 0,2*	13,0 ± 2,6*	2,0 ± 0,4	22,7 ± 4,1*	3,8 ± 0,7	38,4 ± 7,5
40 mg	−0,1 ± 0,2**	6,5 ± 2,5**	1,6 ± 0,3*	20,7 ± 4,9*	3,4 ± 0,8	36,3 ± 9,2

Serum-GIP (Angaben als ng/ml x 180 min. [Δ AUC] bzw. pg/ml [Δ GIP_{max}])

	1. Belastung		2. Belastung		3. Belastung	
	Δ AUC	Δ GIP_{max}	Δ AUC	Δ GIP_{max}	Δ AUC	Δ GIP_{max}
Plazebo	46,7 ± 12,2	690 ± 70	62,4 ± 9,6	758 ± 73	68,5 ± 8,9	698 ± 65
BAY o 1248						
10 mg	38,2 ± 16,8	486 ± 131	34,2 ± 13,4	398 ± 92**	64,5 ± 17,0	588 ± 104
20 mg	0,3 ± 11,7	246 ± 100*	33,8 ± 13,3*	333 ± 84**	59,4 ± 11,8	568 ± 56
40 mg	−9,0 ± 11,6*	169 ± 75**	13,3 ± 10,8**	257 ± 58**	62,9 ± 9,4	599 ± 77

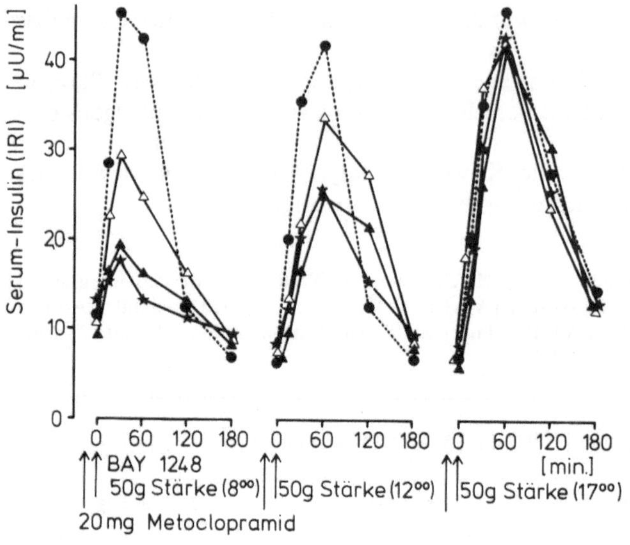

Abb. 60. Mittlere Serum-Insulin-Verläufe bei 3-maliger Stärkebelastung (8^{00}, 12^{00} und 17^{00} Uhr) ohne α-Glukosidase-Inhibitor und nach einmaliger Gabe (8^{00} Uhr) von 10mg, 20mg oder 40mg BAY o 1248

Serum-IR-GIP

Die pp. GIP-Profile lagen im Mittel morgens, mittags und abends bei Einnahme von BAY o 1248 dosisabhängig niedriger als nach Plazebo (Abb. 61).
Nach der abendlichen Stärkebelastung war diese Dosisabhängigkeit für die 40mg-Dosis jedoch nicht mehr erkennbar.

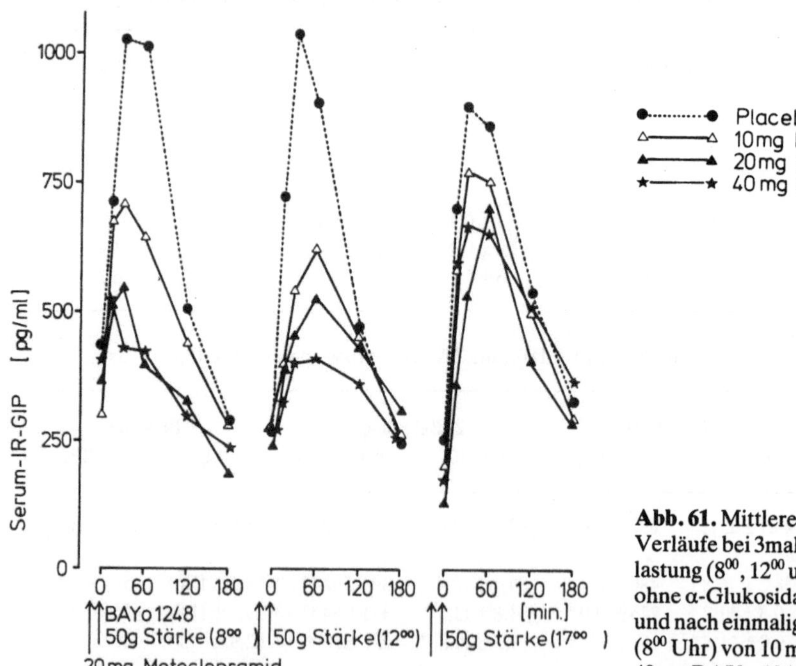

Abb. 61. Mittlere Serum-GIP-Verläufe bei 3maliger Stärkebelastung (8^{00}, 12^{00} und 17^{00} Uhr) ohne α-Glukosidase-Inhibitor und nach einmaliger Gabe (8^{00} Uhr) von 10 mg, 20 mg oder 40 mg BAY o 1248.

Die Einzelverläufe machen den Unterschied zwischen Verum und Plazebo, dosisabhängig vor allem nach der Stärkebelastung um 8[00] und 12[00] Uhr, ebenfalls deutlich. Dieser Eindruck bestätigte sich auch bei Zugrundelegung der maximalen pp. GIP-Anstiege sowie der AUC (Tabelle 14).

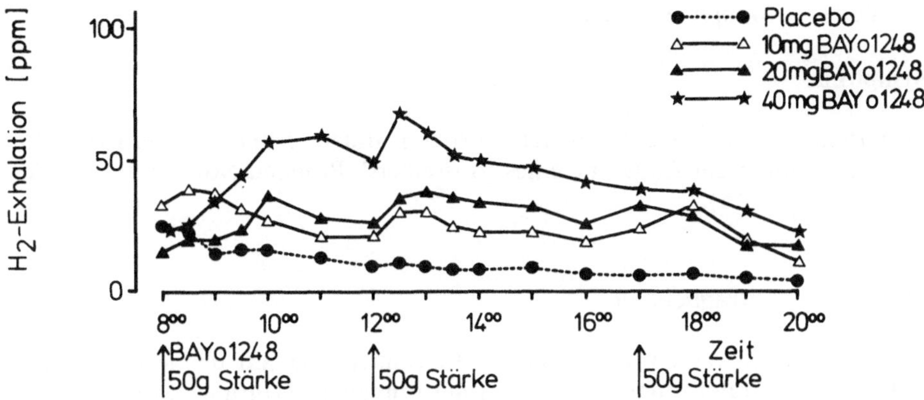

Abb. 62. Verlauf der H_2-Konzentration in der Exhalationsluft über 12 Stunden bei 3maliger Stärkebelastung (8[00], 12[00] und 17[00] Uhr) ohne *a*-Glukosidase-Inhibitor und nach einmaliger Gabe (8[00] Uhr) von 10mg, 20mg oder 40mg BAY o 1248. (Mittelwerte; n=8)

Tabelle 15. Maximaler individueller Anstieg der endexspiratorischen H_2-Konzentration und Symptome der Kohlenhydratmalassimilation während des 12-stündigen Untersuchungszeitraumes (3-malige Stärkebelastung) unter Einnahme (8[00] Uhr) von Plazebo, 10mg, 20mg oder 40mg BAY o 1248 [ppm].

		BAY o 1248		
Proband	Plazebo	10 mg	20 mg	40 mg
No. 9	12	48	43○	131●
No. 10	1	2	49	84
No. 11	16	22●●	33	6
No. 12	22	16	13	13
No. 13	14	11	28○	83●●
No. 14	0	44	35	68●
No. 15	11	34	89○	111
No. 16	14	29	53	48
$\bar{x}$	11,3	25,8	42,9	68,0
± SD	7,4	16,0	22,5	44,0

Bewertung gastrointestinaler Symptome (Meteorismus, Flatulenz, Diarrhoe):
- ○ geringfügig (z. B. gelegentliches „Grummeln“);
- ● leicht (ein Symptom eindeutig benannt);
- ●● deutlich (mehrere Symptome angegeben)

H_2-Exhalation

Die H_2-Exhalation war bei Betrachtung der Mittelwerte (Abb. 62) nach Einnahme von BAY o 1248 gegenüber Plazebo deutlich erhöht.
Eine Dosisabhängikeit schien dabei nur für die 40mg-Dosis zu bestehen. Der maximale Anstieg der H_2-Konzentration (unabhängig von der Zeit) nahm demgegenüber dosisabhängig zu (Tabelle 15); dabei wurden jedoch nur in zwei Fällen Werte 100ppm erreicht.

Symptome

Symptome der Kohlenhydrat-Malabsorption traten selten, in geringfügigem Maße und (unter der Annahme eines 'Ausreißers', Proband No. 11) dosisabhängig auf (Tabelle 15).

Allgemeine Verträglichkeit

Subjektive Beschwerden, die nicht im Zusammenhang mit der Malabsorption von Kohlenhydraten oder Metoclopramid-Einnahme (Unruhe, Müdigkeit) zu werten sind, wurden in den dargestellten Studien von den Probanden nicht angegeben.
Eine klinische Untersuchung aller Probanden einschließlich EKG vor und nach Abschluß der Untersuchungen sowie laborchemische Sicherheitsparameter 24 Std. nach jedem Untersuchungtag ergaben keine regelhaften Abweichungen oder Hinweise auf eine systemische Toxizität. In Einzelfällen lagen Laborparameter vorher im Normbereich und nach dem jeweiligen Testtag außerhalb; diese Veränderungen waren jedoch nicht dosisbezogen, quantitativ unbedeutend und betrafen auch die Kontrolle nach Plazebo.

Verändern sich das Wirkungsprofil und die subjektive Verträglichkeit unter langfristiger Einnahme von Miglitol (BAY m 1099) ?

Im Tierversuch konnte als Ausdruck adaptativer, trophischer Veränderungen unter hohen Dosen der resorbierbaren α-Glukosidase-Inhibitoren BAY m 1099 und BAY o 1248 nach 28 Tagen eine Zunahme der Dünndarmlänge und des Dünndarmgewichtes festgestellt werden (s. S. 75).

Ähnliche Beobachtungen nach 20-tägiger Gabe von Acarbose gingen (bei Fütterung einer faserfreien Spezialdiät) mit einer Zunahme der Aktivitäten der Saccharase und Maltase im distalen Dünndarm einher (Creutzfeldt et al., 1985).

Entsprechende Bestimmungen in den o. dargestellten tierexperimentellen Untersuchungen erbrachten keine aussagefähigen Befunde, da die resorbierten *a*-Glukosidase-Inhibitoren 13 Std. nach der letzten Verabreichung noch eine deutliche *direkte* Hemmwirkung auf die Disaccharidasen-Aktivitäten im Mukosahomogenat aufwiesen und die Aktivität dieser Hydrolasen nur dann Aufschlüsse über die mucosale Enzym-Menge geben kann, wenn (ungeachtet der Anwesenheit kompetitiver Enzym-Inhibitoren) Substrat-Sättigungsbedingungen erfüllt sind.

Ob derartige adaptative Veränderungen am Dünndarm auftreten, ist letztlich phänomenologisch für die Wirksamkeit, insbesondere aber das Profil gastrointestinaler Nebenwirkungen der α-Glukosidase-Inhibitoren bedeutsam :

- prinzipiell könnte eine solche, am ehesten substratinduzierte Zunahme der Disaccharidasenaktivität im distalen Dünndarm bei Verwendung *resorbierbarer* α-Glukosidase-Inhibitoren (die den distalen Darm möglicherweise nicht erreichen) zu einer Verringerung der Malabsorption von Kohlenhydraten beitragen.

Aus diesem Grunde sollte beim Menschen in einer Kollektiv-Vergleichsstudie über 8 Wochen geprüft werden,

1. ob es unter langfristiger Einnahme von BAY m 1099 (Miglitol) zu einer Änderung der Wirksamkeit kommt und
2. ob die H_2-Exhalation als intraindividuelles Maß der Kohlenhydrat-Malabsorption bzw. die subjektive Symptomatik eine Adaptation erkennen lassen.

Methodik

Probanden

16 gesunde, freiwillige, männliche Probanden nahmen nach Aufklärung und schriftlicher Einwilligung an der als Doppeltblindversuch angelegten Untersuchung teil. Die Probanden waren dabei zufällig (externe Randomisierung) einer Plazebo- bzw. Verum-Gruppe zugeteilt.

In der Verum-Gruppe betrug das Durchschnittsalter 25 (21 - 29) Jahre, der mittlere Broca-Index 0,88 ± 0,05 (0,71 - 1,12).
In der Plazebo-Gruppe lag das Durchschnittsalter bei 26 (22 - 29) Jahren, der mittlere Broca-Index bei 0,89 ± 0,03 (0,71 - 1,03).

Prüfungsablauf

Das Studien-Design ist schematisch in Abb. 63 wiedergegeben.

Fünf Tage vor Beginn der regelmäßigen Tabletteneinnahme (3 x 100mg BAY m 1099/die, jeweils zu den Mahlzeiten eingenommen, bzw. Plazebo) sowie an den Tagen 1, 25 und 53 während der 8-wöchigen Untersuchungsphase wurde morgens (8^{00} Uhr) nüchtern unter stationären Bedingungen ein Saccharose-Belastungstest (50g in 400ml Wasser) durchgeführt.

Analog erfolgten zwei Tage vor Beginn der regelmäßigen Tabletteneinnahme sowie an den Tagen 4, 28 und 56 der Untersuchungsphase bei den gleichen Probanden Belastungstests mit 50g Stärke in 400ml Wasser.

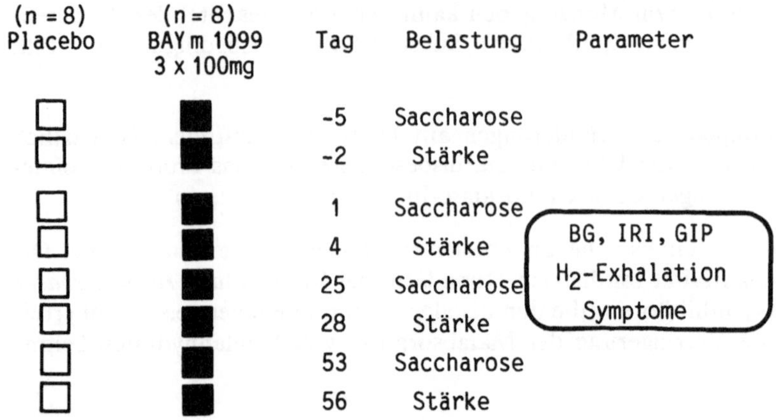

(n = 8) Placebo	(n = 8) BAY m 1099 3 x 100mg	Tag	Belastung	Parameter
□	■	-5	Saccharose	
□	■	-2	Stärke	
□	■	1	Saccharose	
□	■	4	Stärke	BG, IRI, GIP
□	■	25	Saccharose	H_2-Exhalation
□	■	28	Stärke	Symptome
□	■	53	Saccharose	
□	■	56	Stärke	

Abb. 63. Studien-Design der Kollektiv-Vergleichsstudie zur Prüfung der Wirkkonstanz und des Verhaltens gastrointestinaler Nebenwirkungen bei einer 8wöchigen Behandlung mit BAY m 1099 [Miglitol]

15 min. vor der Kohlenhydrat-Belastung erhielten alle Probanden 20mg Metoclopramid zur Synchronisierung der Magenentleerung (Thompson et al., 1982).

Die Morgendosis (100mg = 2 Tabletten) BAY m 1099 [Miglitol] bzw. Plazebo wurde an den Testtagen aufgelöst in 40ml Wasser 5 min. vor der Kohlenhydrat-Gabe unter Aufsicht eingenommen.

An den Testtagen erfolgte bis 16^{00} Uhr (Testdauer 8 Std.) keine weitere Nahrungsaufnahme, so daß die Mittagsdosis Miglitol/Plazebo an diesen Tagen nicht eingenommen wurde.
Während der Untersuchung wurden Ruhebedingungen eingehalten, Rauchen war nicht gestattet.

Parameter

In Abständen von 15 bzw. 30 min. wurde über 4 Std. nach der Kohlenhydrat-Belastung Blut aus einer Cubitalvene zur Bestimmung der Blutglukose,- Serum-Insulin- und -IR-GIP-Konzentrationen entnommen.
Endexspiratorische Messungen der H_2-Konzentration erfolgten in 30- bzw. 60-min.-Intervallen über einen Zeitraum von 8 Stunden.

Die subjektive Befindlichkeit wurde an den Untersuchungstagen ungezielt 60, 120, 180 und 240 min. nach der Kohlenhydrat-Belastung erfragt („wie fühlen Sie sich ? - irgendwelche Besonderheiten ?") und Symptome der Kohlenhydrat-Malabsorption als leicht (1), mittel (2) oder (3) stark gewertet.
Während der ambulanten Phase der Tabletteneinnahme bestanden keine Diätvorschriften; in wöchentlichen Abständen wurde schriftlich protokolliert, ob bzw. welche subjektiven Symptome unter der häuslichen Tabletteneinnahme aufgetreten waren.

Compliance

Zur Erhöhung der Compliance wurden

a) die Tabletten anläßlich der Vorstellungstermine stets in abgezählten Mengen ausgegeben,
b) die mitzubringenden, nicht verbrauchten Tabletten (Sollwert n=2) kontrolliert,
c) an allen Testtagen mit Stärkebelastung Serum zur Bestimmung des Inhibitors abgenommen und 24 Std.-Urin zur Analyse der Medikamentenausscheidung abgegeben (Ausgabe der Sammelgefäße an den Testtagen mit Saccharosebelastung); die vorgesehene (externe) Analyse dieser Proben war allerdings bisher nicht möglich.

Hinweise auf eine unvollständige bzw. fehlerhafte Medikamenteneinnahme während der achtwöchigen Untersuchungsphase wurden anhand der Tabletten-Kontrollen nicht offenkundig, die genannten Maßnahmen vermögen diese aber grundsätzlich nicht völlig auszuschließen.

Ergebnisse

Blutglukose

Weder unter Einnahme des Plazebos, noch unter der Medikation mit BAY m 1099 [Miglitol] waren während der achtwöchigen Untersuchungsphase bei Betrachtung der Mittelwertsverläufe Veränderungen des Blutglukose-Anstieges nach Saccharose- (Abb. 64) oder Stärke-Belastung (Abb. 65) erkennbar.
Dieser Eindruck bestätigte sich auch, wenn der maximale Blutglukose-Anstieg als Parameter zugrundegelegt wurde (Tabelle 16).

Tabelle 16. Maximale postprandiale Anstiege der Blutglukose (BG-), Serum-Insulin (IRI-) und -GIP-Konzentrationen sowie der endexspiratorischen H_2-Konzentration nach Saccharose bzw. Stärke ($\bar{x}$ ± SEM)

Miglitol-Gruppe (n = 8)

Tag	Substrat	BG (mmol/l)	IRI (μU/ml)	GIP (pg/ml)	H_2-Konzentration (ppm)
–5	Saccharose	0,68 ± 0,07	5,6 ± 1,5	42 ± 136	159 ± 25
1	Saccharose	0,74 ± 0,07	9,2 ± 3,0	8 ± 109	171 ± 18
25	Saccharose	0,95 ± 0,08	12,7 ± 4,1	–22 ± 32	125 ± 11
53	Saccharose	0,52 ± 0,26	5,7 ± 1,6	–8 ± 137	188 ± 23
–2	Stärke	0,62 ± 0,16	6,1 ± 2,7	–49 ± 140	150 ± 25
4	Stärke	0,89 ± 0,13	8,5 ± 2,7	73 ± 45	109 ± 9
28	Stärke	1,31 ± 0,22	10,4 ± 2,6	–161 ± 125	102 ± 27
56	Stärke	0,55 ± 0,06	4,9 ± 1,0	–257 ± 143	107 ± 18

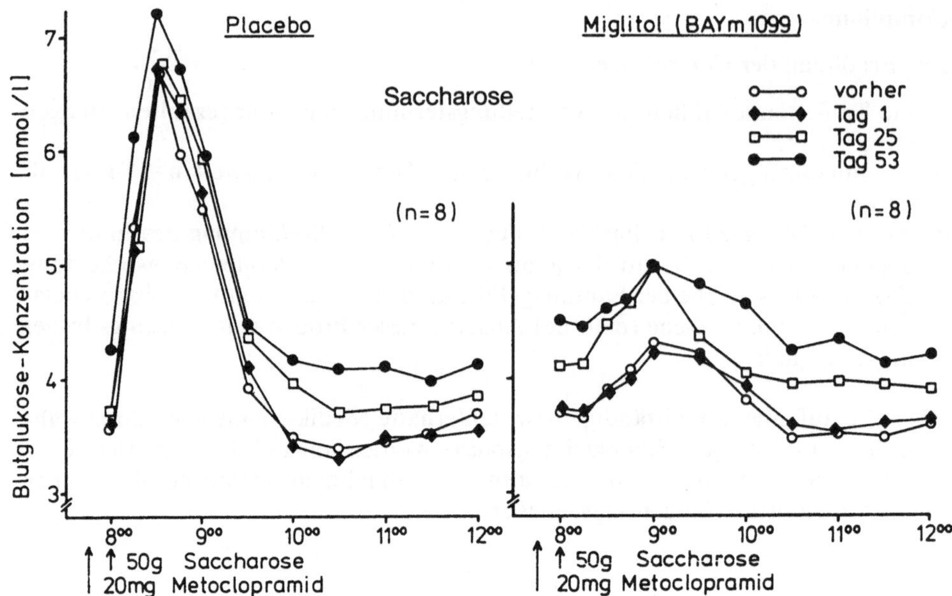

Abb. 64. Verhalten der Blutglukosekonzentration unter Saccharose-Belastung während der 8wöchigen Untersuchung. Angegeben sind die Mittelwerte von je 8 Probanden/Gruppe. Links: Plazebo-Gruppe; rechts: Miglitol-Gruppe

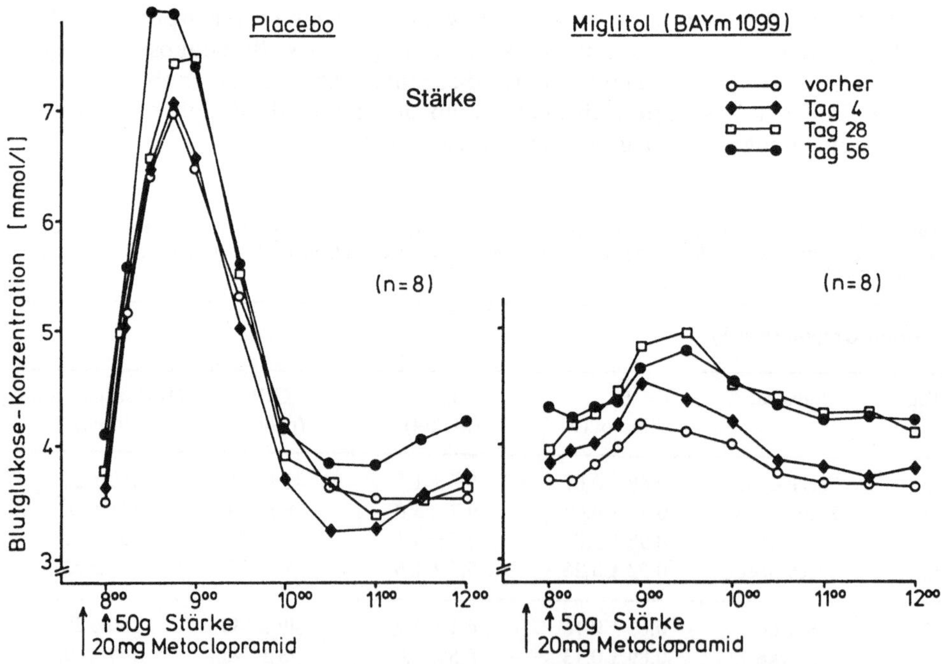

Abb. 65. Verhalten der Blutglukosekonzentration unter Stärke-Belastung während der 8-wöchigen Untersuchung. Angegeben sind die Mittelwerte von je 8 Probanden/Gruppe. Links: Plazebo-Gruppe; rechts: Miglitol-Gruppe

Eine Tendenz zu höheren Blutglukosekonzentrationen parallel zur Dauer der Studie betraf sowohl die Saccharose-, als auch die Stärke-Belastung sowie die mit Plazebo und die mit BAY m 1099 behandelten Probanden. Diese Veränderungen waren bedingt durch eine Alterung des Glukose-Standards und entfallen bei Betrachtung der jeweiligen pp. Blutglukose-Anstiege.

Im Vergleich zur Kontrollgruppe führte die Gabe von 100mg Miglitol zu einer deutlichen Abflachung des pp. Blutglukose-Anstieges nach Saccharose bzw. Stärke; ein Wirkungsverlust oder eine Änderung der Wirkungsdynamik waren dabei nicht erkennbar.

Serum-Insulin

Die Betrachtung der Mittelwertsverläufe der postprandialen Serum-Insulin-Konzentrationen nach Saccharose (Abb. 66) bzw. nach Stärke (Abb. 67) bestätigt die bei der Blutglukose gemachten Beobachtungen.

Die ausgeprägte Reduktion der pp. Insulin-Anstiege im Vergleich zum Kontrollkollektiv wies weder bei Betrachtung der Mittelwertsverläufe über die Zeit (Abb. 66 u. 67) noch unter Zugrundelegung der maximalen Insulin-Anstiege (Tabelle 16 und 17) eine Tendenz zur Abschwächung auf.

Serum-IR-GIP

Bedingt durch eine größere Schwankungsbreite der Ausgangswerte, die insbesondere die Plazebo-Gruppe betraf, war die Reproduzierbarkeit des pp. Serum-GIP-Profils während der achtwöchigen Versuchsdauer nicht in dem gleichen Ausmaß wie bei der Blutglukose oder der Serum-IRI-Konzentration gegeben.

Tabelle 17. Maximale postprandiale Anstiege der Blutglukose (BG)-, Serum-Insulin (IRI)- und -GIP-Konzentrationen sowie der endexspiratorischen H_2-Konzentration nach Saccharose bzw. Stärke ($\overline{x}$ ± SEM)

Plazebo-Gruppe (n = 8)

Tag	Substrat	BG (mmol/l)	IRI (µU/ml)	GIP (pg/ml)	H_2-Konzentration (ppm)
–5	Saccharose	3,11 ± 0,17	33,9 ± 5,9	965 ± 119	29 ± 9
1	Saccharose	3,29 ± 0,37	33,1 ± 4,6	854 ± 182	27 ± 8
25	Saccharose	3,20 ± 0,33	28,6 ± 6,4	409 ± 237	14 ± 3
53	Saccharose	3,36 ± 0,33	33,1 ± 8,8	406 ± 227	18 ± 4
–2	Stärke	3,82 ± 0,43	48,2 ± 9,9	1 081 ± 154	20 ± 5
4	Stärke	3,57 ± 0,38	41,3 ± 9,9	1 351 ± 106	38 ± 13
28	Stärke	4,09 ± 0,55	60,4 ± 21,3	910 ± 215	47 ± 14
56	Stärke	4,32 ± 0,46	41,1 ± 8,3	1 171 ± 280	26 ± 6

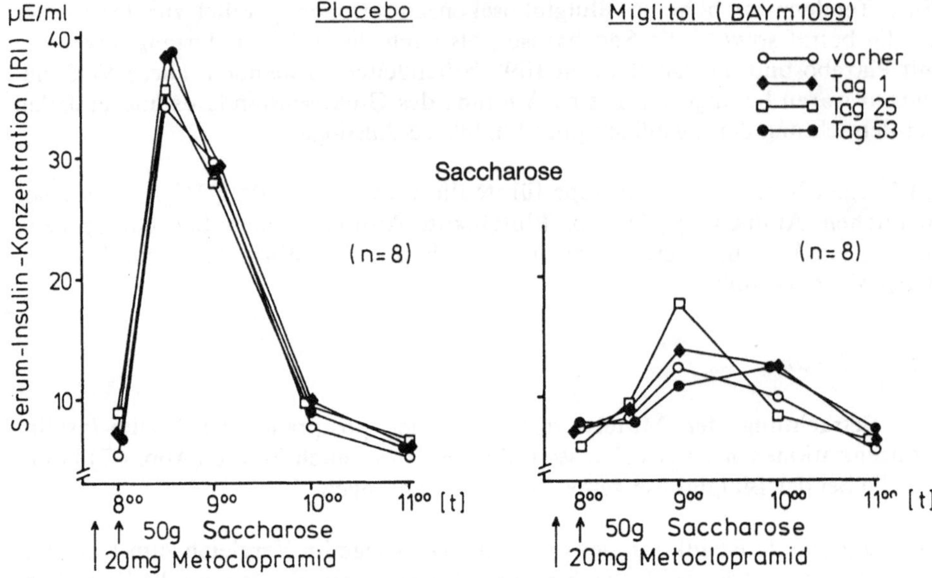

Abb. 66. Verhalten der Serum-Insulin-Konzentration unter Saccharose-Belastung während der 8wöchigen Untersuchung. Angegeben sind die Mittelwerte von je 8 Probanden/Gruppe. Links: Plazebo-Gruppe; rechts: Miglitol-Gruppe

Die pp. GIP-Konzentrationen im Serum liegen unter Kontrollbedingungen jedoch deutlich höher als während der Miglitol-Medikation, und weder bei Betrachtung der Mittelwertsverläufe (Abb. 68 u. 69), noch bei den maximalen pp. Anstiegen der GIP-Konzentration wird ein Verlust dieser Substanzwirkung sichtbar (Tabelle 16).

H_2-Exhalation

Unter Kontrollbedingungen kam es weder nach Saccharose noch nach Stärke zu einer nennenswerten H_2-Exhalation, auffallend war jedoch, daß in der Plazebo-Gruppe bei der Stärke-Belastung geringgradig höhere H_2-Konzentrationen nüchtern und während der ersten Stunde pp. auftraten als bei der Saccharose-Belastung. Eine Abhängigkeit dieses Trends vom Untersuchungstermin war nicht feststellbar (Abb. 70).

Miglitol führte sowohl nach Saccharose als auch nach der Stärkebelastung zu einem deutlichen Anstieg der H_2-Exhalation, die bei Betrachtung der mittleren Verläufe (Abb. 71) und max. Anstiege (Tabelle 16) während der 8wöchigen Studie keine gerichtete Veränderung erfuhr.

Während die mittlere H_2-Exhalation nach Saccharose-Belastung am Tag 25 etwas niedriger als zu den übrigen Untersuchungsterminen lag, war die H_2-Exhalation nach Stärke-Belastung am ersten Untersuchungstag, d.h. vor Beginn der regelmäßigen Tabletteneinnahme, geringgradig höher als an den anderen drei Test-

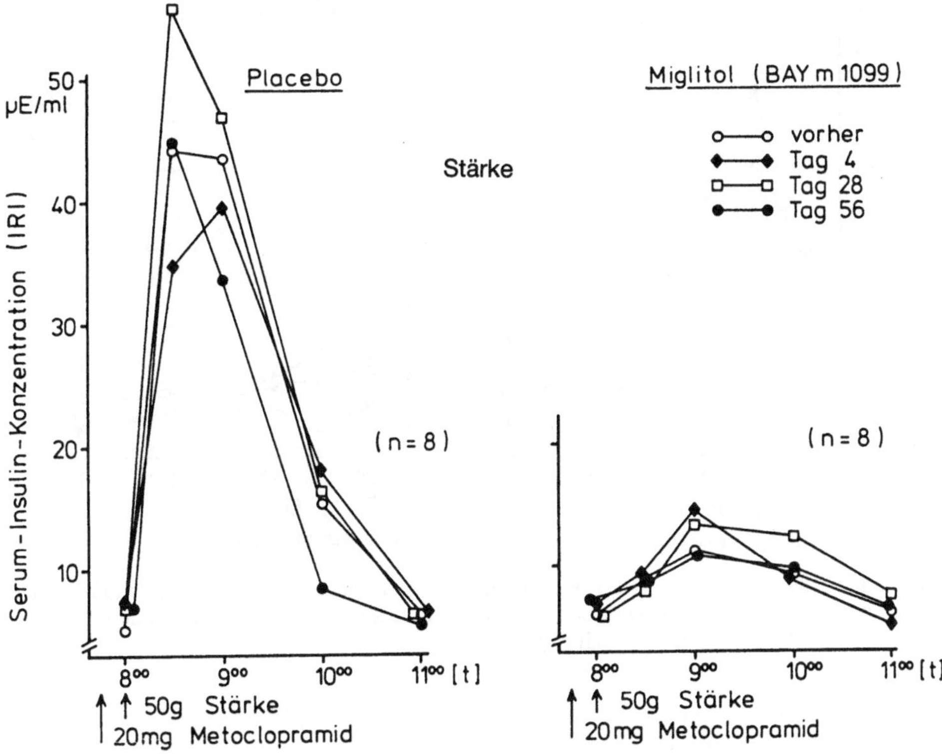

Abb. 67. Verhalten der Serum-Insulin-Konzentration unter Stärke-Belastung während der 8wöchigen Untersuchung. Angegeben sind die Mittelwerte von je 8 Probanden/Gruppe. Links: Plazebo-Gruppe; rechts: Miglitol-Gruppe

tagen; systematische Veränderungen ließen sich auch bei Zugrundelegung der maximalen Anstiege der H_2-Konzentration (Tabelle 16) nicht feststellen.

Die Nüchternwerte der H_2-Konzentration in der Verum-Gruppe lagen an den Testtagen mit Saccharose-Belastung, nicht aber an denen mit Stärkebelastung geringgradig höher als in der Plazebo-Gruppe.

Subjektive Verträglichkeit

Symptome der Kohlenhydrat-Malabsorption (Meteorismus, Flatulenz, Diarrhoe, abdominelle Schmerzen) wurden (abgesehen von einem Summenscore von 1 für Meteorismus bei der ersten Saccharose-Belastung unter Plazebo, d.h. vor der eigentlichen Testperiode) nur unter der Einnahme von BAY m 1099 und ganz überwiegend nach der Saccharose-Belastung angegeben; nach Stärke traten diese Symptome nur in unbedeutend geringem Ausmaß auf (Abb. 72).

Abb. 72 läßt erkennen, daß es während der 8wöchigen Einnahme von Miglitol unter den standardisierten Bedingungen der Saccharose- bzw. Stärke-Belastung zu einer Abnahme der subjektiven Beschwerdesymptomatik kommt.

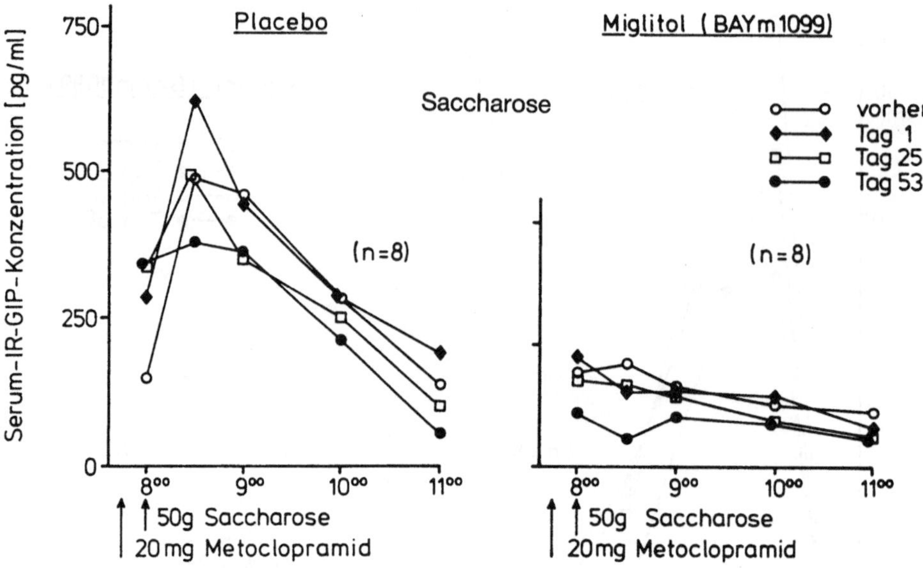

Abb. 68. Verhalten der Serum-GIP-Konzentration unter Saccharosee-Belastung während der 8wöchigen Untersuchung. Angegeben sind die Mittelwerte von je 8 Probanden/Gruppe. Links: Plazebo-Gruppe; rechts: Miglitol-Gruppe

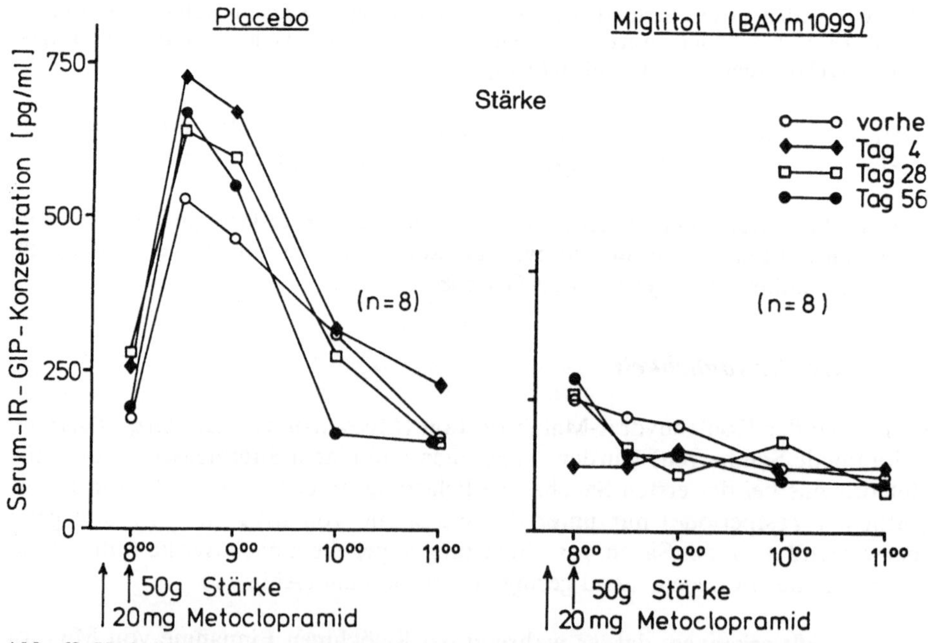

Abb. 69. Verhalten der Serum-GIP-Konzentration unter Stärke-Belastung während der 8wöchigen Untersuchung. Angegeben sind die Mittelwerte von je 8 Probanden/Gruppe. Links: Plazebo-Gruppe; rechts: Miglitol-Gruppe

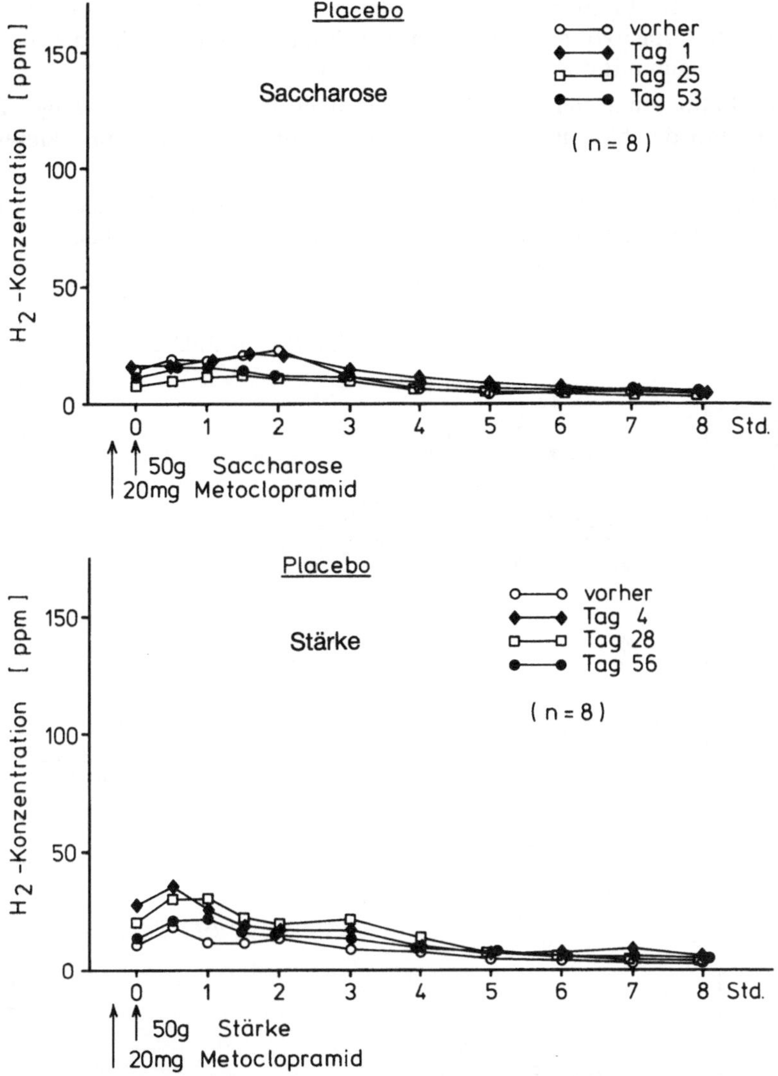

Abb. 70. Endexspiratorische H_2-Konzentration bei repetitiver Saccharose- (oben) bzw. Stärke-Belastung (unten) in der Plazebo-Gruppe. Angaben als Mittelwerte (n = 8)

Diese Abnahme zeigt sich besonders bei der Saccharose-Belastung und betrifft hier nach 25 bzw. 53 Tagen Miglitol-Einnahme die Symptome Meteorismus, Flatulenz, Diarrhoe und Bauchschmerzen nahezu gleichmäßig. Bemerkenswert dabei erscheint jedoch, daß nach eintägiger Behandlung bereits ein vermindertes Auftreten der Symptome Durchfall und Abdominalschmerz registriert wurde, während Meteorismus und Flatulenz gleichartig der Voruntersuchung auftraten. Diese Veränderung der Symptomatik läßt vermuten, daß die subjektive Beurteilung bei der Erstuntersuchung durch die Neuartigkeit der Testsituation an sich bzw. das Ungewohnte der Symptomatik gravierender ausfiel als später, nachdem Erfahrungen mit dieser Situation vorgelegen haben.

Die Betrachtung der Wochenberichte über das Auftreten etwaiger Beschwerden während der häuslichen Medikamenteneinnahme ergab ein anderes Bild (Abb. 73).

In der Plazebogruppe wurde von einem Probanden über die gesamte Untersuchungsdauer Meteorismus in wechselndem Ausmaß angegeben.

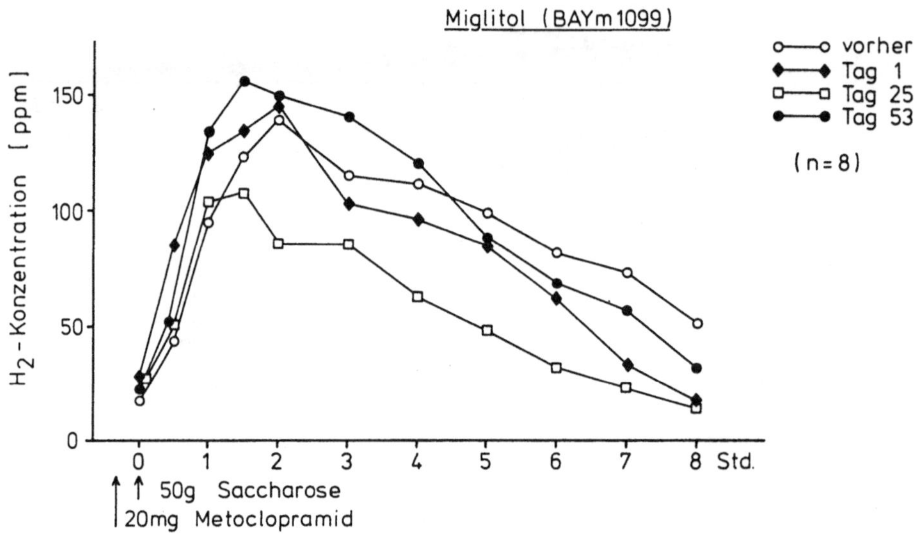

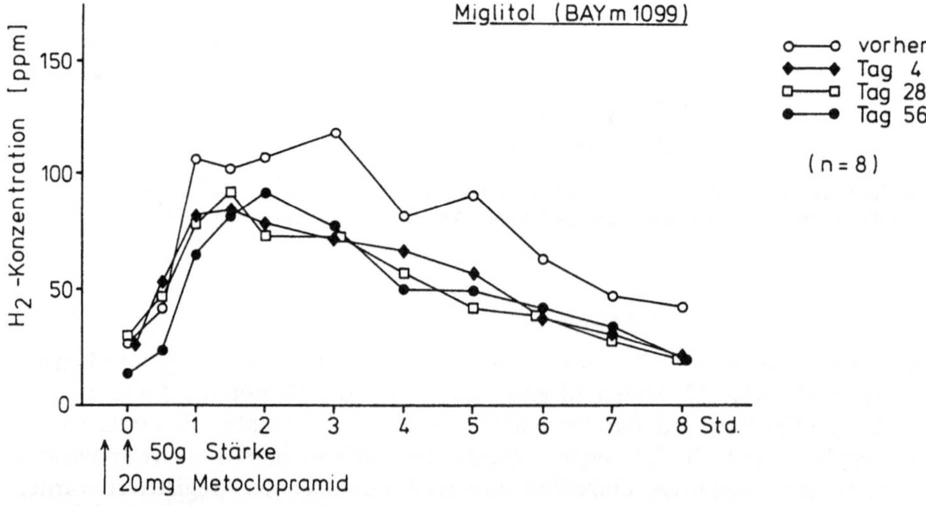

Abb. 71. Endexspiratorische H_2-Konzentration bei repetitiver Saccharose- (oben) bzw. Stärke-Belastung (unten) in der Miglitol-Gruppe. Angaben als Mittelwerte (n = 8)

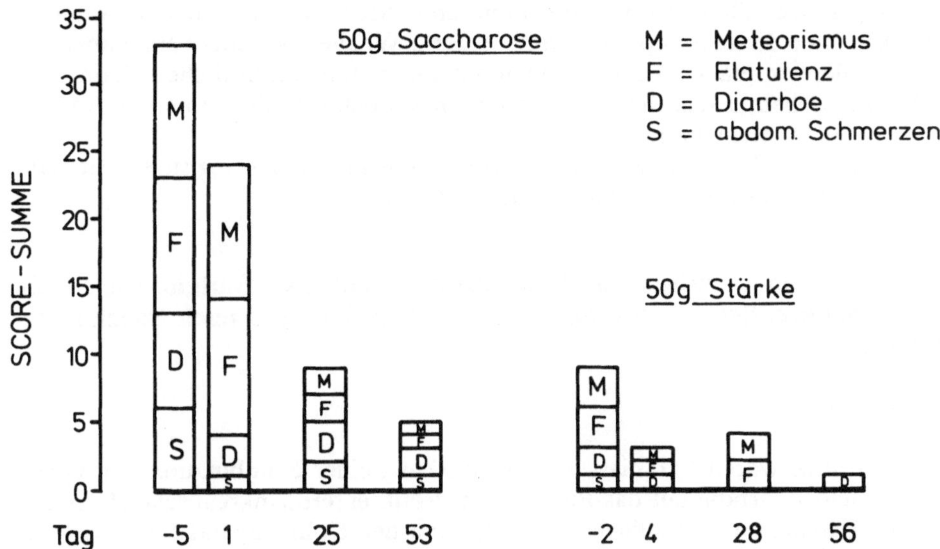

Abb. 72. Zeitabhängigkeit der subjektiven Symptom-Bewertung von Symptomen der Kohlenhydrat-Malassimilation unter 8wöchiger Einnahme des α-Glukosidase-Inhibitors Miglitol [BAY m 1 099] an den Testtagen mit standardisierter Kohlenhydrat-Belastung. Links: Saccharose. Rechts: Stärke. Angaben als kumulative Punktsumme für jedes Symptom; (n = 8)

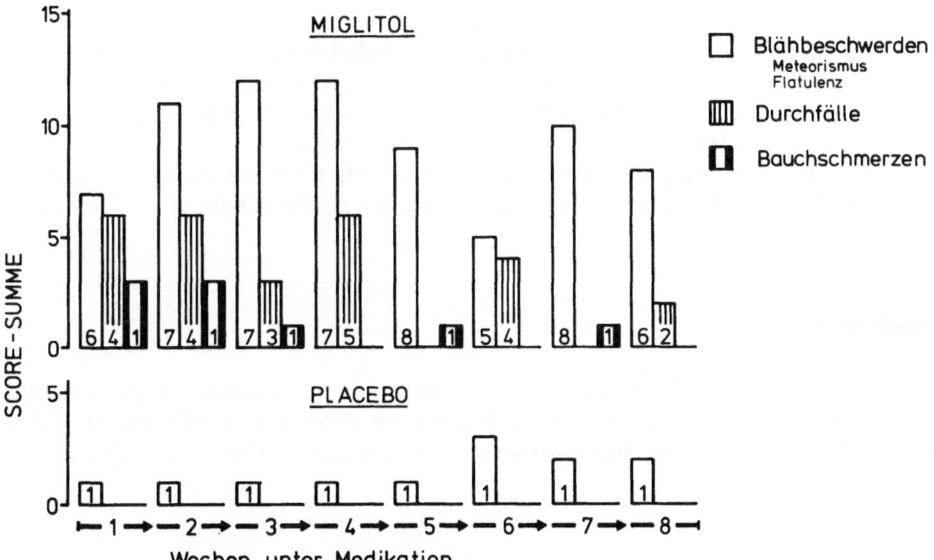

Abb. 73. Zeitabhängigkeit der subjektiven Symptom-Bewertung von Symptomen der Kohlenhydrat-Malassimilation unter 8wöchiger Einnahme des *a*-Glukosidase-Inhibitors Miglitol [BAY m 1099] unter unkontrollierten Bedingungen (Wochenberichte). Angaben als kumulative Punktsumme für jedes Symptom; (n = 8). Die Zahlen am Fuß der einzelnen Säulen geben die Anzahl Probanden mit dem jeweiligen Symptom(enkomplex) an

Unter der Einnahme von Miglitol gaben ständig 6-8 Probanden Meteorismus, Blähungen oder Flatulenz mit einem mittleren 'Score' von 1-2 an; eine wesentliche Abnahme dieses Symptoms während der 8 Wochen war nicht erkennbar.
Durchfälle, von maximal 5 Probanden mit einem durchschnittlichen 'Score' von 1-1,4 angegeben, traten demgegenüber nach 4-wöchiger Einnahme von BAY m 1099 deutlich seltener auf.
Abdominelle Schmerzen wurden nur von einem Probanden registriert; sie nahmen während der Studiendauer an Intensität ab (Abb. 73).

Wirkung von Acarbose und Quellstoffen auf das Blutglukose-Profil, enteropankreatische Hormone und die H_2-Exhalation nach Saccharose-Belastung

Einleitung

Zwei Gründe waren Veranlassung, die Wirkung einer Kombination von Quellstoffen und Acarbose auf das Blutglukose-Profil, enteropankreatische Hormone, die H_2-Exhalation und subjektive Symptome der Kohlenhydrat-Malabsorption nach Saccharosebelastung zu untersuchen:

1. die Vermutung einer synergistischen (additiven) Retardierung des Blutglukose-, Serum-Insulin- und -GIP-Anstieges und
2. die Hypothese, durch Quellstoffzusatz Ausmaß und konsekutiv Symptome der Kohlenhydrat-Malabsorption zu vermindern.

Anstoß zu dieser Überlegung (2) waren dabei

a) ein Befund, daß die Acarbose-induzierte H_2-Exhalation nach Saccharose Belastung in flüssiger Form wesentlich stärker war, als bei Gabe von mehr als einer äquivalenten Kohlenhydratmenge (40g Saccharose + 80g Stärke) in Form eines festen Testmahls (Lembcke et al., 1981a) sowie
b) die Charakterisierung der Quellstoffeigenwirkung als Resorptionsverzögerung ohne Malabsorption, d.h., ohne Substratverlust in den Dickdarm (Jenkins et al., 1979b).

Methodik

An dieser offenen, 1979 durchgeführten Untersuchung nahmen 3 weibliche und 6 männliche, gesunde, freiwillige Probanden im Alter von 21-28 Jahren (Mittelwert 24,6 J.) teil. Die Broca-Indices lagen zwischen 0,80 und 1,03 (Mittelwert: 0,91).

Protokoll

Die Probanden erhielten an 4 Untersuchungtagen 100g Saccharose in 400 ml Apfelsaft (Fa. Stute, Paderborn), entsprechend einer Kohlenhydrat-Menge von 148g, davon (neben Monosacchariden) 111g (75%) als Saccharose.

Die Verwendung von Apfelsaft sowie die gleichzeitige Gabe der pflanzlichen Hydrocolloide Guar und Pektin war erforderlich, um die große Quellstoffmenge (20g) in einer (bedingt) geschmacklich akzeptablen Form anbieten zu können. In Wasser gelöst sind die Quellstoffe in dieser Menge ungenießbar.

Testbedingungen

1. Kontrolle;
2. Zusatz von 10g Guarmehl plus 10g Pektin (homogene Durchmischung der Quellstoffe mit dem flüssigen Testmahl 15 min. vor Applikation);
3. Einnahme von 100mg Acarbose, aufgelöst in 20ml Wasser, 5 min. vor Verabreichung des Testmahls;
4. Kombination von (2) und (3).

Zwischen den Untersuchungstagen lagen mindestens 3 Tage als sog. Auswaschperiode.

Parameter

Aus einer Cubitalvene wurde zur Bestimmung der Blutglukose-, Serum-Insulin- und -GIP-Konzentrationen über 4 Stunden in Abständen von 30 min. sowie initial nach 15 min. Blut entnommen.
Endexspiratorische Messungen der Wasserstoff (H_2)-Konzentration erfolgten zu den gleichen Zeitpunkten.
Meteorismus, Flatulenz, Tenesmen und Diarrhoe als Symptome der Kohlenhydrat-Malabsorption wurden prospektiv untersucht.
Für jedes dieser Symptome erfolgte eine subjektive Gradeinteilung ('score') mit den Kriterien 0 (keine), 1 (leichte), 2 (mittelgradige) und 3 (starke Beschwerden), so daß von den 9 Probanden zusammen maximal 27 Punkte pro Symptom angegeben werden konnten.

Ergebnisse

Blutglukose

Unter Kontrollbedingungen führte die Saccharose-Belastung nach 30 min. zu einem Anstieg der mittleren Blutglukose-Konzentration um 2,9 mmol/l gegenüber dem Ausgangswert. Ein Unterschreiten des Ausgangswertes wurde nach 210 und 240 min. beobachtet (Abb. 74).

In Gegenwart von Guar und Pektin war der postprandiale Blutglukose-Anstieg nahezu identisch; in der Spätphase (180-240 min.) lagen die Blutglukose-Konzentrationen höher als unter Kontrollbedingungen.
Acarbose und die Kombination von Acarbose mit den Quellstoffen Guar und Pektin reduzierten den pp. Blutglukose-Anstieg stärker und nahezu in gleichem Ausmaß (Tabelle 18).

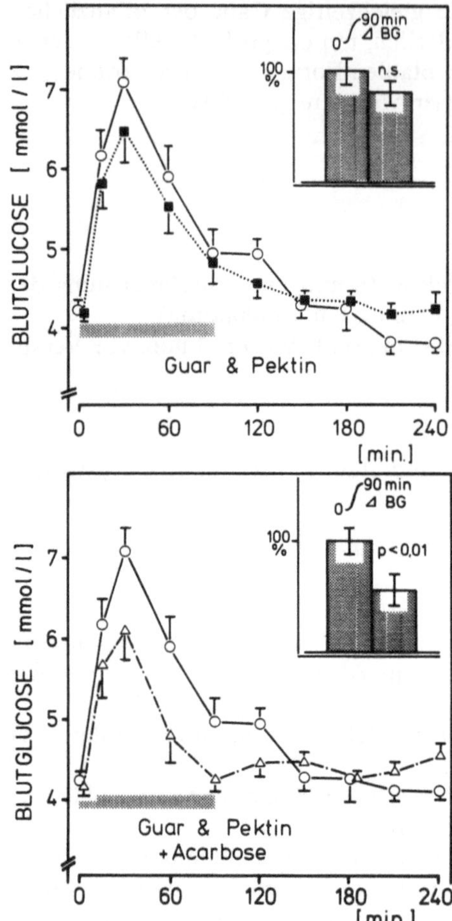

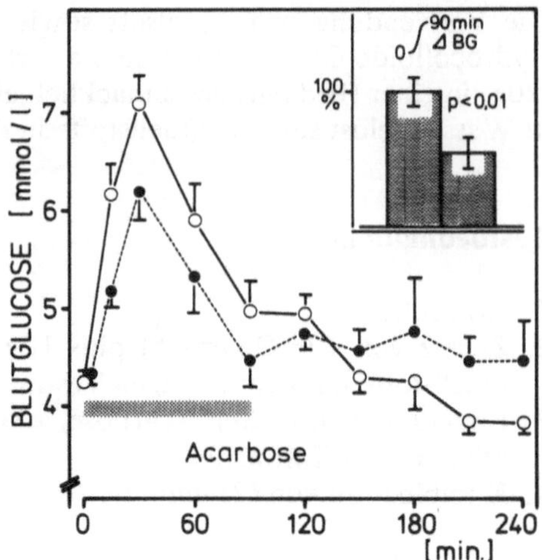

Abb. 74. Wirkung der Quellstoffe Guar und Pektin, Acarbose und der Kombination der Quellstoffe mit dem *a*-Glukosidase-Inhibitor auf das Blutglukose-Profil nach Gabe von 100g Saccharose in 400ml Apfelsaft im Vergleich zur Kontrolle (offene Kreise).
Die Bildausschnitte zeigen die Fläche unter der Kurve für den Blutglukose-Anstieg während der ersten 90 min., ausgedrückt als % der Kontrolle (Mittelwerte ± SEM; n = 9)

Tabelle 18. Flächen der Blutglukose-, Serum-Insulin- und Serum-GIP-Konzentrations-Zeit-Kurven (AUC unter Abzug des Ausgangswertes x t_x; Mittelwerte ± SEM) sowie Summen'score' für die Symptome der Kohlenhydratmalassimilation unter Kontrollbedingungen, bei Verabreichung der Quellstoffe Guar und Pektin, unter Acarbose sowie unter der Kombination der Quellstoffe mit dem α-Glukosidase-Inhibitor.
M = Meteorismus, F = Flatulenz; D = Durchfall; S = Schmerzen

	Blutglukose [mmol/l x 90 min]	Serum-Insulin [μU/ml x 90 min.]	Serum-GIP [pg/ml x 180 min.]	M F D S 'Score'
Kontrolle	154 ± 19	2781 ± 490	107467 ± 5502	1 1 0 1
Guar u. Pektin	127 ± 21	2049 ± 271 **	39206 ± 18047 *	0 0 0 1
Acarbose	86 ± 18 **	1493 ± 248 **	16636 ± 6576 **	14 12 7 8
Acarbose und Quellstoffe	87 ± 22 **	970 ± 192 **	2706 ± 2890 **	15 10 5 6

* p ≤ 0,02; ** p < 0,01 gegenüber der Kontrolle

Integration der Konzentrations-Zeit-Kurven (AUC) über 90 min. unter Abzug des Ausgangswertes über diese Zeit ergibt eine mittlere Reduktion des Blutglukose-Anstiegs um 17,1% unter Guar und Pektin (n.s.), um 44,4% durch Acarbose ($p < 0,01$) und um 43,6% ($p < 0,01$) unter der Kombination des α-Glukosidase-Inhibitors mit den Quellstoffen (Tabelle 18).

Insulin

Auch die Mittelwertskurven der Serum-Insulin (IRI)-Konzentrationen erreichten zum Zeitpunkt 30 min. ein Maximum (Abb. 75).
Sowohl die Quellstoffe als auch Acarbose und die Kombination des α-Glukosidase-Inhibitors mit den Quellstoffen führten dabei zu einer Hemmung der Insulin-Inkretion.
Die pp. IRI-Anstiege (AUC über 90 min. unter Abzug des Ausgangswertes über diese Zeit) wurden durch Guar und Pektin um 26,3% ($p < 0,01$), durch Acarbose um 46,3% ($p < 0,01$) und durch die Kombination der Quellstoffe mit Acarbose um 65,1% ($p < 0,01$), d.h. nahezu additiv, vermindert (Tabelle 18).

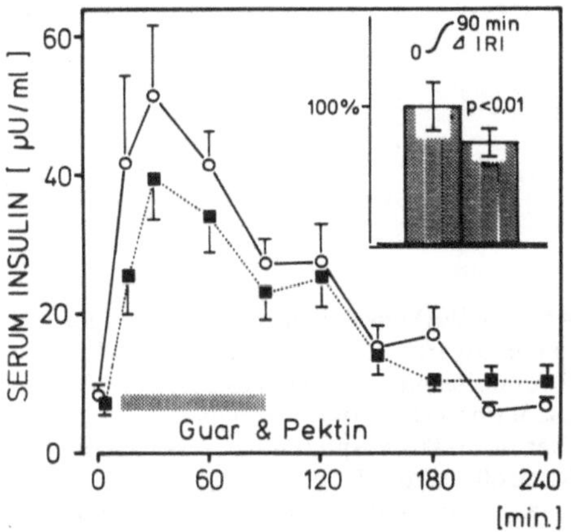

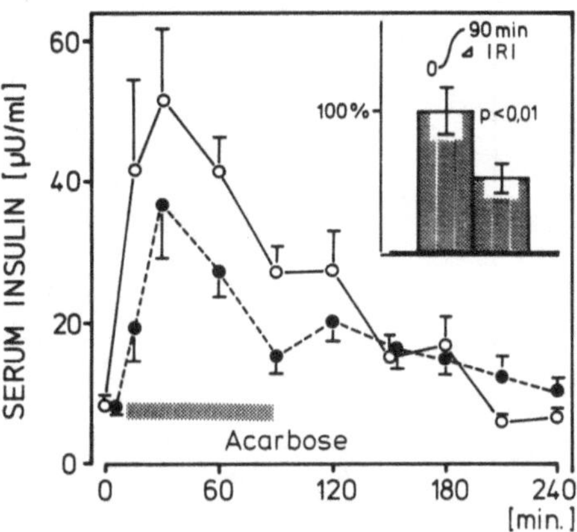

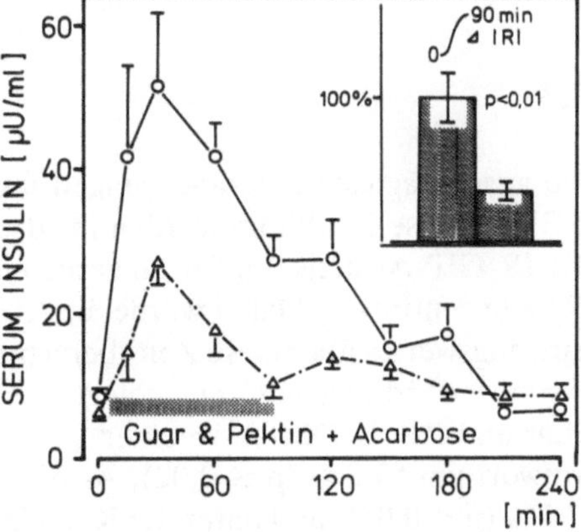

Abb. 75. Wirkung der Quellstoffe Guar und Pektin, Acarbose und der Kombination der Quellstoffe mit dem α-Glukosidase-Inhibitor auf das Serum-Insulin-Profil nach Gabe von 100g Saccharose in 400ml Apfelsaft im Vergleich zur Kontrolle (offene Kreise).
Die Bildausschnitte zeigen die Fläche unter der Kurve für den Serum-Insulin-Anstieg während der ersten 90 min., ausgedrückt als % der Kontrolle (Mittelwerte ± SEM; n = 9)

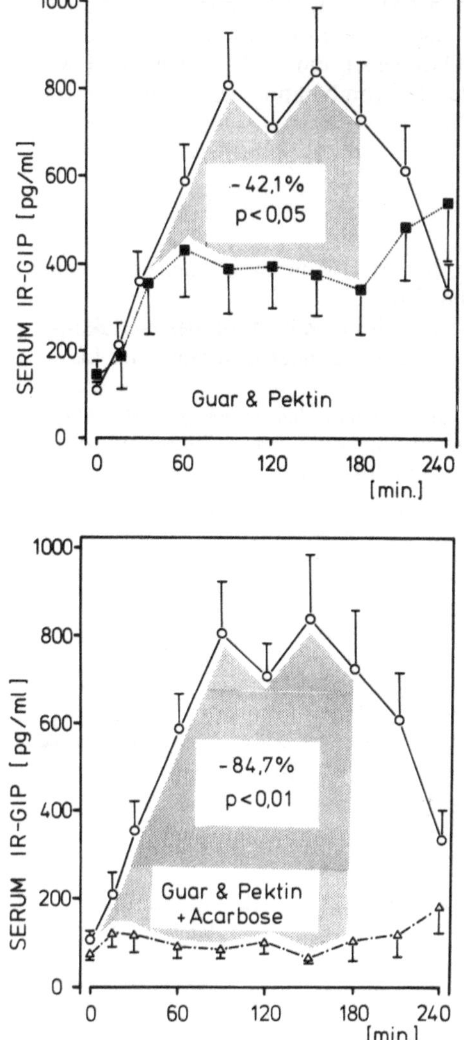

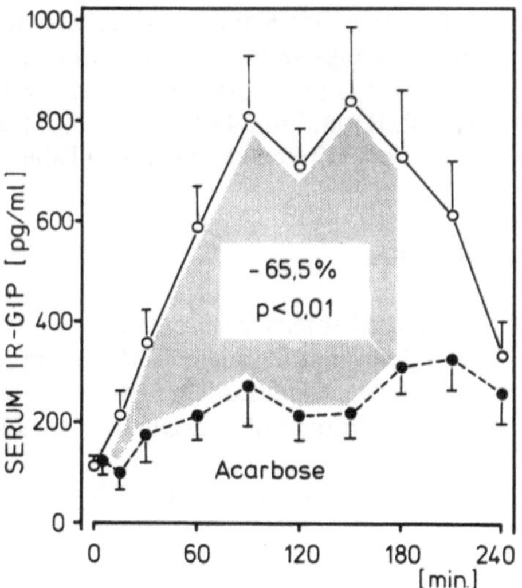

Abb. 76. Wirkung der Quellstoffe Guar und Pektin, Acarbose und der Kombination der Quellstoffe mit dem α-Glukosidase-Inhibitor auf das Serum-GIP-Profil nach Gabe von 100 g Saccharose in 400 ml Apfelsaft im Vergleich zur Kontrolle (offene Kreise).
Die Bildausschnitte zeigen die Fläche unter der Kurve für den Serum-GIP-Anstieg während der ersten 180 min. (unterlegt), ausgedrückt als % der Kontrolle (Mittelwerte ± SEM; n = 9)

GIP

Die ausgeprägtesten Veränderungen unter dem Einfluß der Quellstoffe bzw. des α-Glukosidase-Inhibitors wurden für das pp. GIP-Profil festgestellt (Abb. 76).
Die IR-GIP-Anstiege im Serum verliefen protrahierter als die der Blutglukose- und IRI-Konzentration. Daher wurde die AUC über 180 bzw. 240 min. (unter Abzug des Ausgangswertes über diese Zeit) berechnet und der Beurteilung der Quellstoff- bzw. Acarbose-Wirkung zugrunde gelegt.
Guar und Pektin führten zu einer Verminderung der über 4 Std. integrierten GIP-Antwort um 53,0% ($p \leq 0{,}02$), Acarbose reduzierte die AUC des GIP-Profils um 77,1% ($p < 0{,}01$), und unter der Kombination des α-Glukosidase-Inhibitors mit den Quellstoffen war die GIP-Inkretion nahezu völlig supprimiert (–94,7%, $p < 0{,}01$).

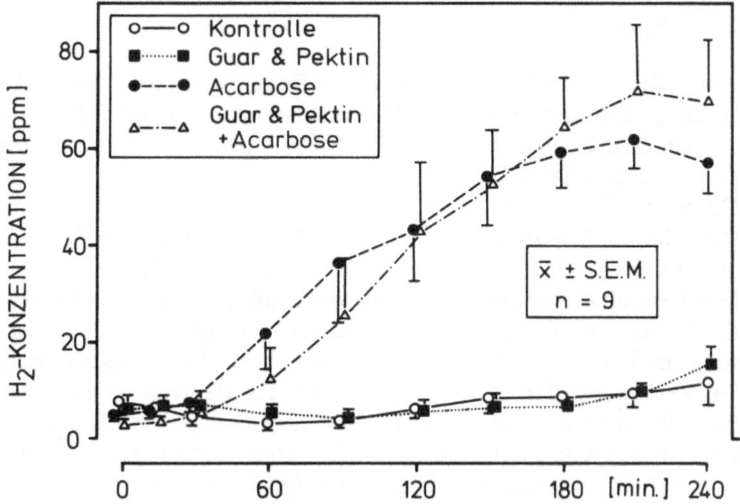

Abb. 77. Wasserstoff-(H_2)-Exhalation nach 100 g Saccharose (in 400 ml Apfelsaft) (Kontrolle) sowie bei Anwesenheit der Quellstoffe Guar und Pektin, des α-Glukosidase-Inhibitors Acarbose oder von Quellstoffen plus Acarbose.

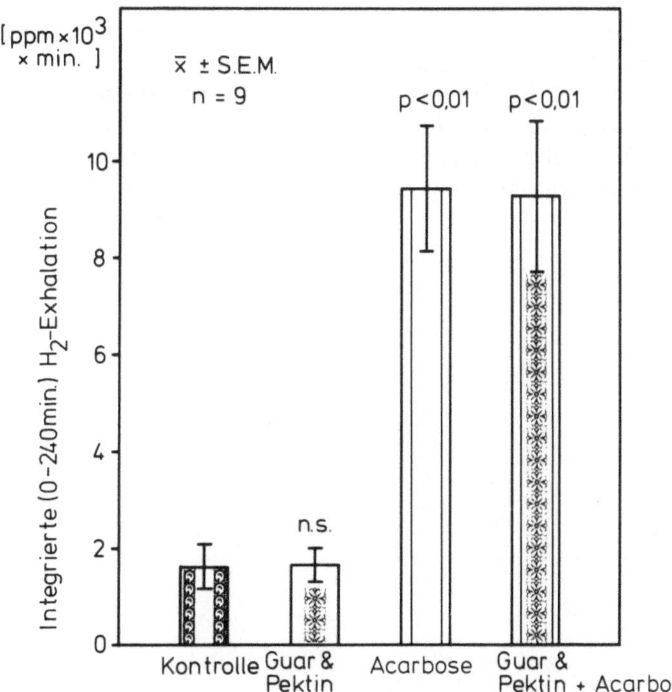

Abb. 78. Integrierte H_2-Exhalation (0-240 min.) unter Kontrollbedingungen (100g Saccharose in 400ml Apfelsaft), in Anwesenheit der Quellstoffe Guar (10g) und Pektin (10g), des *a*-Glukosidase-Inhibitors Acarbose (100mg) oder der Kombination von Acarbose mit den Quellstoffen

H_2-Exhalation

Unter Kontrollbedingungen sowie in Gegenwart von Guar und Pektin kam es zu einem geringfügigen Anstieg der endexspiratorischen H_2-Konzentration am Ende des Untersuchungszeitraumes als Hinweis auf eine Malabsorption geringer Mengen der zugeführten Kohlenhydrate.
Demgegenüber führte Acarbose bereits nach 60 min. zu einem deutlichen Anstieg der H_2-Exhalation, wobei die Mittelwerte mit 61,7 ± 5,8 ppm zum Zeitpunkt t=210 min. das Maximum erreichten (Abb. 77).
Die Kombination des α-Glukosidase-Inhibitors mit den Quellstoffen Guar und Pektin ließ bei Betrachtung der Mittelwertskurven zwar einen verzögerten Anstieg im Vergleich zur Acarbose-induzierten H_2-Exhalation erkennen, im weiteren Verlauf wurden dann jedoch höhere Konzentrationen gemessen.
Eine Betrachtung der AUC (0-240 min.) zeigt, daß die H_2-Exhalation durch Guar und Pektin nicht und durch die Kombination der Quellstoffe mit Acarbose in gleichem Ausmaß wie durch alleinige Gabe des α-Glukosidase-Inhibitors beeinflußt wird (Abb. 78).

Subjektive Verträglichkeit

Die Einnahme von 100mg Acarbose vor der Sacharose-Belastung führte in allen Fällen zu Meteorismus und Flatulenz; Tenesmen und Diarrhoe wurden in geringerem Umfang angegeben (Tabelle 18).
Guar und Pektin führten dabei zu keiner erkennbaren Änderung der Acarbose-induzierten Malabsorptions-Symptomatik.
Unter Kontrollbedingungen und in Gegenwart der Quellstoffe wurde die Saccharose-Belastung ohne nennenswerte Beschwerden toleriert (Tabelle 18).

Diskussion

Die pharmakologische Verzögerung der Kohlenhydrat-Resorption hat als Ergänzung zu den bisherigen Möglichkeiten der Behandlung Kohlenhydrat-abhängiger Erkrankungen in den letzten Jahren Eingang in therapeutische Konzepte – insbesondere für die Behandlung des Diabetes mellitus – gefunden, obwohl bisher kein entsprechendes Präparat als Pharmakon zugelassen war.

Ausschlaggebend für dieses klinische Interesse waren die Entwicklung hochwirksamer Inhibitoren der an der Kohlenhydrat-Assimilation beteiligten Enzymsysteme (*a*-Amylase des Pankreas, *a*-Glukosidasen der Bürstensaummembran in der Dünndarmmukosa) und eine inhaltliche Auseinandersetzung klinischer Diabetologen mit der Thematik "Resorption" bzw. "Resorptionsverzögerung" vor dem Hintergrund des Nachweises wirkungsvoller Verbesserung der Stoffwechseleinstellung von Diabetikern durch resorptionsverzögernde Quellstoffe (v.a. Guar und Pektin).
Die praktische Anwendung von Quellstoffen zur Behandlung des Diabetes mellitus stellt jedoch gegenwärtig kein bedeutsames Thema diabetologischer Diskussion und Fortbildung dar.
Probleme bietet insbesondere die Praktikabilität der Quellstoff-Behandlung, da
a) der Rohstoff (z.B. Guar-Mehl) in den erforderlichen Mengen geschmacklich nicht neutral ist (Inakzeptanz Guar-haltiger Nahrungsmittel),
b) die galenische Form von Mini-Tbl. Probleme der Handhabung durch den Patienten und offenbar auch eine geringe Wirksamkeit aufweist,
c) das Lebensmittelgesetz in der Bundesrepublik Deutschland die Verabreichung wirksamer Mengen dieser Quellstoffe in Form von Nahrungsmittelzusätzen nicht gestattet.

Weitere Entwicklungen haben sich daher schwerpunktmäßig auf das (wirksamere) Prinzip der medikamentösen Resorptionsverzögerung durch *a*-Glukosidase-Inhibition konzentriert.
Neben dem „α-Glukosidase-Inhibitor der ersten Generation", Acarbose (Bayer AG, Wuppertal), befinden sich als weitere, chemisch differente α-Glukosidase-Inhibitoren die Desoxynojirimycin-Derivate Miglitol [BAY m 1099] und Emiglitate [BAY o 1248] (Bayer-AG, Wuppertal) in klinischer Prüfung.
Die *a*-Glukosidase-Inhibitoren AO-128 (Takeda, Japan) sowie MDL 25,637 (Merrell Dow, Indianapolis) werden in der präklinischen Prüfungsphase untersucht.

Während die Wirkungsweise, Dosis-Wirkungsbeziehungen, therapeutischer Nutzen und Nebenwirkungen des Pseudotetrasaccharids Acarbose sehr gut untersucht sind (Creutzfeldt, 1982), fehlten entsprechende experimentelle Studien und Befunde zu den neueren, N-alkylierten 1-Desoxynojirimycin-Derivaten bisher weitgehend. Diese Inhalte sind schwerpunktmäßig Gegenstand der vorliegenden Schrift.
Als übergreifende Aspekte finden darüber hinaus weitere eigene Untersuchungen zu Wirkungen und Nebenwirkungen der Resorptionsverzögerung durch Acarbose in Kombination mit Quellstoffen, sowie in vitro-Untersuchungen der *a*-Amylase-Inhibitoren Tendamistat [HOE 467] und Trestatin A+B+C [Ro 9-0183] Eingang in die vorgelegte Arbeit.

Prinzip: Hemmung intestinaler α-Glukosidasen

Acarbose

Acarbose ist ein kompetitiver Inhibitor der Glukoamylase-, Saccharase- und Maltaseaktivität an der enterocytären Bürstensaummembran der Ratte, des Schweines und beim Menschen.
Im Akutversuch am Menschen führte eine Einzeldosis von 200mg zu einer praktisch vollständigen Abflachung des Blutglukoseanstieges nach oraler Gabe von 100 g Saccharose; gleichzeitig trat eine ausgeprägte Kohlenhydrat-Malabsorption auf (Caspary, 1978).
Fölsch et al. (1981a) konnten zeigen, daß das geschilderte Wirkungsprofil des α-Glukosidaseninhibitors auf den postprandialen Anstieg von Blutglukose, Insulin und GIP nach Gabe von 100g Saccharose unter einer Medikation von 3 x 200mg Acarbose bei gesunden Probanden auch während eines Zeitraumes von 8 Wochen quantitativ unverändert fortbesteht. Eine (subjektiv berichtete) Verminderung von Symptomen der Kohlenhydrat-Malassimilation gegen Ende des Untersuchungszeitraumes war in dieser Langzeitstudie somit nicht durch einen Wirkungsverlust zu erklären; als eine mögliche Ursache der besseren Toleranz, die auch Beobachtungen in klinischen Langzeitstudien mit Acarbose (Sachse u. Willms, 1979; Schöffling et al., 1980) entspricht, wurde eine Änderung der Ernährungsgewohnheiten angenommen.

Eine Abhängigkeit der Kohlenhydrat-Malabsorption unter Acarbose-Einnahme von der Art der zugeführten Kohlenhydrate zeigte sich an einer kleinen Zahl Probanden (n=4) in einer Untersuchung von Taylor et al. (1982), die eine Verminderung der H_2-Exhalation unter Acarbose-Einnahme bei Ersatz von Saccharose durch Stärke feststellten.

Pathophysiologische (Lembcke et al., 1981 a; 1982) sowie praktisch-therapeutische Überlegungen (Jenkins et al., 1979 b; Hillebrand et al., 1982) haben zu weiteren Studien geführt, in denen die Beeinflußbarkeit der Malabsorptions-Symptomatik unter Acarbose untersucht wurde.
Prinzipiell lassen sich die auf bakterieller Metabolisierung von Kohlenhydraten im Dickdarm beruhende H_2-Exhalation (Lembcke et al., 1980; 1982) sowie subjektive Symptome der Kohlenhydrat-Malassimilation (Lembcke et al., 1982) durch antibiotische Suppression der anaeroben Bakterienflora des Kolons (Metronidazol) reduzieren, nicht aber durch Neomycin, das vorwiegend gegen aerobe Keime wirkt und eine Aggravierung der Symptome verursachte (Lembcke et al., 1980; 1981a). Dieses advers erscheinende Verhalten wurde auf eine bevorzugte Suppression H_2 assimilierender Bakterien unter Neomycin zurückgeführt. Im Einzelfall ist die Wirkung der untersuchten Antibiotica jedoch nicht vorhersehbar (Lembcke und Caspary, 1983a).
Ein Behandlungsprinzip bei Malassimilationsbeschwerden können Antibiotica zudem naturgemäß nicht darstellen.

Acarbose und Quellstoffe

Als praktikable Ansätze zur Reduktion Acarbose-induzierter intestinaler Symptome wurden der Einfluß der oberflächenaktiven Substanz Dimeticon (Simethicon) sowie die Wirkung einer Addition des Quellstoffes Guar am Menschen untersucht. Während unter Dimeticon eine (statistisch nicht signifikante) Reduktion des Meteorismus beobachtet wurde, konnte keinerlei Einfluß der Substanz auf die Flatulenz unter Acarbose nachgewiesen werden (Hillebrand et al., 1982).
Die gleiche Arbeitsgruppe vermochte auch weder bei Verabreichung einer Standardmahlzeit noch nach einer kohlenhydratreichen Mahlzeit einen positiven Einfluß des Quellstoffes Guar (10g) auf die intestinale Symptomatik unter Acarbose-Einnahme festzustellen.
Diese Daten stehen im Widerspruch zu einer früheren Mitteilung von Jenkins u. Mitarb. (1979b), die einen additiven Effekt von Acarbose (50mg) und Guar (14g des Quellstoffs, inkorporiert in 'Crisp-Brot') bei fehlenden Hinweisen auf eine Kohlenhydratmalabsorption (H_2-Exhalation) beschreibt.
Auffallend in der genannten Studie ist die nur marginale Wirksamkeit der alleinigen Gabe von Acarbose auf den postprandialen Blutglukose-, Serum-Insulin- und GIP-Anstieg, wobei die Verabreichung von Acarbose in Tablettenform nur 60 Sekunden vor der Einnahme des Testmahls möglicherweise einen Anteil an der fehlenden Wirksamkeit des *a*-Glukosidase-Inhibitors bedingt. Die Addition von Guar würde unter der Vorstellung einer Verzögerung der initialen, raschen Phase der Magenentleerung (Holt et al., 1979; Lembcke et al., 1981b) die Auflösung und Durchmischung des Hemmstoffs im Magen begünstigen können und dadurch die bessere Wirksamkeit erklären. Unverständlich bleibt auch, warum deutliche Symptome der Kohlenhydrat-Malassimilation feststellbar waren, eine H_2-Exhalation dagegen nicht.

Autoren der gleichen Arbeitsgruppe konnten in einer späteren Untersuchung eine Verstärkung der Acarbose-Wirkung (50mg, wiederum in Form von Tabletten) auf das Blutglukoseprofil durch die Addition von Guar (26,5g) bestätigen, nicht dagegen das Ausbleiben einer Kohlenhydratmalabsorption : Acarbose und Guar (als hydriertes Granulat) führten zu stärkerer H_2-Exhalation als die alleinige Gabe von Acarbose (Taylor et al., 1982).

In der vorliegenden Arbeit wurde der Einfluß von Quellstoffen (10g Guar + 10g Pektin) auf das Blutglukose-, Serum-Insulin und GIP-Profil sowie die H_2-Exhalation und intestinale Symptome nach einer betont hoch dosierten Kohlenhydrat-Belastung ohne und mit vorausgehender Acarbose-Einnahme (100mg, aufgelöst) untersucht (Abb. 74–76).
Dabei wurden weder die H_2-Exhalation als Parameter der Kohlenhydrat-Malabsorption (Abb. 78), noch die Beschwerdesymptomatik (Tabelle 18) durch den Quellstoffzusatz verändert.
Bedingt durch den der Inhibitor-Wirkung nicht unterliegenden Monosaccharidanteil (Puls, 1980) des flüssigen Testmahls (10g Glukose + 26g Fruktose) führte Acarbose zwar zu einer Verminderung des pp. Blutglukose-Anstieges, nicht aber zu einer vollständigen Abflachung des Blutglukose-Profils (Abb. 74).

Der nur geringe und statistisch nicht signifikante Einfluß der Quellstoffe auf das pp. Blutglukoseprofil könnte demgegenüber auf die konzentrierte Form der Kohlenhydratbelastung zurückzuführen sein, die einer durch Vergrößerung der 'unstirred water layer' hervorgerufenen Resorptionsverzögerung entgegenwirken muß.
Eine Betrachtung der mathematischen Approximierungen, durch die die operante Größe der 'unstirred water layer' [UWL] charakterisiert werden kann (Gleichung [1]; Dietschy et al., 1971)

$$d = \frac{1}{J} \times D \times (C_1 - C_2) \qquad [1]$$

und durch die der Einfluß der Viskosität in einer Substratlösung auf den Diffusionskoeffizienten beschrieben wird (Gleichung [2]; Elsenhans, 1983)

$$D \sim \frac{1}{\sqrt{M} \times \eta} \qquad [2]$$

verdeutlichen diesen Zusammenhang.

(C_1 : luminale Substratkonzentration; C_2 : Substratkonzentration an der Zelloberfläche; J : Fluxrate des Substrates durch die UWL ; d : Dicke der UWL; D : Diffusionskoeffizient des Substrates; M : Molekulargewicht des Substrates; η : Viskosität der Lösung).

Andererseits lassen die deutlichere und bei Betrachtung der pp. AUC statistisch signifikante Reduktion des Insulin- und insbesondere des GIP-Anstieges durch die Quellstoffe, Acarbose und – in synergistischer Weise – auch durch die Kombination eine Resorptionsverzögerung unter den genannten Substanzen erkennen, da GIP erst bei einer Resorption von z. B. Glukose freigesetzt wird (Ganda et al., 1979; Creutzfeldt u. Ebert, 1986).
Dabei ist eine Abstufung der Beeinflussung der GIP-Konzentration > Insulin-Konzentration > Blutglukose-Konzentration augenfällig.
Eine plausible Erklärung dieses Phänomens können Befunde von deFronzo et al. (1978) geben, die nachweisen, daß ein 'Inkretin'-Effekt beim Menschen zu einer erheblichen Verstärkung der Glukoseaufnahme aus dem Portalvenenblut in die Leber führt. Unter der gut belegten Voraussetzung, daß GIP wesentliche Kriterien als 'Inkretin'-Kandidat erfüllt (Creutzfeldt u. Ebert, 1986) führen diese Zusammenhänge dazu, daß eine Suppression des GIP-Anstieges die hepatische Extraktion von Glukose vermindert und damit höhere Blutglukosespiegel auftreten, die für eine direkte insulinotrope Stimulation der B-Zelle ausreichen können.
In einer Reihe von klinischen Studien (s. S. 20) konnten eine wirksame Reduktion postprandialer Blutglukose-Anstiege und damit Glättung des Blutglukose-Tagesprofils durch Acarbose sowie eine Verminderung der pp. Hyperinsulinämie bzw. des Bedarfes an exogen zugeführtem Insulin bei Typ II-bzw. Typ I-Diabetikern nachgewiesen werden.
Demgegenüber sind bisher wenige klinische Untersuchungen über die neueren, resorbierbaren α-Glukosidase-Inhibitoren BAY m 1099 (Miglitol) und BAY o 1248 veröffentlicht worden (Joubert et al., 1985; Hillebrand et al., 1986; Taylor et al., 1986; Dimitriadis et al., 1986), deren Wirkung und unerwünschte Wirkungen die Thematik dieser Arbeit bestimmen.

Resorbierbare α-Glukosidase-Inhibitoren: Miglitol [BAY m 1099] und Emiglitate [BAY o 1248]

Beide Desoxynojirimycin-Derivate (Miglitol und BAY o 1248) stellen Strukturanaloge des D-Glukosemoleküls dar (Abb. 5).

In-vitro-Untersuchungen

Wirkungsspektrum

BAY m 1099 und BAY o 1248 führen in vitro bei der Ratte zu einer Hemmung der Saccharase-, Glukoamylase- und Maltase-Aktivität sowie – im Gegensatz zur Acarbose (Caspary u. Graf, 1979) – auch der Isomaltase-Aktivität (Lembcke et al., 1985 a).
Miglitol erwies sich darüber hinaus auch als schwacher Inhibitor der Laktase-Aktivität (ß-Galaktosidase); die alkalische Dünndarmphosphatase wurde nicht beeinflußt.
Eine Beeinflussung der intestinalen Resorption von α-Methyl-Glucosid und L-Leucin durch diese Substanzen konnte in vitro am Jejunum der Ratte nicht nachgewiesen werden (Lembcke et al., 1985a).

Das Wirkungsspektrum beider Inhibitoren in Homogenaten der Jejunalmukosa vom *Menschen* (Abb. 13, 14) war nahezu identisch mit den Befunden an der Ratte; beide Inhibitoren wirkten am stärksten gegenüber der Saccharase-Aktivität, gefolgt von der Glukoamylase-, Maltase- und Isomaltase-Aktivität.
Anders als an der Ratte, aber im Einklang mit einer Kurzmitteilung über die Wirkung von BAY m 1099 und BAY o 1248 am Schweinedarm (Bishoff et al., 1985) war die Hemmung der Isomaltase-Aktivität dabei ebenso deutlich wie die Hemmung der Maltase-Aktivität.

Als ein identischer Befund bei Ratte und Mensch wurde die Trehalase-Aktivität durch keinen der beiden α-Glukosidase-Inhibitoren signifikant beeinflußt.
Ohne erkennbare Speziesunterschiede war auch die inhibitorische Wirkung von BAY m 1099 (Miglitol) nicht auf die Aktivität intestinaler α-Glukosidasen beschränkt, sondern betraf bei der Ratte und beim Menschen in höherer Konzentration (> 1 μg/ml) auch die Laktase-Aktivität.
Hingegen führten weder Miglitol noch BAY o 1248 (über einen weiten Konzentrationsbereich) zu einer Hemmung cytosolischer (Gly-Phe-Hydrolase) oder Bürstensaummembran-gebundener (Phe-Gly-Hydrolase; Gly-Leu-Hydrolase) Dipeptidasen-Aktivitäten (Abb. 17).

Nach einer ersten Mitteilung (Puls et al., 1984) hemmen weder Miglitol [BAY m 1099] noch BAY o 1248 die α-Amylase-Aktivität des Pankreas.
Die Untersuchung der Beeinflussung der α-Amylase-Aktivität an menschlichen Pankreassekret (Abb. 18) zeigt, daß Miglitol und in geringerem Ausmaß auch BAY o 1248 in erheblich ($>$ 1000 x) höherer Konzentration als bei der Hemmung der intestinalen Disaccharidasen die α-Amylase-Aktivität in geringem Ausmaß zu hemmen vermögen.

Aufgrund der Relation zur Wirkung am Dünndarm ist dieser Effekt jedoch unter realisierbaren therapeutischen Bedingungen vernachlässigbar. Die Hemmung der α-Amylase-Aktivität durch die Inhibitoren vom Monosaccharidtyp ist darüber hinaus deutlich schwächer als die durch das Pseudotetrasaccharid Acarbose.

Kinetik

Enzymkinetische Untersuchungen der Saccharase-Aktivität (bei der Ratte; Lembcke et al., 1985a) sowie der Glukoamylase- (Abb. 15, 16) und Isomaltase-Aktivität beim Menschen weisen BAY m 1099 und BAY o 1248 als *kompetitive Inhibitoren* dieser α-Glukosidasen aus.
Auch durch Erhöhung der Substratkonzentration konnte der reversible Charakter der Hemmung für beide Inhibitoren darüber hinaus am Beispiel der Saccharase-Aktivität in vitro experimentell nachgewiesen werden (eigene, unveröffentlichte Befunde).

Inhibitor-Konstanten

Die Inhibitor-Konstanten (K_i) gegenüber der Saccharase-Aktivität an jejunalen Mukosa-Homogenaten bei der Ratte (Lembcke et al., 1985a), beim Schwein (Bishoff et al., 1985) und — für Glukoamylase — beim Menschen lassen übereinstimmend eine geringgradig stärkere Wirksamkeit von BAY o 1248 im Vergleich zu BAY m 1099 [Miglitol] erkennen und weisen untereinander große Übereinstimmung auf (Tabelle 19).

Tabelle 19. Inhibitor-Konstanten (K_i) der 1-Desoxynojirimycin-Derivate BAY m 1099 [Miglitol] und BAY o 1248 für α-Glukosidasen verschiedener Spezies

Autor	Miglitol	BAY o 1248	Bedingungen
Lembcke et al., 1985a	1,1 x 10^{-7} M	6,9 x 10^{-8} M	Saccharase; Ratte
Bischoff et al., 1985	1,4 x 10^{-7} M	3,9 x 10^{-8} M	Saccharase, Schwein
diese Arbeit	1,7 x 10^{-7} M	9,2 x 10^{-8} M	Glucoamylase, Mensch

Die Isomaltase-Aktivität wurde demgegenüber beim Menschen durch Miglitol stärker gehemmt als durch BAY o 1248.

Beide Inhibitoren sind damit noch stärkere α-Glukosidase-Inhibitoren als Acarbose, deren K_i gegenüber der Saccharase-Aktivität in Homogenaten der Jejunalmukosa beim Menschen mit 1,3 x 10^{-6} M (Caspary u. Graf, 1979) bzw. am isolierten Saccharase-Enzymkomplex aus dem Dünndarm des Schweines mit 2,6 x 10^{-7} M (Schmidt et al., 1977) angegeben wurde.

Wirkungsweise und Wirksamkeit der α-Glukosidase-Inhibitoren werden unter klinischen bzw. praktischen Anwendungsbedingungen jedoch nicht allein durch das Spektrum der Disaccharidasen-Inhibition und die jeweilige inhibitorische Potenz dieser Substanzen bestimmt.

- Weitere, wesentliche Determinanten sind :

1. die *hydrolytische Aktivität der Disaccharidasen*, wobei
   a) erhebliche *intra*individuelle Unterschiede zwischen den verschiedenen Enzymaktivitäten (Normalwerte s. Tabelle 3) und
   b) erhebliche *inter*individuelle Unterschiede zwischen den Enzymaktivitäten mit gleicher Substratspezifität bestehen (Streubereiche s. Tabelle 3)

   sowie
2. die *Art und Zusammensetzung der zugeführten Kohlenhydrate.*

Vor dem Hintergrund dieser Überlegungen lassen das Wirkungsspektrum und die hohe Affinität gegenüber jenen α-Glukosidasen der Bürstensaummembran, die für die enterozytäre Digestion der aus der luminalen Verdauung von Stärke resultierenden Oligosaccharide verantwortlich sind (Abb. 6) erwarten, daß Miglitol und BAY o 1248 sowohl die Assimilation von Saccharose als auch die intestinale Digestion und Resorption nach oraler Stärkebelastung verzögern bzw. hemmen können (s. 'Klinische Studien').

Hemmung der sauren (lysosomalen) α-Glukosidase

In vitro, an Skelettmuskel-Homogenaten vom Menschen, verursachten sowohl BAY m 1099 und BAY o 1248 als auch Acarbose eine dosisabhängige, kompetitive Hemmung der Aktivität der sauren, lysosomalen α-Glukosidase (Maltase) (Abb. 20).
Wesentliche Affinitätsunterschiede gegenüber den intestinalen α-Glukosidasen mit pH-Optimum im neutralen Bereich (pH 6) lassen die K_i-Werte dabei nicht erkennen.

Acarbose führt nach Befunden von Padilla et al. (1981) an menschlichem Placentagewebe in vitro zu einer bevorzugten Hemmung der lysosomalen α-Glukosidase (Bestimmung mit 4-Methylumbelliferyl-α-D-pyranosid) bei pH 4,0 , während mikrosomal gebundene α-Glukosidase (pH-Optimum 6,5) kaum gehemmt wurde.
In dieser Untersuchung lag die K_i von Acarbose gegenüber der sauren (lysosomalen) α-Glukosidase bei 5×10^{-5} M, der K_m-Wert des Enzyms unter Kontrollbedingungen betrug $1{,}1 \times 10^{-3}$ M.

Da ein Fehlen der sauren, lysosomalen α-Glukosidase beim Menschen als kausaler, pathogenetischer Defekt für das Krankheitsbild der Glykogenose Typ II (M. POMPE) verantwortlich ist (Hers, 1963; Engel et al., 1973; Galjaard, 1980; Walvoort, 1983), bedingen die o. g. in vitro-Befunde eine eingehende, experimentelle Prüfung der Möglichkeit einer pathologischen (lysosomalen) Glykogenspeicherung unter Verabreichung resorbierbarer α-Glukosidase-Inhibitoren.

Im Rahmen dieser Untersuchung wurden derartige Wirkungen nach Gabe supratherapeutischer ('pharmakologischer') Dosierungen an der Ratte in vivo untersucht.

α-Amylase-Inhibitoren

Die Hemmung der *α*-Amylase-Aktivität des Pankreassekretes entspricht dem primären gedanklichen Ansatz zur Realisation des Prinzips der Resorptionsverzögerung von Kohlenhydraten.
Vor dem Hintergrund, daß Kohlenhydrate vorwiegend als Stärke konsumiert werden (s. S. 21) und es – anders als bei den α-Glukosidase-Inhibitoren – der Inhibition nur eines einzelnen Enzymes bedarf, stellen α-Amylase-Inhibitoren prinzipiell eine rationale Möglichkeit zur Hemmung digestiv-resorptiver Funktionen dar.

BAY e 4609

Der *α*-Amylase-Inhibitor BAY e 4609 führte nach Stärkebelastung zu einer dosisabhängigen Senkung postprandialer Blutglukose-Anstiege (Puls und Keup, 1975a); der Effekt war unter einer konventionellen Kost, d.h. in Gegenwart von Oligo- und Disacchariden, nicht mehr nachweisbar (Gries et al., 1980), so daß der therapeutische Wert des Inhibitors zurückhaltend beurteilt wird (Fölsch, 1983).

Phaseolamin

Vor dem Hintergrund paramedizinischer Vermarktung des aus der Bohnenart Phaseolus vulgaris isolierten *α*-Amylase-Inhibitors Phaseolamin (Marshall u. Lauda, 1975) als „Kalorienbremse" zur Gewichtsreduktion („Starch-blocker") (Anfang der 80er Jahre: über 100 verschiedene, ungereinigte Präparationen; geschätzter Umsatz in den USA 1 Million Tabl./die [Bo-Linn et al., 1982; Rosenberg, 1982]) ist mehrfach auf fehlende „Wirksamkeit" von *α*-Amylase-Inhibitoren hingewiesen worden (Bo-Linn et al., 1982; Garrow et al., 1983; Carlson et al., 1983; Hollenbeck et al., 1983).

Möglichkeiten der Resorptionsverzögerung durch *α*-Amylase-Inhibitoren als Therapieprinzip beim Diabetes mellitus sind dagegen nicht Gegenstand argumentativer Kritik gewesen (Rosenberg, 1982).

In neueren Untersuchungen konnte gezeigt werden, daß eine starke, dosisabhängige Hemmung der *α*-Amylase-Aktivität mit einer gereinigten Präparation dieses Inhibitors (Phaseolamin) möglich ist (Layer et al., 1985; 1986b) und bei Probanden sowie Patienten mit Typ II-Diabetes eine wirksame Reduktion postprandialer Blutglukose-, Insulin-und GIP-Anstiege nach Stärkeingestion bewirkt (Layer et al., 1986a).

Trestatin

Trestatin (A+B+C) [Ro 9-0154] ist ein Gemisch mikrobieller Pseudo-Oligosaccharide mit partiell Acarbose-ähnlicher Struktur, das eine praktisch irreversible Hemmung der Pankreasamylase bewirkt.
Im Tierexperiment und in der klinischen Prüfung an Probanden bzw. Typ II-Diabetikern führte Trestatin zu einer signifikanten Hemmung der Kohlenhydrat-Assimilation nach Stärke-Belastung bzw. einem Testmahl, nicht aber nach Saccharose-Belastung (Pirson u. Buchschacher, 1981; Eichler et al., 1984).
Dieser Befund wird durch eine fehlende Beeinflussung der Saccharase-Aktivität erklärt (Abb. 8).

Der α-Amylase-Inhibitor Trestatin (A+B+C) besitzt aber – im Gegensatz zum α-Amylase-Inhibitor Tendamistat – beim Menschen in vitro eine deutliche, dosisabhängige, intestinale Wirkungskomponente (Hemmung der Glukoamylase-Aktivität), die sich nach Stärkeingestion synergistisch zu einer Hemmung der α-Amylase auswirken kann.
Die Beeinflussung der Glukoamylase-Aktivität entsprach dabei nicht dem Mechanismus einer kompetitiven oder nicht kompetitiven Inhibitorwirkung.

Tendamistat

Das verdauungsstabile mikrobielle Polypeptid Tendamistat hatte, abgesehen von einer minimalen Hemmung der Saccharaseaktivität, keinen Einfluß auf die Disaccharidasen-Aktivitäten.
Die Substanz inaktiviert *a*-Amylase durch Komplexbildung (Vertésy et al., 1984). In vitro hemmte Tendamistat dosisabhängig die Aktivität der *a*-Amylase aus Schweinepankreas sowie im Pankreassekret des Menschen.

Generell besteht ein wesentlicher *Nachteil aller a-Amylase-Inhibitoren* in dem Erfordernis, eine der Nahrungs-stimulierten *a*-Amylase-Sekretion des Pankreas synchrone Bioverfügbarkeit zu gewährleisten.
Dies läßt sich praktisch nur über eine verteilte, unpraktikabel erscheinende Einnahme des Inhibitors während der Mahlzeit (Meyer et al., 1983a) bzw. Inkorporation in die Nahrung erreichen.

In vivo-Untersuchungen an der Ratte

Lysosomale Veränderungen unter Acarbose

Die wirksame Hemmung der (muskulären) sauren Maltase-Aktivität durch die resorbierbaren *a*-Glukosidase-Inhibitoren BAY m 1099 und BAY o 1248 erfährt eine besondere Bedeutung vor dem Hintergrund morphologischer Untersuchungen von Lüllmann-Rauch (1981, 1982), die nach intraperitonealer (i.p.) Injektion von Acarbose bei Ratten morphologische Alterationen der Lysosomen nachgewiesen hat, die dem Bild einer Glykogenose Typ II entsprechen.

In dieser methodisch besonders sorgfältigen Untersuchung konnte demonstriert werden, daß Acarbose bereits nach einer singulären intraperitonealen Injektion (400mg/kg KG) zu einer lysosomalen Glykogenspeicherung führt, die 5 Tage nach der Verabreichung des *a*-Glukosidase-Inhibitors noch stärker ausgeprägt ist als nach 24 Stunden.
Unter mehrwöchiger Acarbose-Injektion (100-400mg/kg KG i.p.) wurde eine dem Bild der Glykogenose Typ II entsprechende lysosomale Glykogenspeicherung in zahlreichen Geweben (Leber, Niere, Nebenniere, Milz, glatte Muskulatur) nachgewiesen; hierbei waren jedoch erhebliche quantitative Unterschiede festzustellen; die stärksten Veränderungen wiesen die hepatocellulären Lysosomen auf (R. Lüllmann-Rauch, 1981, 1982).

Die Autorin weist dabei auf unterschiedliche Mechanismen der Glykogenspeicherung als plausible Erklärung für die unterschiedliche Ausprägung der lysosomalen Glykogenablagerung in den verschiedenen Geweben unter i.p. Acarbose-Verabreichung wie auch für die zum klinischen Bild des M. POMPE diskrepante Verteilung, bei dem muskuläre und cardiale Symptome im Vordergrund stehen (Walvoort, 1983), hin.
Der genetisch determinierte *a*-Glukosidase-Mangel betrifft alle Zellen des Organismus, d.h. es kann in jedem Organ zur Glykogenspeicherung kommen. Das Ausmaß dieser Veränderungen wird dabei
a) von der Lebensdauer der Zelle und
b) dem Ausmaß des physiologischen Glykogentransfers in die Lysosomen bestimmt, d.h. dem Ausmaß in dem der Hydrolyse-Weg für den Glykogenabbau in dem jeweiligen Gewebe regulatorische Bedeutung besitzt (Geddes u. Stratton, 1977).

Bei exogener Verursachung einer *a*-Glukosidase-Inhibition durch Acarbose hängt die lysosomale Glykogenspeicherung darüber hinaus und primär von dem Ausmaß ab, in dem das Pseudooligosaccharid die Lysosomen erreicht.
In Analogie zu Befunden über die Endocytose-vermittelte Aufnahme anderer Oligo- und Polysaccharide (Wattiaux et al., 1964; Lloyd, 1973; Silverstein et al., 1977) erfolgt die Aufnahme des systemisch verfügbaren Inhibitors in die Zelle wahrscheinlich über den Mechanismus der Endocytose; d.h. die „endocytotische Aktivität" einer Zelle stellt eine wesentliche Determinante für das Verteilungsmuster lysosomaler Glykogenspeicherung unter Acarbose dar (Lüllmann-Rauch, 1982).

Die morphologischen Befunde von Lüllmann-Rauch (1981) über die hepatische Glykogenspeicherung unter Acarbose werden ergänzt durch biochemische Untersuchungen von Geddes u. Taylor (1985), die zeigen, daß intraperitoneale Injektion von Acarbose in der Leber zu einer Glykogenzunahme bei gefasteten Ratten und zu einer Glykogenverminderung bei gefütterten Tieren führt.
Diese Untersucher konnten durch Saccharose-Dichtegradienten-Zentrifugation nachweisen, daß sich als Folge der lysosomalen *a*-Glukosidase-Hemmung die Glykogenmenge der Lysosomen sowie der relative Anteil großmolekularen Glykogens nach Acarbose-Injektion erhöhen, während es gleichzeitig zu einer Verminderung des Gesamt-Leberglykogens mit einem Abfall vorwiegend des großmolekularen Glykogens kommt. Geddes und Taylor schließen aus dieser Vertei-

lung auf eine komplexe regulatorische Funktion des lysosomalen Glykogenstoffwechsels für den zytosolischen Kohlenhydrat-Stoffwechsel.

Die Hemmung der lysosomalen 1,4-*a*-Glukosidase-Aktivität durch Acarbose wirkt sich dabei noch 5 Tage nach einer Einzeldosis von 400mg/kg (i.p.) als meßbare Erhöhung des großmolekularen lysosomalen Glykogens aus (Lüllmann-Rauch, 1981; Geddes u. Taylor, 1985).
Vor dem Hintergrund einer raschen renalen Elimination von Acarbose ($t_{1/2}$ der Serum-Konzentration=33 min. (k_1) bzw. 162 min. (k_2); Pütter et al., 1982) sprechen die Tatsache lysosomaler Veränderungen unter i.p.-Acarbose-Gabe per se sowie die nur langsam einsetzende Reversibilität für eine Konzentrierung des *a*-Glukosidase-Inhibitors in diesem subzellulären Kompartiment (Lüllmann-Rauch, 1981; Geddes u. Taylor, 1985). Veröffentlichte autoradiographische Befunde nach oraler Acarbose-Gabe bzw. pharmakokinetische Daten nach intravenöser Verabreichung der Substanz lassen allerdings eine Konzentrierung bei 'single-dose'-Untersuchungen nicht erkennen (Pütter et al., 1982).

In der vorliegenden Arbeit wurde gezeigt, daß auch mit Acarbose in hoher Dosierung (1000mg/kg KG) über 7 Tage *oral* behandelte Tiere elektronenmikroskopisch eine beträchtliche Größenzunahme der hepatocellulären Lysosomen sowie eine verstärkte Glykogenbeladung aufwiesen, d.h. der Inhibitor wurde in ausreichender Menge resorbiert, um intralysosomal wirksam zu werden.

Auf die extrem hohe Dosierung der *a*-Glukosidase-Inhibitoren in allen in vivo-Untersuchungen an der Ratte wurde bereits hingewiesen; dennoch beinhaltet dieser Befund, daß vor einer langfristigen therapeutischen Anwendung von Acarbose am Menschen lysosomale Veränderungen in langfristigen tierexperimentellen Studien mit *therapeutischen Dosierungen* des Pseudotetrasaccharids ausgeschlossen werden müssen. Langzeituntersuchungen des Herstellers haben bisher keine Befunde gezeigt, die eine Verursachung lysosomaler Glykogenspeicherung durch Acarbose unter diesen Bedingungen erkennen ließen (Schlüter, 1982).

Glykogenspeicherung in Leber und Skelettmuskel unter BAY m 1099 und BAY o 1248

Ausführlich wurde der Einfluß supratherapeutischer Dosierungen (10-1000 x ED_{50}) von BAY m 1099 und BAY o 1248 auf den Nüchtern-Glykogengehalt der Leber und des Skelettmuskels bei Wistar-Ratten geprüft.
Dabei wurden eine zeit- und dosisabhängige Zunahme der hepatischen Glykogenkonzentration sowie des Glykogengehaltes der Leber und eine Tendenz zu höheren Glykogenkonzentrationen im Skelettmuskel unter beiden *a*-Glukosidase-Inhibitoren festgestellt.
Besonders auffallend waren diese Veränderungen unter der höchsten Dosierung (500mg/kg Ratte) von BAY o 1248 nach 28-tägiger Verabreichung der Substanz.
Die Zunahme des Glykogengehaltes in der Leber läßt sich prinzipiell als Folge einer Hemmung sowohl intestinaler als auch lysosomaler *a*-Glukosidasen inter-

pretieren, d.h. durch eine prolongierte Phase der Glykogensynthese bzw. der physiologischen Speicherung (äquivalent einer verkürzten effektiven Nüchternperiode) oder durch eine (pathologische) Störung des (lysosomalen) Glykogenabbaus. Zur Differenzierung dieser Mechanismen wurden

a) der Einfluß des nach vorliegenden pharmakologischen Daten systemisch zu < 1% bioverfügbaren *a*-Glukosidase-Inhibitors Acarbose auf den Nüchtern-Glykogengehalt von Leber und Muskel untersucht,
b) die Wirkung von BAY m 1099, BAY o 1248 und Acarbose auf den Glykogengehalt der Leber bei gefütterten Tieren geprüft und
c) morphologische Untersuchungen zur subzellulären Lokalisation des Glykogens durchgeführt.

Gleichartige Wirkungen unter den resorbierbaren *a*-Glukosidase-Inhibitoren und bei den Acarbose-behandelten Ratten ließen die angestrebte Differenzierung hinsichtlich der Mechanismen, die eine Zunahme des Glykogengehaltes in Leber und Muskel unter BAY m 1099 bzw. BAY o 1248 bewirkten jedoch nicht zu.

Ähnlich den resorbierbaren α-Glukosidase-Inhibitoren führte Acarbose in einer Dosierung von 1 000 mg/kg Ratte zu einer signifikanten Zunahme der Nüchtern-Glykogenkonzentration in der Leber und im M. soleus (Abb. 43). Bei gefütterten Tieren war der Glykogengehalt der Leber demgegenüber unter BAY m 1099, BAY o 1248 und unter Acarbose geringer als bei den Kontrolltieren.

Gleichartig der Wirkung bei den nüchtern untersuchten Ratten wurden dabei die deutlichsten Veränderungen unter BAY o 1248 beobachtet, die relativ schwächsten unter Acarbose.

Im Einklang mit diesen Ergebnissen stehen Daten aus den Untersuchungen von Geddes u. Taylor (1985) sowie Björntorp et al. (1983), die eine Verminderung des hepatischen Glykogens bei gefütterten Ratten nach singulärer i.p.-Acarbose-Injektion bzw. Fütterung von Acarbose über 4 und 8 Tage aufzeigen.

Unter den Bedingungen einer akuten Saccharose-Belastung (± Acarbose) bei gefasteten Ratten führt die *a*-Glukosidase-Inhibition zu einer Verminderung des Leberglykogens 60 min. nach Versuchsbeginn, hingegen zu einer Glykogenzunahme nach 2-4 Std. (Puls et al., 1981).

Deutlichere Hinweise auf die der hepatischen Glykogen-Zunahme zugrundeliegenden Veränderungen vermochte die *morphologische Untersuchung* zu geben; dabei wurden auch bedeutsame Unterschiede zwischen den beiden resorbierbaren *a*-Glukosidase-Inhibitoren festgestellt.

Bei den nüchtern untersuchten Tieren verursachten weder BAY o 1248 noch BAY m 1099 eine morphologisch erkennbare Zunahme des *zytoplasmatischen* Glykogens (*a*-Partikel).

BAY o 1248 führte in der Dosierung von 500 mg/kg KG zu einer z.T. eindrucksvollen Zunahme der Lysosomengröße und -zahl (nicht weiter quantitativ untersucht) sowie der für Glykogen charakteristischen (Lüllmann-Rauch, 1981, 1982) granulären, elektronendichten intralysosomalen Strukturen.

Unter 500mg BAY o 1248/kg KG ließ sich die Glykogenspeicherung lichtmikroskopisch (PAS-Färbung) in Form globulärer, dichtgelagerter, grobtropfiger, im Cytosol gelegener Kompartimente darstellen; elektronenoptisch beherrschten die vergrößerten, dichteren Lysosomen unter diesen Bedingungen z.T. das Zellbild.

Derartige Befunde wurden weder bei nüchtern untersuchten noch bei gefütterten Kontrolltieren erhoben. Bei diesen war die Zahl der in den Hepatocyten nachweisbaren Lysosomen gering, ihre Matrix nur mäßig elektronendicht, evtl. mit randständig elektronendichteren Komplexen, aber ohne Glykogenpartikel.

Die hier erhobenen morphologischen Daten sind daher als starker Hinweis auf eine pathologische Form der Glykogenspeicherung im Sinne einer mäßig ausgeprägten Glykogenose Typ II (sog. Erwachsenen-Form; Engel et al., 1973; Walvoort, 1983) unter oraler Verabreichung des resorbierbaren α-Glukosidase-Inhibitors BAY o 1248 zu werten.
Beginnende lysosomale Veränderungen (Größenzunahme) wurden bereits bei einer Dosierung von 5mg BAY o 1248 / kg KG (10 x ED_{50}) festgestellt.

Demgegenüber waren morphologische, lysosomale Veränderungen unter BAY m 1099 weitaus weniger eindeutig.
Miglitol führte weder lichtmikroskopisch (PAS-Färbung) zu einer Glykogenspeicherung in Form umschriebener, globulärer Strukturen, noch zu einer elektronenoptisch erkennbaren Dominanz flächigen Glykogens in den Lysosomen, eine geringe Vermehrung der lysosomalen Glykogenbeladung war jedoch festzustellen. Als ein inkonstant und nicht dosisabhängig nachweisbarer Befund wurde eine Größenzunahme der Lysosomen beobachtet.
Ob diesen Größenveränderungen, die auch unter 5mg BAY m 1099/kg KG festgestellt wurden, eine Bedeutung für die therapeutische Anwendung der Substanz zukommt, ist ungeklärt und anhand der vorliegenden tierexperimentellen Daten nicht abzuschätzen.
Neben Unterschieden der Lipophilie (BAY o 1248 > BAY m 1099), die die Permeation durch die lysosomale Doppelmembran beeinflusen dürfte, sind die beobachteten Differenzen möglicherweise auch Folgen unterschiedlicher Pharmakokinetik, wobei BAY o 1248 aufgrund hepato-biliärer Ausscheidung in Form seines annähernd gleich aktiven (persönliche Mitteilung, Dr. Bischoff, Bayer AG) Metaboliten BAY o 1250 (Rämsch et al., 1985) eine Konzentrations-Anreicherung und Wirkungsprolongierung in der Leber erfahren könnte.

Dies vermag auch, neben einer unterschiedlichen endozytotischen Aufnahme der Inhibitoren im Muskel- bzw. Lebergewebe (s.o.) den im Verhältnis zur Leber relativ geringen Effekt der resorbierbaren α-Glukosidase-Inhibitoren auf die Glykogenkonzentration des Skelettmuskels zu erklären.

Besitzen resorbierbare α-Glukosidase-Inhibitoren Vorteile gegenüber Acarbose?

In vitro-Untersuchungen zur Wirkungsweise der resorbierbaren α-Glukosidase-Inhibitoren sowie ihre in Studien an Probanden nachweisbare Wirkung auf den Anstieg der Blutglukose-, Insulin- und GIP-Konzentration nach Kohlenhydrat-

Ingestion entsprechen — von Details (Wirkung auf die *a*-Amylase oder Isomaltase), pharmakokinetischen Differenzen und quantitativen Aspekten abgesehen — prinzipiell dem Wirkungsprofil von Acarbose.

Vor- bzw. Nachteile der Substanzen könnten jedoch aus Unterschieden hinsichtlich des Potentials an Nebenwirkungen resultieren.

Tierexperimentelle Untersuchungen (Puls et al., 1984) haben keine Zunahme des Kohlenhydratgehaltes im Colon unter der Verabreichung resorbierbarer α-Glukosidase-Inhibitoren (BAY m 1099, BAY o 1248) ergeben, was als Indiz fehlender Kohlenhydrat-Malabsorption angesehen wurde.

Für das Ziel einer Resorptionsverzögerung ohne Kohlenhydrat-Malabsorption (Abb. 80) wäre dies eine Eigenschaft der Desoxynojirimycin-Derivate, die als Vorteil gegenüber dem Pseudotetrasaccharid Acarbose erscheint, das, nur unwesentlich resorbiert, seine Wirkung entlang des gesamten Dünndarms entfalten kann.
Die in dieser Arbeit vorgestellten Befunde am Menschen (H_2-Exhalation, subjektive Beschwerden) widerlegen jedoch die Auffassung fehlender Kohlenhydrat-Malabsorption unter therapeutisch angestrebten Dosierungen der resorbierbaren *a*-Glukosidase-Inhibitoren.

Die Verteilung der Kohlenhydrate im Darmkanal unter sehr hohen Dosierungen der resorbierbaren α-Glukosidase-Inhibitoren und unter Acarbose bei gefütterten und nüchtern untersuchten Ratten sowie die trophischen Veränderungen des Coekums unter diesen Bedingungen (Tabelle 7) lassen Zusammenhänge erkennen, die zum besseren Verständnis dieser widersprüchlich wirkenden Befunde beitragen können.

Auch unter der sehr hohen Dosierung von 500mg/kg KG BAY m 1099 bzw. BAY o 1248 wurde in Übereinstimmung mit den Angaben von Puls et al. (1984) kein signifikanter Anstieg des Kohlenhydrat-Gehaltes im Coekum festgestellt. Demgegenüber war der Kohlenhydrat-Gehalt in allen Abschnitten des Dünndarms bei den behandelten Tieren höher als bei den Kontrolltieren. Während dieser Befund das völlige Fehlen einer Kohlenhydrat-Malabsorption bereits als unwahrscheinlich erscheinen läßt, beweist die extreme Größenzunahme des Coekums unter diesen Bedingungen, daß deutliche Veränderungen des Coekalinhaltes durch die *a*-Glukosidase-Inhibitoren hervorgerufen worden sind.

Erhöhung des osmotischen Druckes im Coekum (Loeschke et al., 1973) sowie die luminale Anwesenheit unvollständig resorbierten oder verdauten Substrates (Fischer, 1957; Moinuddin u. Lee, 1959; Elsenhans et al., 1981) stellen bekannte Stimuli für eine trophisch-adaptative Größenzunahme des Coekums dar. Die durch den bakteriellen Abbau von Kohlenhydraten hervorgerufene Distension und osmotischen Veränderungen können dabei als wahrscheinliche "Triggerfaktoren" der Organvergrößerung angesehen werden, da der Effekt bei keimfreien Ratten nicht auftritt (Gustafsson et al., 1970).

Zusammenfassend lassen sich die genannten Befunde gut vereinbaren mit einer deutlichen Kohlenhydrat-Malabsorption unter 500mg /kg Ratte BAY m 1099 bzw. BAY o 1248, wobei bakterielle Stoffwechselprozesse zum vollständigen Abbau der Kohlenhydrate im Coekum geführt haben. Das Fehlen jeglicher Gewichtsabnahme im Vergleich zur Kontrolle bei den über 28 Tage derart behandelten Tieren wird vor diesem Hintergrund plausibel ('colonic caloric salvage'; Bond u. Levitt, 1976; Bond et al., 1980; Levitt, 1983).

Anders stellt sich die Kohlenhydrat-Verteilung unter *Acarbose*-Medikation dar. Im Vergleich zur Kontrolle führte Acarbose zu einem signifikanten Anstieg der luminalen Kohlenhydratmenge in allen untersuchten Darmabschnitten, im Coekum etwa um 800%.
Der hierunter nachweisbare trophische Effekt auf das Coekum war dagegen deutlich geringer als bei den resorbierbaren *α*-Glukosidase-Inhibitoren.

Nach einer 13stündigen Fastenperiode war die Größenzunahme des Coekums gleichartig nachweisbar und der Kohlenhydrat-Gehalt des Coekums lag nur geringfügig niedriger als bei den gefütterten Tieren (Tabelle 7).

Diese Befunde wären vereinbar mit der Hypothese, daß Acarbose zu einer deutlichen Malabsorption von Kohlenhydraten geführt hat, gleichzeitig aber eine Störung des bakteriellen Kohlenhydrat-Abbaus im Coekum bewirkt.
Tatsächlich besitzen viele Bakterien der Dickdarmflora *α*-Glukosidase-Aktivität (Drasar u. Hill, 1974).
Untersuchungen über die relative Bedeutung dieser Enzymaktivität für den Abbau *α*-glycosidisch verbundener Zucker und von Stärke unter Malabsorptionsbedingungen sind bisher nicht bekannt.
Damit würde Acarbose den Mechanismus des 'caloric salvage' partiell blockieren und bei gleicher Wirkung auf die Kohlenhydrat-Assimilation im Dünndarm eher zu osmotischen Durchfällen (Kalorienverlust) durch Akkumulation von Kohlenhydraten im Dickdarm führen als die resorbierbaren *α*-Glukosidase-Inhibitoren.
Miglitol verursachte während der 8-wöchigen Untersuchung an freiwilligen Probanden deutlich ausgeprägter Blähungsbeschwerden als Durchfälle (Abb. 72); generell weist das Beschwerdemuster unter Acarbose-Medikation (Tabelle 18) jedoch gleichfalls eine Betonung von Meteorismus und Flatulenz auf. Vergleichende Untersuchungen beim Menschen über die Äquivalenz der Wirkungen und das Profil gastrointestinaler Nebenwirkungen unter gleichen Dosierungen von Acarbose und Miglitol werden gegenwärtig durchgeführt.

Tierexperimentelle Befunde über das Verhalten von Körpergewicht und Futteraufnahme unter *α*-Glukosidase-Inhibition sind uneinheitlich.
Nach Untersuchungen von Puls (1980), Puls et al., (1982) sowie Fölsch und Creutzfeldt (1985) nehmen Ratten unter einer Medikation mit 20-80mg Acarbose / 100g Futter geringer an Gewicht zu als Kontrolltiere; dieser Effekt wurde partiell auf eine gering verminderte Futteraufnahme zurückgeführt.
Da bei Fütterung (Ratten) eines *α*-Amylase-Inhibitors (BAY e 4609) in einer Dosierung, die zu verminderter Gewichtszunahme und erheblicher Steigerung der Kotgewichte führt, d.h. unter den Bedingungen einer Kohlenhydrat-Malassimilation, sogar eine Steigerung der Futteraufnahme beobachtet wird (Fölsch et

al., 1981), könnte Acarbose aufgrund dieser Befunde ein anorektigener Effekt unterstellt werden.
Andere Untersucher (William-Olsson u. Sjöström, 1982) beobachteten jedoch eine verminderte Gewichtszunahme trotz höherer Futteraufnahme oder keinen Einfluß von Acarbose (20-50mg/100g Futter) auf das Körpergewicht und die Futteraufnahme (Lee, 1982; Lee et al., 1983; Björntorp et al., 1983).
Weder BAY m 1099 noch BAY o 1248 führten in der vorliegenden Untersuchung (bei wesentlich höheren Dosierungen) zu einer Veränderung des Gewichtsverlaufs gegenüber den unbehandelten Kontrolltieren (Abb. 24, 25).

Klinische Studien

Dosis-Wirkungsbeziehungen im Akutversuch

Dosis-Wirkungsbeziehungen sowie die Wirkungsdauer bei einmaliger Applikation von Miglitol bzw. BAY o 1248 wurden bei gesunden Probanden anhand wiederholter oraler Kohlenhydrat-Belastungstests (um 8^{00}, 12^{00} und 17^{00} Uhr) mit 50g Saccharose bzw. 50g Stärke geprüft.

Saccharose-Belastung

Während unter 25, 50 und 100mg Miglitol [BAY m 1099] eine deutliche Dosisabhängigkeit der Reduktion des postprandialen Blutglukose-, Insulin- und, weniger deutlich, auch des GIP-Anstieges nach der ersten Saccharose-Belastung bestand (Abb. 47-49), ließ die Gabe von 10, 20 und 40mg BAY o 1248 einen signifikanten Substanzeffekt erkennen, aufgrund der ausgeprägten Wirksamkeit bereits der 10mg-Dosis jedoch keine Dosisabhängigkeit (Abb. 51-53).

Hinsichtlich der Hemmung des postprandialen Blutglukoseanstieges (nicht der pp. AUC) nach der ersten Saccharose-Belastung wiesen 10 mg BAY o 1248 und 50 mg BAY m 1099 annähernd vergleichbare Wirksamkeit auf (Abb. 47 u. 51, Tabelle 8 u. 10); diese Äquivalenz bestätigt sich auch in einer Untersuchung von Cauderay et al. (1986).

Deutliche Unterschiede zwischen beiden Substanzen bestanden insbesondere auch bezüglich des *pharmakodynamischen Verhaltens*: während sich die inhibitorische Wirkung von Miglitol ausschließlich auf den Blutglukose-, Insulin- und GIP-Anstieg nach der ersten Saccharose-Belastung beschränkte, war BAY o 1248 noch nach der zweiten und partiell während der dritten Saccharose-Belastung wirksam.
Diese Befunde bestätigen Untersuchungen zur Pharmakodynamik von BAY m 1099 und BAY o 1248 an der Ratte, in denen eine Resorptionsverzögerung bereits nicht mehr nachweisbar war, wenn Miglitol eine Stunde vor der Kohlenhydrat-Belastung verabreicht wurde, während sich die Wirksamkeit einer Einzeldosis BAY o 1248 über 17 Std. erstreckte (Puls et al., 1984).

Die geschilderten Dosis-Wirkungs-Beziehungen und Unterschiede bezüglich der Wirkungsdauer werden in eindrucksvoller Weise auch vom Verhalten der H_2-Exhalation während des 12stündigen Untersuchungszeitraumes an den Testtagen reflektiert (Abb. 50, 54).
Dabei wird deutlich, daß nur die 25mg Dosis BAY m 1099 zu einer Resorptionsverzögerung (Abb. 50) ohne Malabsorption von Saccharose führt (fehlender Anstieg der H_2-Exhalation).
Dementsprechend traten unter dieser Dosierung auch keine Symptome der Kohlenhydrat-Malassimilation bei den Probanden auf (Tabelle 9).

Stärke-Belastung

Bei oraler Belastung mit 50g Stärke bestätigten sich die dosisabhängige Wirkung und kürzere Wirkungsdauer von BAY m 1099 (Abb. 55-57).
Die Wirkung von BAY o 1248 auf den postprandialen Blutglukose-, Insulin-und GIP-Anstieg war mit Stärke als Substrat im Unterschied zur Saccharose-Belastung dosisabhängig und konnte bei der dritten Testmahlzeit nicht mehr nachgewiesen werden (Abb. 59-61), d.h. die Wirkung war schwächer als bei der Saccharose-Belastung.
Hinsichtlich der Hemmung des pp. Blutglukoseanstieges nach der ersten Stärke-Belastung (Abb. 55 u. 59; Tab. 12 u. 14) wiesen 20mg BAY o 1248 und 50mg BAY m 1099 annähernd gleiche Wirksamkeit auf, d.h. Miglitol besitzt eine im Vergleich zu BAY o 1248 relativ stärkere inhibitorische Wirkung hinsichtlich der Stärkeassimilation, was bei der Verabreichung physiologischer Mahlzeiten vorteilhaft zu bewerten ist.

In einer Untersuchung von Taylor u. Mitarb. (1986) war demgegenüber BAY m 1099 (50mg) nach Gabe von Kartoffelstärke deutlich wirksamer als 20mg BAY o 1248; mit Maltose als Substrat war BAY o 1248 sogar unwirksam. Eine plausible Erklärung für diese vor dem Hintergrund des Wirkungsspektrums der Inhibitoren (Lembcke et al., 1985a;) unverständliche Beobachtung enthält die Veröffentlichung allerdings nicht.

BAY o 1248 verursachte bei vergleichbarer Resorptionsverzögerung (20mg BAY o 1248 und 50mg BAY m 1099 bzw. 40mg BAY o 1248 und 100mg BAY m 1099) und trotz längerer Wirkungsdauer eine geringere H_2-Exhalation und auch weniger Kohlenhydrat-Malabsorptions-Symptome als Miglitol.
Als eine methodisch bedingte Ursache für diese Differenz sind Unterschiede in der Zusammensetzung und metabolischen Aktivität der Kolonflora bei den Probandenkollektiven vorstellbar, die prinzipiell interindividuelle Vergleiche der H_2-Exhalation erschweren (Lembcke u. Caspary, 1983b).

Andererseits sind Resorptionsgeschwindigkeit (und Transportmechanismen) der Desoxynojirimycin-Derivate bisher nicht hinreichend geklärt.
Theoretisch wäre eine Erklärung für die uneinheitliche H_2-Exhalation bzw. intestinale Symptomatik auch über Unterschiede in der Resorptionsgeschwindigkeit beider Substanzen vorstellbar (rasche, vollständige Resorption von BAY o 1248

im oberen Jejunum, dadurch „Inhibitor-freier“ distaler Dünndarm und kompensierende Kohlenhydrat-Resorption) die insbesondere bei langsameren Passagezeiten der Ingesta (Stärke versus Saccharose) Bedeutung erlangen sollte.
Für diese Erwägung spricht, daß die maximalen Serum-Spiegel von BAY m 1099 beim Menschen nach 3,1 ± 0,4 Std., die von BAY o 1248 dagegen bereits nach 45 min. auftreten (Rämsch et al., 1985).
Die längere Wirkungsdauer von BAY o 1248 erklärt sich dabei nach pharmakologischen Untersuchungen des Herstellers durch die biliäre Ausscheidung eines ebenfalls als α-Glukosidase-Inhibitor aktiven Metaboliten von BAY o 1248, BAY o 1250.
Die experimentellen Befunde über die Vergrößerung des Coekums bei der Ratte nach Verabreichung von BAY m 1099 bzw. BAY o 1248 in extrem hoher Dosierung [Abb. 46] können in diesem Zusammenhang aufgrund der beträchtlichen Dosisunterschiede nicht als ein Gegenargument betrachtet werden.
Eine synoptische Betrachtung der Ergebnisse läßt in erster Linie zwei praktisch bedeutsame Befunde der Akutuntersuchungen am Menschen erkennen:

1. Unabhängig von der Art des Testmahls war eine deutliche, dosiabhängige Reduktion des pp. Blutglukose- und Insulin-Anstiegs durch BAY m 1099 nur nach der ersten Kohlenhydrat-Belastung nachweisbar; entsprechende Wirkungen nach der zweiten und dritten Saccharose-oder Stärke-Belastung waren uneinheitlich.
   Demgegenüber war unter BAY o 1248 eine ausgeprägte Wirkung auf die genannten Parameter nach der ersten Kohlenhydrat-Belastung sowie, geringer, auch nach der zweiten Testmahlzeit und ein angedeuteter Effekt auf das pp. Blutglukoseprofil am Abend erkennbar.
   Dieses Verhalten sowie die längere Phase verstärkter H_2-Exhalation unter BAY o 1248 sprechen für eine längere Wirkungsdauer einer Einmaldosis dieses α-Glukosidase-Inhibitors im Vergleich zu BAY m 1099.

2. Unabhängig von dem untersuchten α-Glukosidase-Inhibitor (BAY m 1099 oder BAY o 1248) waren eindrucksvolle Unterschiede der Malabsorptions-Symptomatik in Abhängigkeit von der Art der Kohlenhydrat-Belastung offenkundig. Sowohl die H_2-Exhalation als auch das Ausmaß der Symptome waren dabei nach Stärke-Belastung deutlich geringer als nach der Saccharose-Belastung.
   Die deutliche Wirksamkeit beider α-Glukosidase-Inhibitoren auf den Stärke-induzierten Blutglukose-Anstieg spricht gegen eine geringere Wirksamkeit der Substanzen bei Verabreichung von Stärke als Erklärung dieses Phänomens.
   Plausibel erscheint dagegen, daß die viskösere Stärkelösung zu einer Verzögerung der Passagezeit im oberen Gastrointestinaltrakt führt, damit den Volumen- und Substratübertritt in den Dickdarm verzögert (Jenkins et al., 1978a; Launiala, 1969) und somit die Gasentwicklung und Symptome mitigiert (Abb. 7).

Als ein weiterer, reproduzierbarer Befund ist zu erwähnen, daß – unabhängig von der Art des zugeführten Substrates – die AUC des Blutglukose-Profils nach der 3. Belastung (17^{00} Uhr) in allen 4 untersuchten Kollektiven signifikant größer war als die AUC nach der ersten Kohlenhydrat-Belastung am Morgen.

Dieses Verhalten wird in der Literatur vorwiegend auf postabsorptive Veränderungen, d. h. eine Tagesrhythmizität des Glukosestoffwechels, zurückgeführt (Mayer et al., 1976).

Wirkkonstanz – Toleranz

Die Hemmung des postprandialen Blutglukose-, Insulin- und GIP-Anstieges nach oraler Belastung mit Saccharose oder Stärke durch Miglitol [BAY m 1099] war während 8-wöchiger Einnahme des *a*-Glukosidase-Inhibitors in einer Dosierung von 3 x 100mg konstant.
Ein deutlicher Anstieg der H_2-Exhalation und das Auftreten intestinaler Beschwerden wie Blähungen und Flatulenz ließen dabei erkennen, daß diese Dosierung zu einer Kohlenhydrat-Malabsorption nach der Saccharose- bzw. Stärke-Belastung führte.
Dabei waren die subjektiv quantifizierten Symptome nach Verabreichung der Stärke intraindividuell erneut und an allen Untersuchungstagen deutlich geringer als nach Saccharose-Gabe (Abb. 72).

Bei beiden Substraten wurde darüber hinaus ein zeitabhängiges Abklingen der Malabsorptionsbeschwerden festgestellt, das weder auf eine Abnahme der Substanzwirkung (Wirkort: proximaler Dünndarm) noch auf eine Abnahme der Kohlenhydrat-Malabsorption (durch adaptative Veränderungen im distalen Dünndarm) zurückgeführt werden konnte.
Als eine plausible Erklärung, auch gestützt auf die rasche Abnahme einzelner Symptome bereits am ersten Tag der Behandlungsperiode (also unter den Bedingungen einer wiederholten Akutuntersuchung), erscheint daher eine psychische „Desensibilisierung“ im Sinne einer Toleranz der Kohlenhydrat-Malabsorption durch Gewöhnung.
Bei gesunden Personen besteht ein Zustand der Toleranz auch hinsichtlich der sog. physiologischen Malabsorption von Kohlenhydraten (vgl. S. 25 ff.).

Florent et al. (1986) haben gezeigt, daß unter den Bedingungen des prolongierten Kohlenhydrat-Einstroms (Verabreichung von täglich 20g des nicht-resorbierbaren Disaccharids Laktulose über einen Zeitraum von 8 Tagen) in den Dickdarm innerhalb weniger Tage metabolische Anpassungsvorgänge der Bakterienflora auftreten, die zu einem schnelleren Abbau der Kohlenhydrate führen, wobei jedoch weniger Wasserstoff in der Atemluft erscheint. Möglicherweise trägt ein Absinken des pH-Wertes im Dickdarm zu diesen Stoffwechselveränderungen bei (Perman et al., 1981). Diese Befunde, übertragen auf die Saccharose- bzw. Stärke-Malabsorption unter Miglitol, würden bei konstantem Ausmaß der Kohlenhydrat-Malabsorption eine zeitabhängige Verminderung der H_2-Exhalation implizieren.
Die Messung der H_2-Exhalation unter Einnahme von Miglitol läßt jedoch weder nach der Saccharose- noch nach der Stärke-Belastung eine zeitabhängige Abnahme der Wasserstoff-Entwicklung erkennen, d.h. es bestehen keine Hinweise für eine Abschwächung des Ausmaßes der Kohlenhydrat-Malabsorption unter der 8 wöchigen *a*-Glukosidase-Inhibition durch Miglitol.

Grenzen der medikamentösen Resorptionsverzögerung

Grenzen der medikamentösen Resorptionsverzögerung ergeben sich aus den unerwünschten Wirkungen der untersuchten Substanzen.

Wirkprinzip-unabhängige Nebenwirkungen

Objektivierbare Nebenwirkungen, die auf die Wirksubstanz zurückgeführt werden müssen, aber unabhängig vom untersuchten Wirkprinzip sind, wurden in den Untersuchungen der vorliegenden Arbeit nicht festgestellt und sind bisher auch nicht bekannt geworden.
Derartige (toxische oder allergische) Nebenwirkungen stellen Risiken dar, die vor dem Hintergrund des erreichbaren therapeutischen Gewinns und dem bereits prinzipiell hohen Standard der therapeutisch verfügbaren Maßnahmen im allgemeinen nicht vertretbar sind.
Die klinische Prüfung von Tendamistat wurde aufgrund derartiger immunologischer Unverträglichkeitserscheinungen bei einigen der Mitarbeiter des Herstellers, die Umgang mit der Substanz hatten, eingestellt (s. S. 18).

Hypoglykämie

Hypoglykämien als bedeutsame Komplikationen der Sulfonyl-Harnstoff- und der Insulin-Therapie beim Diabetes mellitus stellen keine nennenswerte Nebenwirkung von *a*-Glukosidase-Inhibitoren dar.
Im Tierexperiment wurde weder unter Acarbose (Puls, 1984; Lee, 1982; Lee et al., 1983) noch unter BAY m 1099 und BAY o 1248 (Tabelle 4) eine Reduktion der Nüchtern-Blutglukose-Konzentration festgestellt.
Eine Senkung der Blutglukose-Konzentration unter Werte im Nüchternzustand ist aufgrund des Wirkprinzips der Resorptionsverzögerung sowie einer beim Diabetiker gesteigerten endogenen Glukoseproduktion (Firth et al., 1986) nicht zu erwarten.

In Kombination mit Sulphonyl-Harnstoff-Präparaten oder Insulin kann es dagegen bei einer dem Ziel der Normoglykämie angenäherten Stoffwechseleinstellung zur Unterzuckerung kommen (Sachse u. Willms, 1979; Edmonds et al., 1981; Williams et al., 1985). Diese ist dann als unmittelbare Folge der Stoffwechseleinstellung und nicht des Prinzips der Resorptionsverzögerung zu betrachten.

Für die Behandlung der hypoglykämischen Akutsituation ist unter einer Medikation mit *a*-Glukosidase-Inhibitoren zu beachten, daß die orale Verabreichung von *Saccharose* (Rohrzucker) *wirkungslos* bleiben muß und den Patienten dadurch gefährdet.
Da weder Acarbose (Puls, 1980) noch die Desoxynojirimycin-Derivate BAY m 1099 [Miglitol] und BAY o 1248 (Lembcke et al., 1985a) die intestinale Glukose-Resorption hemmen, ist in solchen Fällen die orale (oder intravenöse) *Gabe von D-Glukose (Traubenzucker)* geboten.

Wirkprinzip-abhängige intestinale Nebenwirkungen

Intestinale Nebenwirkungen von α-Glukosidase- und α-Amylase-Inhibitoren sind eine individuell unterschiedliche, dosisabhängige Folge des Wirkprinzips und darüber hinaus abhängig von der Ernährung. Auf diese Zusammenhänge, die wiederum erkennen lassen, daß die Anwendung von α-Glukosidase-Inhibitoren nur eine Ergänzung und keinen Ersatz diätetischer Behandlungsprinzipien darstellen können, sowie das Fehlen einer Abnahme der (geringen) subjektiven Malassimilations-Symptome unter häuslichen Ernährungsbedingungen bei gesunden Probanden ist anhand der vorgestellten Befunde bereits hingewiesen worden.
Nach Saccharose-Belastung traten im Akutversuch mit BAY m 1099 bzw. BAY o 1248 – von zwei Ausnahmen abgesehen – nur dann Symptome der Kohlenhydrat-Malabsorption auf, wenn der Substratübertritt in den Dickdarm bei den Probanden zu einem Anstieg der endexspiratorischen H_2-Konzentration um > 100 ppm führte (Abb. 79).

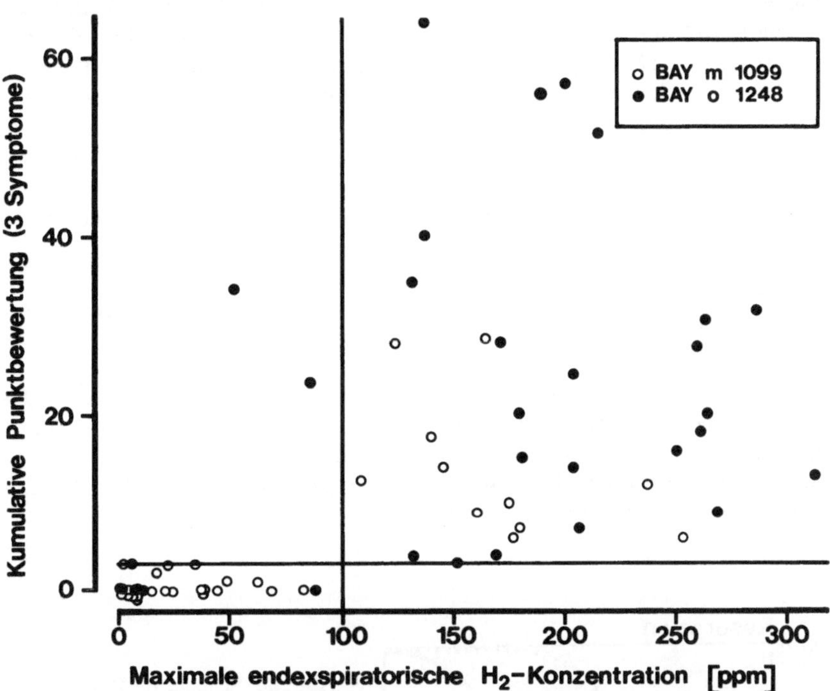

Abb. 79. Korrelation der intestinalen Beschwerdesymptomatik (Ordinate) mit der maximalen endexspiratorischen H_2-Konzentration (Abszisse) unter den Bedingungen der Saccharose-Belastung (Akutuntersuchung).
Entsprechend den 4 Testtagen (Plazebo-25-50-100mg BAY m 1099 bzw. Plazebo-10-20-40mg BAY o 1248) wird jeder Proband durch 4 Punkte repräsentiert. Eine kumulative Punktsumme von 3 wurde als oberer physiologischer Grenzwert angesehen.

Nach oraler Stärke-Belastung bestätigte sich diese Abhängigkeit hingegen nur als Trend; im Einzelfall wurden auch bei geringerer maximaler H_2-Konzentration Beschwerden angegeben, so daß 100 ppm nicht als allgemeiner, objektiver Grenz-

wert für die Differenzierung einer symptomatischen von einer asymptomatischen Kohlenhydrat-Malabsorption gelten kann.
Für die klinische Malassimilationsdiagnostik ergibt sich aus diesen Befunden dennoch die Konsequenz, daß ein Anstieg der endexspiratorischen H_2-Konzentration im Rahmen von Laktose- oder Saccharose-Toleranztests um > 20 ppm (Metz et al., 1975, 1976a) zwar Indikator eines Substrat-Übertritts in das Kolon sein kann, die kausale Wertigkeit des Befundes als Erklärung von Symptomen der Kohlenhydrat-Intoleranz dagegen relativiert werden muß.

Ein pathophysiologisch interessanter Aspekt für das Verständnis gasbedingter gastrointestinaler Beschwerdekomplexe ergibt sich aus der H_2-Exhalation und dem Symptom-Muster unter den experimentellen Bedingungen erheblicher Kohlenhydrat-Malabsorption durch BAY o 1248 (Abb. 54; Tabelle 11).
Die Betrachtung der H_2-Exhalation läßt dabei eine „Obergrenze" der mittleren endexspiratorischen H_2-Konzentrationen erkennen, die unter steigender Dosierung von BAY o 1248 nicht überschritten wird. Dieser Eindruck könnte dadurch entstehen, daß die Malabsorption von Kohlenhydraten nicht dosisabhängig zugenommen hat. Da steigende Inhibitor-Dosierungen zu einer — unter Bezug auf den Symptom-Score — sprunghaften Zunahme des Symptoms Flatulenz (20mg BAY o 1248) bzw. Durchfall (40mg BAY o 1248) ohne begleitende Zunahme des Symptoms Meteorismus führten (Tabelle 11), erscheint jedoch eine Symptomverlagerung plausibler.
Flatulenz und Diarrhoen begrenzen somit eine dosisabhängige Zunahme der H_2-Exhalation.

Unter Praxisbedingungen führten Malabsorptionsbeschwerden in ca 5% der Fälle zum Abbruch einer Acarbose-Behandlung (Aubell et al., 1983).

Diese Symptome der Kohlenhydrat-Malabsorption sind nicht nur wegen des subjektiven Beschwerdebildes unerwünscht, sondern können auch die kalorische Äquivalenz der verordneten Broteinheiten (BE) beeinträchtigen.
Therapieprinzip muß es daher sein, die *Resorptionsrate*, nicht aber die *Effizienz* der Resorption zu beeinflussen (Abb. 80).

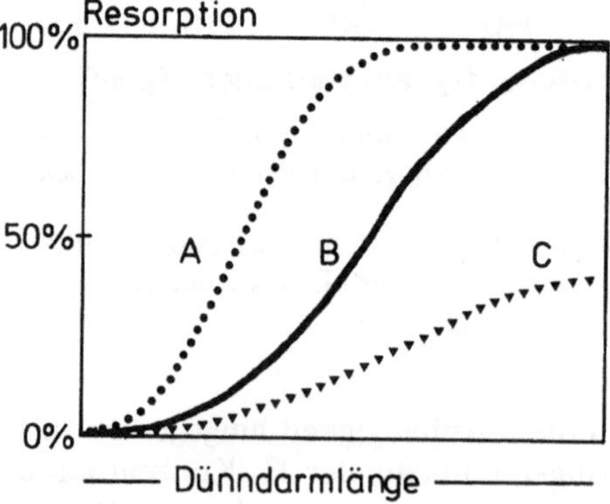

Abb. 80. Schema zur Resorptionsverzögerung (B) als Therapieprinzip.
(A): physiologische Resorption und physiologische Kohlenhydrat-Malassimilation.
(B): Resorptionsverzögerung („Lente-Kohlenhydrate" [Jenkins]) ohne Zunahme der 'physiologischen' Kohlenhydrat-Malassimilation (Beeinflussung der Resorptionsrate, nicht der Effizienz).
(C): Kohlenhydrat-Malassimilation (Beeinflussung der Effizienz der Resorption)

Um diese therapeutische Breite der medikamentösen Resorptionsverzögerung als Ergänzung einer Diät individuell wirkungsvoll zu nutzen, bieten sich Messungen der H_2-Exhalation an.

Wirkprinzip-abhängige extraintestinale Nebenwirkungen

Ein Potential unerwünschter systemischer Wirkungen ist bei systemischer Verfügbarkeit eines Pharmakons generell gegeben.
Ob die mit extrem hohen Dosierungen von BAY m 1099 und Acarbose nachweisbaren Veränderungen lysosomaler Glykogenspeicherung toxikologische Relevanz für die bestimmungsgemäße, therapeutische Anwendung dieser Substanzen erlangen können, erscheint aufgrund der großen Dosisunterschiede zweifelhaft, bedarf jedoch der experimentellen Überprüfung.

Hinsichtlich der resorbierbaren α-Glukosidase-Inhibitoren hatten die bisher durchgeführten toxikologischen Untersuchungen des Herstellers keine Hinweise auf eine systemische Toxizität der Prüfsubstanzen BAY m 1099 [Miglitol] und BAY o 1248 ergeben (Information durch Prüfprotokolle 1983, 1984).

Indikationen für eine medikamentöse Resorptionsverzögerung

Medizinische Indikationen für das Prinzip der Resorptionsverzögerung als therapeutisch sinnvolle bzw. notwendige Maßnahme lassen sich nur unter Berücksichtigung klinischer Studien an den verschiedenen Zielgruppen (Patienten mit Diabetes mellitus, Dumping-Spätsyndrom oder Hyperlipoproteinämien) und nicht auf der Basis der hier vorgestellten Untersuchungen zur Wirkungsweise und Wirksamkeit der verschiedenen Substanzen eingrenzen.

Die in dieser Arbeit vorgelegten Untersuchungen lassen aber sowohl BAY m 1099 [Miglitol] als auch BAY o 1248 aufgrund ihrer inhibitorischen Wirkung auf die α-Glukosidasen der Dünndarmschleimhaut beim Menschen und die dadurch bedingte Verzögerung des Blutglukose- und Insulin-Anstiegs nach Saccharose- und Stärke-Belastungen für eine pharmakologische Resorptionsverzögerung im Rahmen der Therapie Kohlenhydrat-abhängiger Erkrankungen geeignet erscheinen.

Tierexperimentelle Untersuchungen über eine abnorme (lysosomale) Speicherung von Glykogen bei extrem hoher Dosierung von BAY o 1248 weisen BAY m 1099 als die vorteilhaftere der beiden Substanzen für künftige klinische Prüfungen aus.

Die Prüfung an gesunden Probanden zeigt, daß die angestrebte Glättung des pp. Blutglukose-bzw. Insulin-Profils bereits mit einer Dosis von 25-50mg Miglitol erreichbar ist.
Die Wirkungsdauer von BAY m 1099 [Miglitol] erstreckt sich dabei auf die der Einnahme unmittelbar folgende Mahlzeit, d.h. ein wirksamer Einnahmemodus des Inhibitors sollte 3 Verabreichungen/die (vor jeder Hauptmahlzeit) umfassen.

Subjektive Symptome der Kohlenhydratmalabsorption waren mit der 25 mg-Dosis vollständig vermeidbar und traten unter 50 mg Miglitol bei Stärkebelastung nur vereinzelt auf.

In der Behandlung des Diabetes mellitus ist allerdings auch in Zukunft keine der vorgestellten Maßnahmen zur Resorptionsverzögerung geeignet, eine sorgfältige diätetische Instruktion des Patienten zu ersetzen.
Das Prinzip der Resorptionsverzögerung vermag jedoch die Diät sinnvoll zu ergänzen, d.h. es kann als eine Supplementärtherapie für alle Formen und Behandlungsstrategien des Diabetes mellitus aufgefaßt werden.
Um die therapeutische Breite dieser Wirkung auszunutzen, bedarf es eingehender Kenntnisse der den verschiedenen Wirkprinzipien zugrundeliegenden Mechanismen und ihrer Zusammenhänge.
Die hier vorgelegten Untersuchungen und Studien sollen aus gastroenterologischer Sicht zu diesen Kenntnissen beitragen und grundlegende Erkenntnisse für die Therapie mit resorptionsverzögernden Pharmaka vermitteln.

Zusammenfassung

Den inhaltlichen Schwerpunkt der vorliegenden Arbeit stellt die Prüfung der
- Wirkungsweise,
- Wirksamkeit,
- Wirkungsdynamik,
- des Profils gastrointestinaler Nebenwirkungen sowie
- systemischer Auswirkungen

der 1-Desoxynojirimycin-Derivate BAY m 1099 [Miglitol] und BAY o 1248 dar, die als Inhibitoren intestinaler *a*-Glukosidasen für die Behandlung Kohlenhydrat-abhängiger Erkrankungen (durch medikamentöse Resorptionsverzögerung) vorgesehen sind.

Diese Substanzen unterscheiden sich chemisch (Desoxynojirimycin-Derivate) und pharmakokinetisch (weitgehende enterale Resorption) von dem seit 1977 bekannten α-Glukosidase-Inhibitor Acarbose, einem (bei therapeutischer Dosierung) $<1\%$ resorbierten Pseudotetrasaccharidkomplex (Glucobay®).
In in vitro-Untersuchungen wurde außerdem der Einfluß von *a*-Amylase-Inhibitoren (Trestatin [Ro 9-0183], Tendamistat [HOE 467]) auf das Spektrum intestinaler Disaccharidasen geprüft.

● In vitro-Untersuchungen

1. BAY m 1099 und BAY o 1248 führen beim Menschen *in vitro* (in Homogenaten der Jejunalschleimhaut) zu einer ausgeprägten, dosisabhängigen Hemmung der *a*-Glukosidasen Glukoamylase (EC 3.2.1.3), Saccharase (EC 3.2.1.48), Maltase (EC 3.2.1.20) und Isomaltase (EC 3.2.1.10).
   Am stärksten werden dabei die Glukoamylase- und Saccharase-Aktivität gehemmt.

2. Die kinetischen Untersuchungen (Glukoamylase, Isomaltase) charakterisieren die Wirkung als *kompetitive Hemmung*.

3. Die Inhibitorkonstanten (K_i) von BAY m 1099 und BAY o 1248 gegenüber der Glukoamylase-Aktivität betragen dabei $1{,}7 \times 10^{-7}$ M bzw. $9{,}2 \times 10^{-8}$ M. Gegenüber der Isomaltase-Aktivität betragen die K_i-Werte $2{,}8 \times 10^{-7}$ M (Miglitol) sowie $4{,}2 \times 10^{-7}$ M (BAY o 1248).
   Diese Größen charakterisieren BAY m 1099 und BAY o 1248 als kompetitive α-Glukosidase-Inhibitoren mit extrem hoher Affinität.

4. BAY m 1099 weist darüber hinaus eine geringe inhibitorische Wirkung gegenüber der *β*-Galaktosidase Laktase (EC 3.2.1.23) auf.
   Trehalase (EC 3.2.1.28) als weitere enterocytäre *a*-Glukosidase-Aktivität sowie die Bürstensaummembran-gebundenen Dipeptidasen-Aktivitäten der Gly-Leu-Hydrolase und Phe-Gly-Hydrolase sowie die zytosolische Gly-Phe-Hydrolase werden durch BAY m 1099 und BAY o 1248 nicht gehemmt.

5. Eine Hemmung der *a-Amylase-Aktivität* in menschlichem Pankreassekret durch die Desoxynojirimycin-Derivate wird nur bei erheblich höheren Kon-

zentrationen als bei der Hemmung intestinaler *a*-Glukosidasen festgestellt. Aufgrund der Relation zur Wirkung am Dünndarm ist dieser Effekt unter realisierbaren therapeutischen Bedingungen vernachlässigbar.

6. Demgegenüber läßt das Wirkungsspektrum des *a-Amylase-Inhibitors Trestatin* am Homogenat menschlicher Jejunalmukosa in vitro eine deutliche Hemmung der Glukoamylase-Aktivität erkennen, die sich als intestinale Wirkungskomponente synergistisch zur Hemmung der *a*-Amylase-Aktivität auswirken kann.
   In Gegenwart des *a-Amylase-Inhibitors Tendamistat* wird die intestinale Saccharase-Aktivität geringfügig gehemmt.

7. *In vitro*, in Homogenaten menschlicher Skelettmuskulatur, führen die resorbierbaren *a*-Glukosidase-Inhibitoren BAY m 1099 und BAY o 1248, aber auch Acarbose konzentrationsabhängig zu einer *Hemmung der sog. sauren a-Glukosidase* bzw. sauren Maltase (EC 3.2.1.20).
   Diese Hemmung entspricht einem *kompetitiven Mechanismus.*
   Die Hemmung der sauren Maltase-Aktivität durch BAY m 1099 und BAY o 1248 wurde am M. soleus der Ratte bestätigt.

   Da Inaktivität bzw. das Fehlen der lysosomalen *a*-Glukosidase den Schlüsseldefekt bei der Glykogenspeicherkrankheit Typ II (M. POMPE) darstellt, wurden diese Befunde in vivo unter experimentellen Bedingungen weiterverfolgt.

● In vivo-Untersuchungen an der Ratte

8. Diese Untersuchungen lassen bei der gefasteten Ratte nach Verabreichung sehr hoher Dosierungen der *a*-Glukosidase-Inhibitoren (10-1000 x ED_{50}) eine dosis- und zeitabhängige *Vermehrung der Glykogen-Konzentration* in der Leber sowie eine Tendenz zu steigendem Glykogengehalt im Skelettmuskel unter BAY m 1099 und, ausgeprägter, unter BAY o 1248 erkennen.
   Morphologische Untersuchungen (PAS-Färbung; Elektronenmikroskopie) zeigen für BAY o 1248 deutlich, daß diese Vermehrung des Glykogengehaltes in der Leber auf einer lysosomalen Glykogenspeicherung beruht.
   Unter BAY m 1099 traten demgegenüber nur geringe Veränderungen der Lysosomengröße und ihrer Binnenstruktur auf.
   Als mögliche Ursachen für diese deutlichen Unterschiede zwischen BAY m 1099 und BAY o 1248 können unterschiedliche Lipophilie der Substanzen (BAY o 1248 > BAY m 1099) und die enterohepatische Zirkulation von BAY o 1248 (BAY o 1250 als aktiver Metabolit; Rämsch et al., 1985) genannt werden.
   Die vorgestellten Befunde lassen ungeachtet der gewählten supratherapeutischen Dosierungen BAY m 1099 als die geeignetere der beiden Substanzen für die weitere klinische Prüfung erscheinen.
9. Auch der nach oraler Gabe als weitgehend „unresorbiert“ geltende *a*-Glukosidase-Inhibitor Acarbose führte bei der Ratte in der sehr hohen Dosierung von

1000mg/kg KG nach 7 Tagen zu einer deutlichen Vergrößerung der Lysosomen sowie zu verstärkter Glykogenspeicherung in der Leber.
Der Befund zeigt, daß die Substanz bei extrem hoher Dosierung in einem Umfang resorbiert werden kann, bei dem unerwünschte systemische, intrazelluläre Effekte auftreten können.
Die Bedeutung dieser experimentellen Befunde für die (langfristige) therapeutische Anwendung der Substanz beim Menschen bedarf weiterer Klärung.

● Klinische Studien

10. Die resorbierbaren *a*-Glukosidase-Inhibitoren BAY m 1099 und BAY o 1248 bewirkten bei gesunden Probanden eine deutliche, dosisabhängige Hemmung des postprandialen Blutglukose- Serum-Insulin- und -GIP-Anstieges nach oraler *Saccharose- und Stärkebelastung.*
Mehrmalige Kohlenhydrat-Belastungen (um 8^{00}, 12^{00} und 17^{00} Uhr) nach einmaliger Inhibitor-Einnahme am Morgen (8^{00} Uhr) ließen dabei eine *längere Wirkung von BAY o 1248* (morgens und mittags) im Vergleich zu BAY m 1099 erkennen (Wirksamkeit nur bei der ersten Kohlenhydrat-Belastung).
Als Ausdruck der längeren Wirkung am Dünndarm fand sich auch eine länger anhaltende H_2-Exhalation unter BAY o 1248, die sich im Gegensatz zu dem Befund unter BAY m 1099 nach Saccharose-Belastung während der 12-stündigen Untersuchung nicht normalisierte.

11. Die Dosierung von 25mg BAY m 1099 führte nach Saccharose-Belastung zu einer Hemmung des Blutglukose-Anstieges ohne Anstieg der H_2-Exhalation oder subjektive Symptome der Kohlenhydrat-Malabsorption.
Demgegenüber war die Resorptionsverzögerung unter höheren Dosierungen (50mg, 100mg) sowie bei Einnahme von 10mg, 20mg oder 40mg BAY o 1248 mit einer Malassimilation verbunden.

12. Sowohl das Ausmaß der subjektiven Symptome der Kohlenhydrat-Malassimilation als auch die H_2-Exhalation sind abhängig von der Art der als Substrat angebotenen Kohlenhydrate : während unter der experimentellen Saccharose-Belastung z.T. gravierende Beschwerden auftraten, war die intestinale Symptomatik nach Stärke-Belastung geringfügig.

13. Unter den Bedingungen einer *8-wöchigen Untersuchung* (3x100mg BAY m 1099 [Miglitol] /die) bestand eine *konstante Wirkung* des Inhibitors auf den pp. Blutglukose-, Serum-Insulin- und -GIP-Anstieg sowie die H_2-Exhalation nach Saccharose- bzw. Stärke-Belastung.
Eine „Abnahme" subjektiver Beschwerden der Kohlenhydrat-Malabsorption unter den definierten Bedingungen der Kohlenhydrat-Belastungstests (nicht aber unter den Bedingungen häuslicher Medikamenteneinnahme) ließ sich damit weder auf einen Wirkungsverlust noch auf ein vermindertes Ausmaß der Kohlenhydrat-Malabsorption zurückführen. Als Erklärung kann eine Änderung der subjektiven Einstellung zu den konstanten (zunehmend vertrauten) Testbedingungen angenommen werden.

Literatur

1. Alvarado F, Crane RK (1962) Phlorizin as a competitive inhibitor of the active transport of sugars by hamster small intestine, in vitro.
   Biochim. biophys. Acta 56: 170-178
2. Anderson IH, Levine AS, Levitt MD (1981) Incomplete absorption of the carbohydrate in all-purpose wheat flour.
   N. Engl. J. Med. 304: 891-892
3. Andersson DEH, Nygren A (1978) Four cases of long-standing diarrhoea and colic pains cured by fructose-free diet - a pathogenetic discussion.
   Acta Med. Scand. 203: 87-92
4. Aro A, Uusitupa M, Voutilainen E, Hersio K, Korhonen T, Siitonen O (1981) Improved diabetic control and hypocholesterolaemic effect induced by long-term dietary supplementation with guar gum in type 2 (insulin-independent) diabetes.
   Diabetologia 21: 29-33
5. Arvanitakis C, Lorenzsonn V, Olson WA (1973) Phenformin-induced alterations of small intestinal function and mitochondrial structure in man.
   J. Lab. Clin. Med. 82: 196-200
6. Aschauer H, Vertésy L, Braunitzer G (1981) Die Sequenz des α-Amylaseinhibitors HOE-467 A (α-Amylaseinaktivator HOE-467 A) aus Streptomyces tendae 4158.
   Hoppe-Seyler's Z. Physiol. Chem. 362: 465-467
7. Aubell R, Boehme K, Berchtold P (1983) Blood glucose concentrations and glycosuria during and after one year of acarbose therapy.
   Arzneimittel-Forschung 33: 1314-1318
8. Auricchio S, Rubino A, Landolt M, Semenza G, Prader A (1963) Isolated intestinal lactase deficiency in the adult.
   Lancet i: 324-326
9. Auricchio S, Semenza G, Rubino A (1965) Multiplicity of human intestinal disaccharidases. II. Characterization of the individual maltases.
   Biochim. biophys. Acta 96: 498-507
10. Bartlett K, Dobson JV, Eastham E (1980) A new method for the detection of hydrogen in breath and its application to aquired and inborn sugar malabsorption.
    Clin. Chim. Acta 108: 189-194
11. Becker HD, Caspary WF (1980) Postgastrectomy and Postvagotomy Syndromes.
    Springer, Berlin–Heidelberg–New York
12. Bedine MS, Bayless TM (1973) Intolerance of small amounts of lactose by individuals with low lactase levels.
    Gastroenterology 65: 735-743
13. Berchtold P, Kiesselbach NHK (1981) The clinical significance of the alpha-amylase inhibitors BAY d 7791 and BAY e 4609. In: Berchtold P, Cairella M, Jacobelli A, Silano V (eds.): Regulators of intestinal absorption in obesity, diabetes and nutrition, Vol.1. Societa editrice universo, Roma, pp.181-200
14. Bines BJ, Whelan WJ (1960) The mechanism of carbohydrase action. 6. Structure of a salivary α-amylase limit dextrin from amylopectin.
    Biochem. J. 76: 253-257

15. Biro L, Banyasz T, Kovacs MB, Bajor M (1961) Die Wirkung des Phenäthylbiguanids auf die Glukoseresorption.
Klin. Wschr. 39: 760-762
16. Bishoff H, Puls W, Krause HP, Schutt H, Thomas G (1985) Pharmacological properties of the novel glucosidase inhibitors BAY m 1099 (Miglitol) and BAY o 1248. Diabetes Res. Clin. Practice 1, Suppl.1, 53
17. Björntorp P, Mei-Uih Yang, Greenwood MRC (1983) Refeeding after fasting in the rat: effects of carbohydrate.
Am. J. Clin. Nutr. 37: 396-402
18. Blackburn NA, Redfern JS, Jarjis H, Holgate AM, Hanning I, Scarpello JHB, Johnson IT, Read NW (1984) The mechanism of action of guar gum in improving glucose tolerance in man.
Clin. Sci. 66: 329-336
19. Bloch R, Menge H, Schaarschmidt WD, Gottesbühren HE, Schaumlöffel E, Goebell H, Riecken EO (1973) Biochemische, histochemische, histologische und funktionelle Untersuchungen zur Phenforminwirkung auf die Dünndarmschleimhaut bei Ratte und Mensch.
Klin. Wschr. 51: 235-241
20. Blum AL, Haemmerli UP, Lorenz-Meyer H (1975) Is phlorizin or its aglycon the inhibitor of intestinal glucose transport ?
Europ. J. Clin. Invest. 5: 285-288
21. Bock K, Pedersen H (1984) The solution conformation of acarbose.
Carbohyd. Res. 132: 142-149
22. Bo-Linn GW, Santa Ana CA, Morawski SG, Fordtran JS (1982) Starch blockers - their effect on calorie absorption from a high-starch meal.
N. Engl. J. Med. 307:1413-1416
23. Bond JH, Levitt MD (1972) Use of pulmonary hydrogen (H_2) measurements to quantitate carbohydrate absorption.
J. Clin. Invest. 51: 1219-1225
24. Bond JH, Levitt MD (1976) Quantitative measurement of lactose absorption. Gastroenterology 70: 1058-1062
25. Bond JH, Levitt MD (1976a) Fate of soluble carbohydrate in the colon of rats and man.
J. Clin. Invest. 57: 1158-1164
26. Bond JH, Levitt MD (1977) Use of breath hydrogen (H_2) in the study of carbohydrate absorption.
Dig. Dis. 22: 379-382
27. Bond JH, Levitt MD, Prentiss R (1975) Investigation of small bowel transit time in man utilizing pulmonary hydrogen (H_2) measurements.
J. Lab. Clin. Med. 85: 546-555
28. Bond JH, Currier BE, Buchwald H, Levitt MD (1980) Colonic conservation of malabsorbed carbohydrate.
Gastroenterology 78: 444-447
29. Borgström B, Dahlqvist A, Lundh G, Sjövall J (1957) Studies of intestinal digestion and absorption in the human.
J. Clin. Invest. 36: 1521-1536
30. Bowman DE (1945) Amylase inhibitor of navy beans.
Science 102: 358-359
31. Brown JC, Pederson RA (1977) GI hormones and insulin secretion. In: Endocrinology. Proceedings of the Vth International Congress of Endocrinology, Vol.2. Exerpta Medica, Amsterdam, pp. 568-570
32. de Bruijn WC (1973) Glycogen, its chemistry and morphologic appearance in the electron microscope.
J. Ultrastructure Res. 42: 29-50
33. Burck HC (1973) Histologische Technik. Thieme, Stuttgart
34. Cahill GF, jr., Etzwiler DD, Freinkel N (1976) Blood glucose control in diabetes.
Diabetes 25: 237-239
35. Calloway DH (1968) Gas in the alimentary canal. In: Code C.F. (ed.): Handbook of Physiology, vol.V. American Physiological Society, Washington, pp. 2839-2859

36. Carlson GL, Li BUK, Bass P, Olsen WA (1983) A bean α-amylase inhibitor formulation (starch blocker) is ineffective in man. Science 219: 393-395
37. Caspary WF (1972) Evidence for a sodium-independent transport system for glucose derived from disaccharides. In: Heinz E. (ed.): Na-linked Transport of Organic Solutes Springer, Berlin-Heidelberg-New York, pp. 99-108
38. Caspary WF (1974) Intestinale Peptidhydrolasenaktivität in menschlichem Dünndarmbiopsiematerial — eine einfache Bestimmungsmethode. Klin. Wschr. 52: 341-344
39. Caspary WF (1977) Dünndarm und Stoffwechselerkrankungen. In: U. Ritter, M. Classen (Hrsg.) Ergebnisse der Gastroenterologie 1976, Demeter, Gräfelfing, S. 79-94
40. Caspary WF (1978) Sucrose malabsorption in man after ingestion of α-glucosidehydrolase inhibitor. Lancet i: 1231-1233
41. Caspary WF (1983a) Beeinflussung der Resorption durch Pharmaka. In: Caspary WF (Hrsg.): Handbuch der inneren Medizin, Bd. III/3B: Dünndarm. Springer, Berlin-Heidelberg-New York, S. 548-570
42. Caspary WF (1983b) Bedeutung des Kolons als Energieverwerter. Dtsch. med. Wschr. 108: 713-716
43. Caspary WF (1984) Stärkeblocker als Schlankmacher? Med. Klin. 79: 236-238
44. Caspary WF, Creutzfeldt W (1972) Hemmung der intestinalen Resorption von Zuckern und Aminosäuren durch Prenylamin (Segontin®). Dtsch. med. Wschr. 97: 394-396
45. Caspary WF, Creutzfeldt W (1973) Inhibition of intestinal amino acid transport by blood sugar lowering biguanides. Diabetologia 9: 6-12
46. Caspary WF, Creutzfeldt W (1975) Inhibition of bile salt absorption by blood sugar lowering biguanides. Diabetologia 11: 113-117
47. Caspary WF, Graf S (1979) Inhibition of human intestinal α-glucosidehydrolases by a new complex oligosaccharide. Res. Exp. Med. (Berl.) 175: 1-6
48. Caspary WF, Graf, S, Schulz-Henning B, Creutzfeldt W (1979) Beeinflussung aktiver Transportmechanismen im Dünndarm durch Carbochromen (Intensain®). In: Seifert G., Classen M. (Hrsg.): Ergebnisse der Gastroenterologie 1978. Demeter, Gräfelfing, 110 (A).
49. Caspary WF, Kalisch H (1979) Effect of α-glucosidehydrolase inhibition on intestinal absorption of sucrose, water, and sodium in man. Gut 20: 750-755
50. Caspary WF, Elsenhans B, Süfke U, Ptok M, Blume R, Lembcke B, Creutzfeldt W (1980) Effect of dietary fiber on absorption and motility. Front. Hormone Res. 7: 202-217
51. Caspary WF, Graf S, Lembcke B (1980a) Zum Einfluß von Fenfluramin auf aktive intestinale Transportprozesse im Rattendünndarm. akt. endokrin. 2: 168 (Abstract)
52. Cauderay M, Tappy L, Temler E, Jequier E, Hillebrand I, Felber JP (1986) Effect of α-glucohydrolase inhibitors (BAY m 1099 and BAY o 1248) on sucrose metabolism in normal men. Metabolism 35: 472–477
53. Chapman RW, Sillery JK, Graham MM, Saunders DR (1985) Absorption of starch by healthy ileostomates: effect of transit time and of carbohydrate load. Am. J. Clin. Nutr. 41: 1244-1248
54. Christopher NL, Bayless TM (1971) Role of the small bowel and colon in lactose-induced diarrhea. Gastroenterology 60: 845-852
55. Chrzaszcz T, Janicki J (1933) 'Sisto-Amylase', ein natürlicher Paralysator der Amylase. Biochem. Z. 260: 354-368

56. Cogoli A, Semenza G (1975) A probable oxocarbonium ion in the reaction mechanism of small intestinal sucrase and isomaltase.
J. Biol. Chem. 250: 7802-7809
57. Constam GR (1967) The long-term prognosis of diabetes mellitus. In: Annals of Life Insurance Medicine, Vol.3. Springer, Berlin-Heidelberg-New York, pp. 229-246
58. Cook GC (1973) Comparison of absorption rates of glucose and maltose in man in vivo. Clin. Sci. 44: 425-428
59. Crane RK (1975) The physiology of the intestinal absorption of sugars. In: Jeanes A., Hodge J. (eds.): Physiological effects of food carbohydrates. ACS symposium series 15, American Chemical Society, Washington DC, pp. 2-19
60. Crane RK (1979) Intestinal structure and function related to toxicology.
Environmental Health Perspectives 33: 3-8
61. Creutzfeldt W (1979) The incretin concept today.
Diabetologia 16: 75-85
62. Creutzfeldt W. (ed.) (1982) First International Symposium on Acarbose
Exerpta Medica, Amsterdam-Oxford-Princeton.
63. Creutzfeldt W, Ebert R (1977) Release of gastric inhibitory polypeptide (GIP) to a test meal under normal and pathological conditions in man. In: Bajaj J.S. (ed.): Diabetes. Intern. Congr. Ser. 413. Exerpta Medica, Amsterdam, pp. 63-75.
64. Creutzfeldt W, Ebert R (1985) New developments in the incretin concept.
Diabetologia 28: 565-573
65. Creutzfeldt W, Ebert R (1986) The Enteroinsular Axis. In: Go V.L.W., Gardner J.P., DiMagno E.P., Scheele G.A. (eds.): The Exocrine Pancreas : Biology, Pathobiology, and Diseases. Raven Press, New York, pp. 333-346
66. Creutzfeldt W, Ebert R, Arnold R, Frerichs H, Brown JC (1976) Gastric inhibitory polypeptide (GIP), gastrin and insulin: response to test meal in coeliac disease and after duodenopancreatectomy.
Diabetologia 12: 279-286
67. Creutzfeldt W, Fölsch UR, Elsenhans B, Ballmann M, Conlon JM (1985) Adaptation of the small intestine to induced maldigestion in rats. Experimental pancreatic atrophy and acarbose feeding.
Scand. J. Gastroenterol. 20 (Suppl. 112): 45-53
68. Creutzfeldt W, Söling HD, Moench A, Rauh E, Bol M (1962) Die Wirkung von N_1,n-Butylbiguanid (W37) und N_1,β-Phenäthylbiguanid (W32) auf den Alloxan-und Phlorhizin-Diabetes und die intestinale Glukoseabsorption von Ratten.
Naunyn Schmiedebergs Arch. exp. Path. Pharmakol. 244: 31–47
69. Creutzfeldt W, Willms B, Caspary WF (1971) The mechanism of action of blood glucose lowering biguanides. VIIth Congress of the intern. Diabetes Federation, Buenos Aires, 1970. Exerpta medica, Int. Congress Series No. 231, pp. 708-719
70. Czyzyk A, Tawecki J, Sadowski J, Ponikowska I, Szczepanik Z (1968)
Effect of biguanides on intestinal absorption of glucose.
Diabetes 17: 492-498
71. Dahlqvist A (1961) Determination of maltase and isomaltase activities with a glucose oxidase reagent.
Biochem. J. 80: 547-551
72. Dahlqvist A (1962) Specificity of the human intestinal disaccharidases and implications for hereditary disaccharide intolerance.
J. Clin. Invest. 41: 463-470
73. Dahlqvist A (1964) Method for Assay of intestinal Disaccharidases.
Analyt. Biochem. 7: 18–25
74. Dahlqvist A (1968) Assay of intestinal disaccharidases.
Analyt. Biochem. 22: 99-107
75. Dahlqvist A, Borgström B (1961) Digestion and absorption of disaccharides in man. Biochem. J. 81: 411-418
76. Dahlqvist A, Thomson DL (1963a) The digestion and absorption of sucrose by the intact rat.
J. Physiol. (London) 167: 193-209

77. Dahlqvist A, Thomson DL (1963b) The digestion and absorption of maltose and trehalose by the intact rat.
Acta Physiol. Scand. 59: 111-125
78. Das M, Radhakrishnan AN (1973) Glycyl-L-Leucine hydrolase, a versatile 'master' dipeptidase from monkey small intestine.
Biochem. J. 135: 609-615
79. Daubresse JC, Henrivaux P, Lemy C, Bailly A, Duchateau, A (1985) Long-term acarbose administration to patients submitted to continuous subcutaneous insulin infusion.
Diabetes Res. Clin. Practice 1, Suppl. 1: 121 (Abstract)
80. Davidoff F (1971) Effect of guanidine derivates on mitochondrial function.
J. biol. Chem 246: 4017-4027
81. Dawson AM (1970) The absorption of disaccharides. In: Card W.I., Creamer B. (eds.): Modern Trends in Gastroenterology 4, Butterworth, London, pp. 105-124
82. DeFronzo RA, Ferranini E, Hendler R, Wahren J, Felig P (1978) Influence of hyperinsulinemia, hyperglycemia, and the route of glucose administration on splanchnic glucose exchange.
Proc. Natl. Acad. Sci. USA 75: 5173-5177
83. Demling L, Ottenjann R (1963) Das Dumping Syndrom und seine Behandlung.
Z. Gastroenterologie 2: 141-145
84. Dietze G, Wicklmayr M, Mehnert H, Czempiel H, Henftling HG (1978) Effect of phenformin on hepatic balances of gluconeogenic substrates in man.
Diabetologia 14: 243-248
85. Dietschy JM, Sallee VL, Wilson FA (1971) Unstirred water layers and absorption across the intestinal mucosa (editorial).
Gastroenterology 61: 932-934
86. Dimitriadis GD, Tessari P, Go VLW, Gerich JE (1985) α-Glucosidase inhibition improves postprandial hyperglycemia and decreases insulin requirements in insulin-dependent diabetes mellitus.
Metabolism 34: 261-265
87. Dimitriadis G, Raptis S, Raptis A, Hatziagelaki E, Mitrakou A, Halvatsiotis P, Ladas S, Hillebrand I (1986) Effects of two new α-glucosidase inhibitors on glycemic control in patients with insulin-dependent diabetes mellitus.
Klin. Wochenschr. 64: 405-410
88. Drasar BS, Hill ML (1974) Human intestinal flora. Academic Press, London-New York-San Francisco
89. Dubois M, Gilles KA, Hamilton JK, Rebers PA, Smith F (1956) Colorimetric method for determination of sugars and related substances.
Analyt. Chem. 28: 350-356
90. Dubs R, Steinmann B, Gitzelmann R (1973) Demonstration of an inactive enzyme antigen in sucrase isomaltase deficiency.
Helv. Paediatr. Acta 28: 187-198
91. von Düring A (1868) Ursachen und Heilung des Diabetes mellitus.
Schmorl und Seefeld Verlag, Hannover
92. Dunphy JV, Littman A, Hammond JB, Forstner G, Dahlqvist A, Crane RK (1965) Intestinal lactase deficit in adults.
Gastroentrology 49: 12–21
93. Ebert R, Creutzfeldt W (1978) Aspects of GIP pathology. In: Bloom S.R. (ed.): Gut hormones. Churchill Livingstone, Edinburgh, pp. 294-300
94. Ebert R, Finke U (1978) Gastric inhibitory polypeptide (GIP).
Z. Gastroenterologie 16: 311-316
95. Edmonds ME, Doldridge M, Watkins PJ (1981) Acarbose (BAY g 5421) and post prandial glycaemia in the home blood glucose profile. In: Berchtold P., Cairella M., Jacobelli A., Silano V. (eds.) Regulators of intestinal absorption in obesity, diabetes and nutrition. Vol. 2, Societa Editrice Universo, Roma, pp. 184-188
96. Ehrhardt-Schmelzer S, Lembcke B, Cremer P, Hilgers R, Caspary WF, Creutzfeldt W (1983) Kontrollierte Studie über den Effekt von Guar bei ambulanten Typ-II-Diabetikern. In: Huth K., Bräuning Ch. (Hrsg.): Pflanzenfasern – neue Wege in der Stoffwechseltherapie. Beiträge zu „Infusionstherapie und klinische Ernährung – Forschung und Praxis“, Bd. 12 Karger, Basel, S. 195–205

97. Eichler HG, Korn A, Gasic S, Pirson W, Businger J (1984) The effect of a new specific α-amylase inhibitor on post prandial glucose and insulin excursions in normal subjects and Type 2 (non-insulin-dependent) diabetic patients.
Diabetologia 26: 278-281
98. Elsenhans B (1983) Pharmacology of carbohydrate gelling agents. In: Creutzfeldt W., Fölsch U.R. (eds.): Delaying absorption as a therapeutic principle in metabolic disease. Thieme, Stuttgart–New York, pp. 29–44
99. Elsenhans B, Süfke U, Blume R, Caspary WF (1980) The influence of carbohydrate gelling agents on rat intestinal transport of monosaccharides and neutral amino acids in vitro.
Clin. Sci. 59: 373-380
100. Elsenhans B, Blume R, Caspary WF (1981a) Long-term feeding of unavailable carbohydrate gelling agents. Influence of dietary concentration and microbiological degradation on adaptive responses in the rat.
Am. J. Clin. Nutr. 34: 1837-1848
101. Elsenhans B, Süfke U, Blume R, Caspary WF (1981b) In vitro inhibition of rat intestinal surface hydrolysis of disaccharides and dipeptides by guaran.
Digestion 21: 98-103
102. Elsenhans B, Zenker D, Caspary WF (1984) Guaran effect on rat intestinal absorption. A perfusion study.
Gastroenterology 86: 645-653
103. Elsenhans B, Blume R, Lembcke B, Caspary WF (1985) In vitro inhibition of rat small intestinal absorption by lipophilic organic cations.
Biochim. biophys. Acta 813: 25-32
104. Engel PC (1977) Enzyme Kinetics. Chapman and Hall, London
105. Engel AG, Gomez MR, Seybold ME, Lambert EH (1973) The spectrum and diagnosis of acid maltase deficiency.
Neurology 23: 95-106
106. Ernährungsbericht 1984. Herausgegeben von der Deutschen Gesellschaft für Ernährung, Frankfurt, 1984
107. Ewe K, Wanitschke R, Schulze KH, Weber H (1979) Die sekretagoge Wirkung des Glykosids Methyl-Proscillaridin im menschlichen Dünn- und Dickdarm. In: Seifert G., Classen M. (Hrsg.): Ergebnisse der Gastroenterologie 1978. Demeter, Gräfelfing, 112 (Abstract).
108. Fisher JE (1957) Effects of feeding diets containing lactose, agar, cellulose, raw potato starch or arabinose on the dry weights of cleaned gastrointestinal tract organs in the rat.
Am. J. Physiol. 188: 550-554
109. Firth RG, Bell PM, Marsh HM, Hansen I, Rizza RA (1986) Postprandial hyperglycemia in patients with noninsulin-dependent diabetes mellitus.
J. Clin. Invest. 77: 1525-1532
110. Florent C, Flourie B, Leblond A, Rautureau M, Bernier JJ, Rambaud JC (1985) Influence of chronic lactulose ingestion on the colonic metabolism of lactulose in man (an in vivo study).
J. Clin. Invest. 75: 608-613
111. Flourie B, Vidon N, Florent CH, Bernier JJ (1984) Effect of pectin on jejunal glucose absorption and unstirred layer thickness in normal man.
Gut 25: 936-941
112. Flourie B, Florent C, Jouany J-P, Thivend P, Etanchaud F, Rambaud J-C (1986) Colonic metabolism of wheat starch in healthy humans.
Gastroenterology 90: 111-119
113. Fogel MR, Gray GM (1973) Starch hydrolysis in man: an intraluminal process not requiring membrane digestion.
J. Appl. Physiol. 35: 263-267
114. Fölsch UR (1983) Delaying of carbohydrate absorption by α-amylase inhibitors.
In: Creutzfeldt W., Fölsch U.R. (eds.): Delaying Absorption as a Therapeutic Principle in Metabolic Diseases. Thieme, Stuttgart, pp. 79-86

115. Fölsch UR, Creutzfeldt W (1985) Adaptation of the pancreas during treatment with enzyme inhibitors in rats and man.
Scand. J. Gastroenterol. 20 (Suppl. 112): 54-63
116. Fölsch UR, Ebert R, Creutzfeldt W (1981a) Response of serum levels of gastric inhibitory polypeptide and insulin to sucrose ingestion during long-term application of acarbose.
Scand. J. Gastroenterol. 16: 629-632
117. Fölsch UR, Grieb N, Caspary WF, Creutzfeldt W (1981b) Influence of short- and long-term feeding of an α-amylase inhibitor (BAY e 4609) on the exocrine pancreas of the rat.
Digestion 21: 74-82
118. Förster H, Hager E, Mehnert H (1965) Der Einfluß von Butylbiguanid im Tierversuch auf die Resorption von Glukose und Fruktose.
Arzneimittelforschung 15: 1340-1344
119. Fredrickson DS, Levy RI, Lees RS (1967) Fat transport in lipoproteins — an integrated approach to mechanisms and disorders.
N. Engl. J. Med. 276: 34, 94, 148, 215, 273
120. Freeman H, Looney JM, Hoskins RG (1942) Spontaneous variability of oral glucose tolerance.
J. Clin. Endocrinol. 2: 431-434
121. Fujita M, Parsons DS, Woinarowska M (1972) Oligopeptidases of brush border membranes of rat small intestinal mucosal cells.
J. Physiol. (Lond.) 227: 377-394
122. Galjaard H (1980) Genetic metabolic diseases. Early diagnosis and prenatal analysis.
Elsevier-North Holland Biomedical Press, Amsterdam, pp. 58–81, pp. 809–810.
123. Ganda OP, Day JL, Soeldner JS, Connon JJ, Gleason RE (1978) Reproducibility and comparative analysis of repeated intravenous and oral glucose tolerance tests.
Diabetes 27: 715-725
124. Ganda OP, Soeldner JS, Gleason RE, Cleator JGM, Reynolds C (1979) Metabolic effects of glucose, mannose, galactose and fructose in man.
J. Clin. Endocrinol. Metab. 49: 616-622
125. Garrow JS, Scott PF, Heels S, Nair KS, Halliday D (1983) „Starch blockers" are ineffective in man.
Lancet i: 60-61
126. Geddes R, Taylor JA (1985) Lysosomal glycogen storage induced by Acarbose, a 1,4-α-glucosidase-inhibitor.
Biochem. J. 228: 319-324
127. Geddes R, Stratton GC (1977) The influence of lysosomes on glycogen metabolism.
Biochem. J. 163: 193–200
128. Gerard J, Luycks AS, Lefebvre PJ (1981) Improvement of metabolic control in insulin dependent diabetics treated with the α-glucosidase inhibitor acarbose for two months.
Diabetologia 21: 446-451
129. Gorbach SL, Nahas L, Weinstein L, Levitan R, Patterson JF (1967) Studies of intestinal microflora. IV. The microflora of ileostomy effluent: a unique microbial ecology.
Gastroenterology 53: 874-880
130. Gottesbühren H, Raida H, Riecken EO (1974) Untersuchungen zum Einfluß von Prenylamin auf die Dünndarmresorption beim Menschen.
Dtsch. med. Wschr. 99: 2104-2105
131. Granum PE (1981) Nutritional significance of alpha-amylase inhibitors from plants. In: Berchtold P., Cairella M., Jacobelli A., Silano V. (eds.): Regulators of intestinal absorption in obesity, diabetes and nutrition. Vol.1. Societa editrice universo, Roma, pp. 129-151
132. Gray GM (1970) Carbohydrate digestion and absorption.
Gastroenterology 58: 96-107
133. Gray GM (1975) Carbohydrate digestion and absorption. Role of the small intestine.
N. Engl. J. Med. 292: 1225-1230
134. Gray GM (1981) Carbohydrate absorption and malabsorption. In: Johnson L.R., Christensen J., Grossman M.I., Jacobson E.D., Schultz S.G. (eds.): Physiology of the Gastrointestinal Tract. Vol.2. Raven Press, New York, pp. 1063-1072

135. Gray GM, Ingelfinger FJ (1965) Intestinal absorption of sucrose in man: the site of hydrolysis and absorption.
J. Clin. Invest. 44: 390-398
136. Gray GM, Santiago NA (1966) Disaccharide absorption in normal and diseased human intestine.
Gastroenterology 51: 489-498
137. Gray GM, Santiago NA (1969) Intestinal β-Galactosidases. I. Separation and characterization of three enzymes in normal human intestine.
J. Clin. Invest. 48: 716-728
138. Gray GM, Conklin KA, Townley RRW (1976) Sucrase-Isomaltase Deficiency. Absence of an inactive enzyme variant.
N. Engl. J. Med. 294: 750-753
139. Gries FA, Grüneklee D, Drost H (1980) On the effects of glucosidase inhibitors in diabetes mellitus.
Front. Hormone Res. 7: 265-275
140. Gustafsson BE, Midtvedt T, Strandberg K (1970) Effects of microbial contamination on the cecum enlargement of germfree rats.
Scand. J. Gastroenterol. 5: 309-314
141. Gyr K, Berger W, Göschke H, Stalder GA (1970) Postprandiale Beschwerden nach Gastrektomie und ihre Beeinflussung durch Dimethylbiguanid.
Dtsch. med. Wschr. 95: 2421-2431
142. Haemmerli UP, Kistler H, Ammann R, Marthaler T, Semenza G, Auricchio S, Prader A (1965) Aquired milk intolerance in the adult caused by lactose malabsorption due to a selective deficiency of intestinal lactase activity.
Amer. J. Med. 38: 7-30
143. Hagel HJ, Ruppin H, Pichl J, Feuerbach W, Bloom S, Domschke W (1985) Mode of action of the α-glucosidase inhibitor acarbose (BAY g 5421) in the small bowel. A perfusion study in man
Diabetes Research and Clinical Practice 1 (Suppl. 1): 215 (Abstract)
144. Hale-White R, Payne WW (1926) The dextrose tolerance curve in health.
Q. J. Med. 19: 393-410
145. Hansen WE, Schulz G (1982) The effect of dietary fiber on pancreatic amylase activity in vitro.
Hepato-gastroenterol. 29: 157-160
146. Hassid WZ, Abraham S (1957) Chemical procedures for analysis of polysaccharides.
Methods in Enzymology III, 34-54
147. Heizer WD, Kerley RL, Isselbacher KJ (1972) Intestinal peptide hydrolases differences between brush border and zytoplasmatic enzymes.
Biochim. biophys. Acta 264: 450-461
148. Hepp KD (Hrsg.) (1984) Fenfluramin in der oralen Diabetes-Therapie. MMV Medizin Verlag, München
149. Hers HG (1963) α-glucosidase deficiency in generalized glycogen-storage disease (Pompe's disease).
Biochem. J. 86: 11-16
150. Hers HG (1964) Glycogen storage disease. In: Levine R., Luft R. (eds.): Advances in Metabolic Disorders. Vol. 1. Academic Press, New York-London, pp. 2-44
151. Hers HG, van Hoof F (1966) Enzymes of glycogen degradation in biopsy material.
Methods in Enzymology 8: 525-532
152. Hillebrand I, Boehme K, Frank G, Fink H, Berchtold P (1979) The effects of the α-glucosidase inhibitor BAY g 5421 (acarbose) on meal-stimulated elevations of circulating glucose, insulin, and triglyceride levels in man.
Res. Exp. Med. (Berl.) 175: 81–86
153. Hillebrand I, Reis HE, Boehme K, Jahnke K (1981) Die Wirkung des α-Glucosidaseinhibitors Acarbose (BAY g 5421) auf die Harnglukoseausscheidung bei unbefriedigend eingestellten hospitalisierten insulinabhängigen Diabetikern.
Diagnostik & Intensivtherapie 6: 173-178

154. Hillebrand I, Boehme K, Berchtold P (1982) The influence of dimeticone and guar on intestinal symptoms induced by acarbose. In: Creutzfeldt W (ed.): First International Symposium on Acarbose. Intern. Congress Series 594. Exerpta medica, Amsterdam, pp. 239-243

155. Hillebrand I, Boehme K, Graefe KH, Wehling K (1986) The effect of new α-glucosidase inhibitors (BAY m 1099 and BAY o 1248) on meal-stimulated increases in glucose and insulin levels in man.
Klin. Wochenschr. 64: 393-396

156. Holdsworth CD, Dawson AM (1964) The absorption of monosaccharides in man.
Clin. Sci. 27: 371–379

157. Holgate AM, Read NW (1983) Relationship between small bowel transit time and absorption of a solid meal. Influence of metoclopramide, magnesium sulfate, and lactulose.
Dig. Dis. Sci. 28: 812-819

158. Hollenbeck CB, Coulston AM, Quan R, Becker TR, Vreman HJ, Stevenson DK, Reaven GM (1983) Effect of a commercial starch blocker preparation on carbohydrate digestion and absorption: in vivo and in vitro studies.
Am. J. Clin. Nutr. 38: 498-503

159. Holt S, Heading RC, Carter DC, Prescott LF, Tothill P (1979) Effect of gel fibre on gastric emptying and absorption of glucose and paracetamol.
Lancet i: 636-639

160. Howell JN, Mellmann J, Ehlers P, Flatz G (1980) Intestinal disaccharidase activites and activity ratios in a group of 60 adult german subjects.
Hepato-gastroenterol. 27: 208–212

161. Huggett ASG, Nixon DA (1957) Use of glucose oxidase, peroxidase, and o-dianisidine in determination of blood and urinary glucose.
Lancet ii: 368-370

162. Huijing F (1974) Glycogen and enzymes of glycogen metabolism. In: Curtius H.C., Roth M. (eds.): Clinical Biochemistry, Principles and Methods. Vol. II. Walter de Gruyter, Berlin, pp. 1208-1235

163. Hunt JN (1960) The site of receptors slowing gastric emptying in response to starch in test meals.
J. Physiol. (Lond.) 201: 270-276

164. International Union of Biochemistry (IUB), Nomenclature Committee. Enzyme nomenclature 1984 Academic Press, Orlando, 1984.

165. Isaksson G, Lundquist I, Ihse I (1982) Effect of dietary fiber on pancreatic enzyme activity in vivo.
Gastroenterology 82: 918-924

166. Jenkins DJA, Leeds AR, Gassull MA, Wolever TMS, Goff DV, Alberti KGMM, Hockaday TDR (1976) Unabsorbable carbohydrates and diabetes: decreased postprandial hyperglycaemia.
Lancet ii: 172-174

167. Jenkins DJA, Wolever TMS, Hockaday AR, Leeds AR, Haworth R, Bacon S, Apling EC, Dilawari JB (1977a) Treatment of diabetes with guar gum.
Lancet ii: 779-780

168. Jenkins DJA, Gassull MA, Leeds AR, Dilawari JB, Slavin B, Blendis LM (1977b) Effect of dietary fiber on complications of gastric surgery: prevention of postprandial hypoglycemia by pectin.
Gastroenterology 72: 215-217

169. Jenkins DJA, Wolever TMS, Leeds AR, Gassull MA, Haisman P, Dilawari J, Goff DV, Metz GL, Alberti KGMM (1978a) Dietary fibres, fibre analogues, and glucose tolerance: importance of viscosity.
Brit. med. J. i: 1392-1394

170. Jenkins DJA, Wolever TMS, Nineham R, Taylor R, Metz GL, Bacon S, Hockaday TDR (1978b) Guar crispbread in the diabetic diet.
Brit. med. J. ii: 1744-1746

171. Jenkins DJA, Nineham R, Craddock C, Craig-McFeely P, Donaldson K, Leigh T, Snook J (1979a) Fibre and diabetes (letter).
Lancet i: 434-435

172. Jenkins DJA, Taylor RH, Nineham R, Goff DV, Bloom SR, Sarson D, Alberti KGMM (1979b) Combined use of guar and acarbose in reduction of postprandial glycaemia. Lancet ii: 924-927
173. Jenkins DJA, Leeds AR, Bloom SR, Sarson DL, Albuquerque RH, Metz GL, Alberti KGMM (1980a) Pectin and post-gastric surgery complications: normalization of postprandial glucose and endocrine responses. Gut 21: 574-579
174. Jenkins DJA, Wolever TMS, Nineham R, Sarson DL, Bloom SR, Ahern J, Alberti KGMM, Hockaday TDR (1980b) Improved glucose tolerance four hours after taking guar with glucose. Diabetologia 19: 21-24
175. Jenkins DJA, Barker HM, Taylor RH, Fielden H (1982) Low dose acarbose without symptoms of malabsorption in the dumping syndrome. Lancet i: 109
176. Johansen K (1984) Acarbose treatment of sulfonylurea-treated non-insulin dependent diabetics. A double-blind cross-over comparison of an α-glucosidase inhibitor with metformin. Diabete & Metabolisme (Paris) 10: 219-223
177. Johansson C (1975) Studies of gastrointestinal interactions. VII. Characteristics of the absorption pattern of sugar, fat and protein from composite meals in man. A quantitative study. Scand. J. Gastroenterol. 10: 33-42
178. Johnson IT, Gee JM (1981) Effect of gel-forming gums on the intestinal unstirred layer and sugar transport in vitro. Gut 22: 398-403
179. Jones BJM, Brown BE, Loran JS, Edgerton D, Kennedy JF, Stead JA, Silk DBA (1983) Glucose absorption from starch hydrolysates in the human jejunum. Gut 24: 1152-1160
180. Joubert PH, Venter CP, Joubert HF, Hillebrand I (1985) The effect of a 1-deoxynojirimycin derivative on post-prandial blood glucose and insulin levels in healthy black and white volunteers. Eur. J. Clin. Pharmacol. 28: 705-708
181. Kalser MH, Cohen R (1966) Correlation of jejunal transfer of water and electrolytes with blood volume in postgastrectomy patients: Response to hypertonic glucose meal. Ann. Surg. 164: 821-829
182. Kelly JJ, Alpers DH (1973) Properties of human intestinal glucoamylase. Biochim. biophys. Acta 315: 113-120
183. Keppler D, Decker K (1983) Glycogen. In: Bergmeyer H.U. (ed.): Methods of enzymatic analysis. Vol. VI. Verlag Chemie, Weinheim, 3.Aufl., pp. 11-18
184. Kerlin P, Wong L, Harris B, Capra S (1984) Rice flour, breath hydrogen, and malabsorption. Gastroenterology 87: 578-585
185. Kneen E, Sandstedt RM (1943) An amylase inhibitor from certain cereals. J. Amer. chem. Soc. 65: 1247
186. Kneen E, Sandstedt RM (1946) Distribution and general properties of an amylase inhibitor in cereals. Arch. Biochem. 9: 238–249
187. Knick, B, Knick J (1985) Diabetologie. Kohlhammer, Stuttgart
188. Köbberling J, Kerlin A, Creutzfeldt W (1980) The reproducibility of the oral glucose tolerance test over long (5 years) and short periods (1 week). Klin. Wschr. 58: 527-530
189. Koelz HR, Gewertz BL (1980) Postvagotomiesyndrome. In: R. Siewert, A.L. Blum (Hrsg.) Postoperative Syndrome. Springer, Berlin-Heidelberg-New York, S. 93-111
190. Kolb S, Sailer D, Huber A, Hillebrand I (1985) α-Glucosidase inhibition — treatment of diabetic out-patients with acarbose. Results of a 3-month study. Diabetes Res. Clin. Practice, Suppl. 1: 313 (Abstract)
191. Koster JF, Slee RG (1977) Some properties of human liver acid α-glucosidase. Biochim. biophys. Acta 482: 89-97

192.. Krause HP, Keup U, Thomas G, Puls W (1982) Reduction of carbohydrate-induced hypertriglyceridemia in (fa,fa) „Zucker“ rats by the α-glucosidase inhibitor acarbose (BAY g 5421).
Metabolism 31: 710-714

193. Kruger FA, Skillman TG, Hamwi GJ, Grubbs RC, Danforth N (1960) The mechanism of action of hypoglycemic guanidine derivates.
Diabetes 9: 170-173

194. Kuzio M, Dryburgh JR, Malloy KM, Brown JC (1974) Radioimmunoassay for gastric inhibitory polypeptide.
Gastroenterology 66: 357-364

195. Ladas S, Papanikos J, Arapakis G (1982) Lactose malabsorption in Greek adults: correlation of small bowel transit time with the severity of lactose intolerance.
Gut 23: 968-973

196. Lardinois CK, Greenfield MS, Schwartz HC, Vreman HJ, Reaven GM (1984) Acarbose treatment of non-insulin-dependent diabetes mellitus.
Arch. Intern. Med. 144: 345-347

197. Laube H, Fouladfar M, Aubell R, Schmitz H (1980) Zur Wirkung des Glukosidasehemmers BAY g 5421 (Acarbose) auf das Blutzuckerverhalten bei adipösen Erwachsenendiabetikern.
Arzneim.-Forsch./Drug Res. 30: 1-3

198. Launiala K (1969) The effect of unabsorbed sucrose- or mannitol-induced accelerated transit on absorption in the human small intestine.
Scand. J. Gastroent. 4: 25-32

199. Lawaetz O, Blackburn AM, Bloom SR, Aritas Y, Ralphs DNL (1983) Effect of pectin on gastric emptying and gut hormone release in the dumping syndrome.
Scand. J. Gastroenterol. 18: 327-336

200. Layer P, Carlson GL, DiMagno E (1985) Partially purified white bean amylase inhibitor reduces starch digestion in vitro and inactivates intraduodenal amylase in humans.
Gastroenterology 88: 1895-1902

201. Layer P, Rizza RA, Zinsmeister AR, Carlson GL, DiMagno E (1986a) Effect of purified amylase inhibitor on carbohydrate tolerance in normal subjects and patients with diabetes mellitus.
Mayo Clin. Proc. 61: 442-447

202. Layer P, Zinsmeister AR, DiMagno E (1986b) Effects of decreasing intraluminal amylase activity on starch digestion and postprandial gastrointestinal function in humans.
Gastroenterology 91: 41-48

203. Lee SM (1982) The effect of chronic α-glycosidase inhibition on diabetic nephropathy in the db/db mouse.
Diabetes 31: 249-254

204. Lee SM, Bustamente SA, Koldovsky O (1983) The effect of alpha-glucosidase inhibition on intestinal disaccharidase activity in normal and diabetic mice.
Metabolism 32: 793-799

205. Leeds AR, Ralphs DNL, Ebied F, Metz G, Dilawari JB (1981) Pectin in the dumping syndrome: reduction of symptoms and plasma volume changes.
Lancet i: 1075-1078

206. Lefebvre G (1983) Rationale for delaying or inhibiting intestinal absorption. In: Creutzfeldt W., Fölsch U.R. (eds.): Delaying Absorption as a Therapeutic Principle in Metabolic Disease. Thieme, Stuttgart-New York, p. 2-5

207. Lejeune N, Thines-Sempoux D, Hers HG (1963) Tissue fractionation studies. 16. Intracellular distribution and properties of α-glucosidases in rat liver.
Biochem. J. 86: 16-21

208. Lembcke B, Caspary WF (1977) Dipeptid-Transport-Beeinflussung durch Phenformin.
Z. Gastroenterologie 15 (Suppl.) 36 (Abstract)

209. Lembcke B, Hönig M, Caspary WF (1980) Different actions of neomycin and metronidazole on breath hydrogen (H_2) exhalation.
Z. Gastroenterologie 18: 155-160

210. Lembcke B, Caspary WF, Fölsch UR, Creutzfeldt W (1981a) Influence of neomycin on postprandial metabolic changes and side-effects due to α-glucosidehydrolase inhibition

with acarbose. I. Effects on intestinal hydrogen gas production and side-effects. In: Berchtold P, Cairella M, Jacobelli A, Silano V (eds.): Regulators of intestinal absorption in obesity, diabetes and nutrition. Vol. 2. Societa editrice universo, Roma, pp. 235-247

211. Lembcke B, Schicha H, Caspary WF, Sswat K, Carstens B, Emrich D (1981b) Nuklearmedizinische Untersuchung des Guaran-Einflusses auf die Magenentleerungsrate beim Menschen In: Schmidt H.A.E., Wolf F., Mahlstedt J. (Hrsg.): Nuklearmedizin, Schattauer, Stuttgart-New York, S. 788-791

212. Lembcke B, Caspary WF, (1982) Wasserstoff (H_2)-Exhalationstests in der gastroenterologischen Funktionsdiagnostik – Apparative und methodische Aspekte. Lab. med. 6:261–264

213. Lembcke B, Fölsch UR, Caspary WF, Ebert R, Creutzfeldt W (1982) Influence of metronidazole on the breath hydrogen response and symptoms in acarbose-induced malabsorption of sucrose. Digestion 25: 186-193

214. Lembcke B, Caspary WF (1983a) Intestinale Gasproduktion. In: Caspary W.F. (Hrsg.): Handbuch der inneren Medizin, Bd.III/3A, Dünndarm. Springer, Berlin-Heidelberg-New York, S. 521-541

215. Lembcke B, Caspary WF (1983b) Atemanalytische Funktionstests In: Caspary W.F. (Hrsg.): Handbuch der inneren Medizin, Bd. III/3A, Dünndarm. Springer, Berlin-Heidelberg-New York, S. 488-520

216. Lembcke B, Kirchhoff S, Caspary WF (1983) Vereinfachte Methoden zur endexspiratorischen Wasserstoff (H_2)-Analyse — klinische Erprobung zweier H_2-Atemtestgeräte. Z. Gastroenterologie 21: 545-549

217. Lembcke B, Ebert R, Ptok M, Caspary WF, Creutzfeldt W, Schicha H, Emrich D (1984) Role of gastrointestinal transit in the delay of absorption by viscous fibre (guar). Hepato-gastroenterol. 31: 183-186

218. Lembcke B, Fölsch UR, Creutzfeldt W (1985a) Effect of 1-desoxynojirimycin derivatives on small intestinal disaccharidase activities and on active transport in vitro. Digestion 31: 120-127

219. Lembcke B, Becker K, Rumpf KW, Creutzfeldt W (1985b) Inhibition of the muscle acid maltase (α-1,4-glucosidase) by new absorbable disaccharidase inhibitors (desoxynojirimycin derivatives). Eur. J. Clin. Invest. 15 (2/II): 1 (Abstract)

220. Levitt MD (editorial) (1983) Malabsorption of starch: a normal phenomenon. Gastroenterology 85: 769-770

221. Levine AS, Levitt MD (1981) Malabsorption of starch moiety of oats, corn, and potatoes. Gastroenterology 80: 1209 (Abstract)

222. Levitt MD, Donaldson RM (1970) Use of respiratory hydrogen (H_2) excretion to detect carbohydrate malabsorption. J. Lab. Clin. Med. 75: 937-945

223. Levitt MD, Ingelfinger FJ (1968) Hydrogen and methane production in man. Ann. N. Y. Acad. Sci. 150: 75-81

224. Levitt NS, Vinik AI, Sive AA, Child PT, Jackson WPU (1980) The effect of dietary fiber on glucose and hormone responses to a mixed meal in normal subjects and in diabetic subjects with and without autonomic neuropathy. Diabetes Care 3: 515-519

225. Lloyd JB (1973) Experimental support for the concept of lysosomal storage disease. In: Hers HG, van Hoof F (eds.): Lysosomes and Storage Disease. Academic Press, New York-London, pp. 173–195

226. Loeschke K, Uhlich E, Halbach R (1973) Cecal enlargement combined with sodium transport stimulation in rats fed polyethylene glycol. Soc. Exptl. Biol. Med. 142: 96-102

227. Lowry OH, Rosebrough NJ, Farr AL (1951) Protein measurement with the Folin phenol reagent. J. biol. Chem. 193: 265-275

228. Lüllmann-Rauch R (1981) Lysosomal glycogen storage mimicking the cytological picture of Pompe's disease as induced in rats by injection of an α-glucosidase inhibitor.
I. Alterations in liver.
Virchows Arch. [Cell. Pathol.] 38: 89–100
229. Lüllmann-Rauch R (1982) Lysosomal glycogen storage mimicking the cytological picture of Pompe's disease as induced in rats by injection of an α-glucosidase inhibitor.
II. Alterations in kidney, adrenal gland, spleen and soleus muscle.
Virchows Arch. [Cell. Pathol.] 39: 187–202
230. Machella TE (1950) Mechanism of the post-gastrectomy dumping syndrome.
Gastroenterology 14: 237-255
231. Mahler RF (1976) Disorders of glycogen metabolism.
Clin. Endocrin. Metab. 5: 579-598
232. Marshall JJ, Lauda CM (1975) Purification and properties of phaseolamin, an inhibitor of α-amylase, from kidney bean, phaseolus vulgaris.
J. Biol. Chem. 250: 8030-8037
233. Mayer KH, Stamler J, Dyer A, Freinkel N, Stamler R, Berkson DM, Farber B (1976) Epidemiologic findings on the relationship of time of day and time since last meal to glucose tolerance.
Diabetes 25: 936-943
234. McDonald GW, Fisher GF, Burnham C (1965) Reproducibility of the oral glucose tolerance test.
Diabetes 14: 473-480
235. McLoughlin JC, Buchanan KD, Alam MJ (1979) A glycoside-hydrolase inhibitor in treatment of dumping syndrome.
Lancet ii: 603–605
236. McMichael HB, Webb J, Dawson AM (1967) The absorption of maltose and lactose in man.
Clin. Sci. 33: 135-145
237. Mehnert H (1984) Behandlung mit Biguaniden. In: Mehnert H., Schöffling K. (Hrsg.): Diabetologie in Klinik und Praxis, 2. Aufl., Thieme, Stuttgart-New York, S. 239-250
238. Melani F, Ditschuneit H, Bartelt KM, Friedrich H, Pfeiffer EF (1965) Über die radioimmunologische Bestimmung von Insulin im Blut.
Klin. Wschr. 43: 1000-1007
239. Metz GL, Jenkins DJA, Peters TJ, Newman A, Blendis LM (1975) Breath hydrogen as a diagnostic method for hypolactasia.
Lancet i: 1155-1157
240. Metz GL, Newman A, Jenkins DJA, Blendis LM (1976a) Breath hydrogen in hyposucrasia.
Lancet i: 119-120
241. Metz GL, Gassull MA, Leeds AR, Blendis LM, Jenkins DJA (1976b) A simple method of measuring breath hydrogen in carbohydrate malabsorption by end-expiratory sampling.
Clin. Sci. Molec. Med. 50: 237-240
242. Meyer BH, Müller FO, Clur BK, Grigoleit HG (1983 a) Effects of tendamistate (α-amylase inactivator) on starch metabolism.
Br. J. clin. Pharmac. 16: 145–148
243. Meyer BH, Müller FO, Kruger JB, Grigoleit HG (1983b) Inhibition of starch absorption by α-amylase inactivator given with food.
Lancet i: 934 (Letter)
244. Meyer BH, Müller FO, Kruger JB, Clur BK, Grigoleit HG (1984a) Effects of tendamistate (an α-amylase inactivator), guar and placebo on starch metabolism.
SA Med. J. 66: 222-223
245. Meyer BH, Müller FO, Grigoleit HG, Esterhuysen AJ, Clur BK (1984b) Effects of tendamistate on postprandial plasma glucose, free fatty acid and triglyceride levels.
SA Med. J. 66: 224-225
246. Meyer BH, Müller FO, Kruger JB, Grigoleit HG (1984c) Pharmacodynamics and tolerability of low doses of tendamistate given with starch.
SA Med. J. 65: 287-288

247. Miller D, Crane RK (1961) Digestive function of the epithelium of the small intestine. 1. An intracellular locus of disaccharide and sugar phosphate hydrolysis. Biochim. biophys. Acta 52: 281–293
248. Miranda PM, Horowitz DL (1978) High-fiber diets in the treatment of diabetes mellitus. Ann. Intern. Med. 88: 482-486
249. Moinuddin J, Lee H (1959) Possible associations of dietary residues with growth of the large gut. Am. J. Physiol. 197: 903-911
250. Morgan LM, Goulder TJ, Tsiolakis D, Marks V, Alberti KGMM (1979) The effect of unabsorbable carbohydrate on gut hormones. Diabetologia 17: 85-89
251. Müller L (1985) Microbial glycosidase inhibitors. In: Rehm H.-J., Reed G. (eds.): Biotechnology, Vol.4. VCH Verlagsgesellschaft, Weinheim, pp. 1-37
252. Müller L, Junge B, Frommer W, Schmidt D, Truscheit E (1980) Acarbose (BAY g 5421) and homologous α-glucosidase inhibitors from Actinoplanaceae. In: Brodbeck U. (Hrsg.): Enzyme Inhibitors. Verlag Chemie, Weinheim, S. 109-122
253. Murao S, Miyata S (1980) Isolation and characterization of a new trehalase inhibitor S-GI. Agric. Biol. Chem. 44: 219-221
254. Myrbäck K (1948) Products of the enzymatic degradation of starch and glycogen. In: Pigman W.W., Wolfrom M.L. (eds.): Advances in Carbohydrate Chemistry, Vol.3. Academic Press, New York, pp. 251-310
255. Najemnik C, Kritz H, Irsigler K, Laube H, Knick B, Klimm HD, Wahl P, Vollmar J, Bräuning C (1984) Guar and its effects on metabolic control in type II diabetic subjects. Diabetes Care 7: 215-220
256. Nestel PJ, Carroll KF, Havenstein N (1970) Plasma triglyceride response to carbohydrates, fats and caloric intake. Metabolism 19: 1-18
257. Newcomer AD, McGill DB, Thomas PJ, Hofmann AF (1975) Prospective comparison of indirect methods for detecting lactase deficiency. N. Engl. J. Med. 293: 1232-1236
258. Olefsky JM (1976) The insulin receptor: Its role in insulin resistance of obesity and diabetes. Diabetes 25: 1154-1161
259. Olsen WA, Rasmussen HK (1974) Effect of phenformin on carbohydrate absorption in man. Diabetes 23: 716-718
260. Patel DP, Stowers JM (1964) Phenformin in weight reduction of obese diabetics. Lancet ii: 282–284
261. Pederson RA, Brown JC (1976) The insulinotropic action of gastric inhibitory polypeptide in the perfused isolated rat pancreas. Endocrinology 99: 780-785
262. Perman JA, Barr RG, Watkins JB (1978) Sucrose malabsorption in children: noninvasive diagnosis by interval breath hydrogen determination. J. Pediatr. 93: 17-22
263. Perman JA, Molders S, Olson AC (1981) Role of pH in production of hydrogen from carbohydrates by colonic bacterial flora: studies in vivo and in vitro. J. Clin. Invest. 67: 643-650
264. Petrides P, Weiss L, Löffler G, Wieland OH (1985) Diabetes mellitus. 5. Aufl., Urban und Schwarzenberg, München
265. Pflüger EFW (1905) Das Glycogen. Bonn, S. 53-61
266. Pirart J (1978) Diabetes mellitus and its degenerative complications: A prospective study of 4,400 patients observed between 1947 and 1973. Diabetes Care 1: 168–188, 252–263
267. Pirson W, Buchschacher P (1981) Pharmacological properties of trestatin, a new α-amylase inhibitor (Ro 9-0154). Diabetologia 21: 315 (Abstract)

268. Pirt SJ, Whelan WJ (1951) The determination of starch by acid hydrolysis. J. Sci. Food Agric. 2: 224-228
269. Plotkin GR, Isselbacher KJ (1964) Secondary disaccharidase deficiency in adult celiac disease (non tropical sprue) and other malabsorption states. N. Engl. J. Med. 271: 1033-1037
270. Pompe JC (1932) Over idiopathische hypertrofie van het hart. Ned. Tijdschr. Geneesk. 76: 304-311
271. Preiser H, Menard D, Crane RK (1974) Deletion of enzyme protein from the brush border membrane in sucrase-isomaltase deficiency. Biochim. biophys. Acta 363: 279-282
272. Pütter J (1980) Studies on the pharmacokinetics of acarbose in humans. In: Brodbeck U. (Hrsg.): Enzyme Inhibitors. Verlag Chemie, Weinheim, S. 139-151
273. Pütter J, Keup U, Krause HP, Müller L, Weber H (1982) Pharmacokinetics of acarbose. In: Creutzfeldt W. (ed.): Proceedings. First International Symposium on Acarbose. Exerpta Medica, Amsterdam, pp. 38-48
274. Puls W (1980) Zur Inhibition intestinaler Glucosidasen — Ein neues Prinzip zur Prävention und Therapie von kohlenhydratabhängigen Stoffwechselerkrankungen. Habilitationsschrift, Universität Düsseldorf
275. Puls W, Keup U (1973) Influence of an a-amylase inhibitor (BAY d 7791) on blood glucose, serum insulin and NEFA in starch loading tests in rats, dogs and man. Diabetologia 9: 97-101
276. Puls W, Keup U (1975a) Metabolic studies with an amylase inhibitor in acute starch loading tests in rats and men and its influence on the amylase content of the pancreas. In: Howard A (ed.): Recent Advances in Obesity Research I, Newman, London, pp. 391-393
277. Puls W, Keup U (1975b) Inhibition of sucrase by Tris in rat and man, demonstrated by oral loading tests with sucrose. Metabolism 24: 93-98
278. Puls W, Keup U, Krause HP, Thomas G, Hoffmeister F (1977) Glucosidase inhibition, a new approach to the treatment of diabetes, obesity and hyperlipoproteinaemia. Naturwissenschaften 64: 536-537
279. Puls W, Keup U, Krause HP, Müller L, Schmidt DD, Thomas G, Truscheit E (1980) Pharmacology of a glucosidase inhibitor. Front. Hormone Res. 7: 235-247
280. Puls W, Keup U, Krause HP, Thomas G (1981) Pharmacological significance of glucosidase inhibitors (acarbose) In: Berchtold P, Cairella M, Jacobelli A, Silano V (eds): Regulators of intestinal absorption in obesity, diabetes and nutrition. Vol. 1. Societa editrice universo, Roma, pp. 231–260
281. Puls W, Keup U, Krause HP, Thomas G, Hoffmeister F (1982) The concept of glucosidase inhibition and its pharmacological realization. In: Creutzfeldt W. (ed.): Proceedings. First International Symposium on Acarbose. Exerpta Medica, Amsterdam, pp. 16-26
282. Puls W, Krause HP, Müller L, Schutt H, Sitt R, Thomas G (1984) Inhibitors of the rate of carbohydrate and lipid absorption by the intestine. Intern. J. Obesity 8 (Suppl. 1): 181–190
283. Rackis JJ (1975) Oligosaccharides of food legumes: alpha-galactosidase activity and the flatus problem. In: Jeanes A., Hodge J. (eds.): Physiological Effects of Food Carbohydrates. ACS Symposium Series 15. American Chemical Society, Washington D.C., pp. 207-222
284. Rämsch KD, Wetzelsberger N, Pütter J, Maul W (1985) Pharmacokinetics and metabolism of the desoxynojirimycin derivatives BAY m 1099 and BAY o 1248. Diabetes Research and Clinical Practice 1 (Suppl.1): 461 (Abstract)
285. Raptis S, Dimitriadis G, Karaiskos C, Diamantopoulos E, Hadjidakis D, Souvatzoglou A, Moulopoulos S (1982) Short- and long-term studies of acarbose on various metabolic parameters and insulin requirements assessed by the artificial pancreas. In: W. Creutzfeldt (ed.): First International Symposium on Acarbose, Exerpta Medica, Amsterdam, pp. 393-401

286. Ravich WJ, Bayless TM, Thomas M (1983) Fructose: incomplete intestinal absorption of humans.
Gastroenterology 84: 26-29
287. Reaven EM, Greenfield MS (1981) Diabetic hypertriglyceridemia, evidence for three clinical syndromes.
Diabetes 30 (Suppl.2) 66-75
288. Reese ET, Parrish FW, Ettlinger M (1971) Nojirimycin and D-Glucono-1,5-lactone as inhibitors of carbohydrases.
Carbohyd. Res. 18: 381-388
289. Regitz G, Neubauer H, Geisen K, Pfaff W (1981) Pharmacological characterization of the novel α-amylase inactivator HOE 467 from Streptomyces tendae. In: Berchtold P, Cairella M, Jacobelli A, Silano V (eds.): Regulators of intestinal absorption in obesity, diabetes and nutrition, Vol. 2. Societa ẹditrice universo, Roma, pp. 275–291
290. Rehfeld JF (1979) Gastrointestinal hormones. In: Crane R.K. (ed.) International Review of Physiology. Gastrointestinal Physiology III, Vol. 19. University Park Press, Baltimore, pp. 291-321
291. Rick W, Stegbauer HP (1970) α-Amylase. Messung der reduzierenden Gruppen. In: Bergmeyer H.U. (Hrsg.): Methoden der enzymatischen Analyse, Bd. I. Verlag Chemie, Weinheim, S. 848-853
292. Roberts KE, Randall HT, Farr HW (1954) Acute alteration in blood volume, plasma electrolytes, and electrocardiogram produced by oral administration of hypertonic solution to gastrectomized patients.
Surg. Forum 4: 301-306
293. Roberts PJP, Whelan WJ (1960) The mechanism of carbohydrase action. 5. Action of human salivary α-amylase on amylopectin and glycogen.
Biochem. J. 76: 246-253
294. Rosenberg IH (1982) Starch blockers — still no calorie-free lunch.
N. Engl. J. Med. 307: 1444-1445
295. Ruppin H, Bar-Meir S, Soergel KH, Wood CM, Schmitt MG jr. (1980) Absorption of short-chain fatty acids by the colon.
Gastroenterology 78: 1500-1507
296. Sachs L (1984) Angewandte Statistik, 6. Aufl. Springer, Berlin-Heidelberg-New York
297. Sachse G, Willms B (1979) Effect of the α-glucosidase-inhibitor BAY g 5421 on blood glucose control of sulphonylurea-treated diabetics and insulin-treated diabetics.
Diabetologia 17: 287-290
298. Sachse G, Mäser E, Laube H, Federlin K (1982) Effect of long-term acarbose therapy on the metabolic situation of sulfonylurea-treated diabetics. In: W. Creutzfeldt (ed.): First International Symposium on Acarbose, Exerpta Medica, Amsterdam, pp. 298–304
299. Schlüter G (1982) Toxicology of acarbose. In: W. Creutzfeldt (ed.): First International Symposium on Acarbose, Exerpta Medica, Amsterdam, pp. 49-54
300. Schmidt DD, Frommer W, Junge B, Müller L, Wingender W, Truscheit E, Schäfer D (1977) α-Glucosidase inhibitors. New complex oligosaccharides of microbial origin.
Naturwissenschaften 64: 535-536
301. Schmidt DD, Frommer W, Müller L, Truscheit E (1979) Glukosidase-Inhibitoren aus Bazillen.
Naturwissenschaften 66: 584-585
302. Schmitz J, Commegrain C, Maestracci D, Rey J (1974) Absence of brush border sucrase-isomaltase complex in congenital sucrose intolerance.
Biomedicine (Express) 21: 440-443
303. Schneider MU, Domschke S, Domschke W (1983) Einfluß von Guar auf die lipolytische und proteolytische exokrine Pankreasfunktion in vitro und in vivo. In: Huth K., Bräuning Ch. (Hrsg.): Pflanzenfasern — neue Wege in der Stoffwechseltherapie. Beiträge zu „Infusionstherapie und klinische Ernährung — Forschung und Praxis", Bd. 12. Karger, Basel, S. 127-143
304. Schöffling K, Hillebrand I, Berchtold P (1980) Treatment of diabetes mellitus with the glycoside hydrolase inhibitor acarbose (BAY g 5421).
Front. Hormone Res. 7: 248-257
305. Schwedes U, Petzoldt R, Hillebrand I, Schöffling K (1982) Comparison of acarbose and

metformin treatment in non insulin-dependent diabetic out-patients. In: W. Creutzfeldt (ed.): First International Symposium on Acarbose, Exerpta Medica, Amsterdam, pp. 275-281

306. Scott RS, Knowles RL, Beaven DW (1984) Treatment of poorly controlled non-insulin-dependent diabetic patients with acarbose.
Aust. NZ. Med. 14: 649-654
307. Semenza G, Auricchio S, Rubino A (1965) Multiplicity of human intestinal disaccharidases. I. Chromatographic separation of maltases and of two lactases.
Biochim. biophys. Acta 96: 487-497
308. Sheehy TW, Anderson PR (1965) Disaccharidase activity in normal and diseased small bowel.
Lancet ii: 1-4
309. Sigstad H (1970) A clinical diagnostic index in the diagnosis of the dumping syndrome.
Acta med. scand. 188: 479-486
310. Silano V, Furia M, Gianfreda L, Macri A, Palescandolo R, Rab A, Scardi V, Stella E, Valfre F (1975) Inhibition of amylases from different origins by albumins from the wheat kernel.
Biochim. biophys. Acta 391: 170–178
311. Silverstein SC, Steinman RM, Cohn ZA (1977) Endocytosis.
Ann. Rev. Biochem. 46: 669–722
312. Soman VR, DeFronzo RA (1980) Direct evidence for downregulation of insulin receptors by physiologic hyperinsulinemia in man.
Diabetes 29: 159-163
313. Speth PAJ, Jansen JBMJ, Lamers CBHW (1983) Effect of acarbose, pectin, a combination of acarbose with pectin, and a placebo on postprandial reactive hypoglycaemia after gastric surgery.
Gut 24: 798-802
314. Stephen AM, Haddard AC, Phillips SF (1983) Passage of carbohydrate into the colon. Direct measurements in humans.
Gastroenterology 85: 589-595
315. Stout RW (1979) Diabetes and atherosclerosis — the role of insulin.
Diabetologia 16: 141-150
316. Stout RW (1981) The role of insulin in atherosclerosis in diabetics and nondiabetics.
Diabetes 30 (Suppl.2): 54-57
317. Stowers JM, Bewsher PD (1969) Studies on the mechanism of weight reduction by phenformin.
Postgrad. med. J. 45 (Suppl.): 13-19
318. Strumeyer DH (1972) Protein amylase inhibitors in the gliadin fraction of wheat and rye flour: possible factors in celiac disease.
Nutr. Reports Intern. 5: 45-52
319. Suehiro I, Otsuki M, Yamasaki T, Ohki A, Sakamoto C, Yuu H, Maeda M, Baba S (1981) Effect of α-glucosidase inhibitor on human pancreatic and salivary amylase.
Clin. Chim. Acta 117: 145-152
320. Szatloczky E (1971) Behandlung des Dumping-Syndromes mit zuckerresorptionshemmenden Mitteln.
Dtsch. med. Wschr. 96: 308
321. Taylor RH, Jenkins DJA, Barker HM, Fielden H, Goff DV, Misiewicz JJ, Lee DA, Allen HB, MacDonald G, Wallrabe H (1982) Effect of acarbose on the 24-hour blood glucose profile and pattern of carbohydrate absorption.
Diabetes Care 5: 92-96
322. Taylor RH, Barker HM, Bowey EA, Canfield JE (1986) Regulation of the absorption of dietary carbohydrate in man by two new glycosidase inhibitors.
Gut 27: 1471-1478
323. Thompson DG, Wingate DL, Thomas M, Harrison D (1982) Gastric emptying as a determinant of the oral glucose tolerance test.
Gastroenterology 82: 51-55

324. Thompson DG, Binfield P, de Belder A, O'Brien J, Warren S, Wilson M (1985) Extra intestinal influences of exhaled breath hydrogen measurements during the investigation of gastrointestinal disease.
Gut 26: 1349-1352

325. Truscheit E, Frommer W, Junge B, Müller L, Schmidt DD, Wingender W (1981) Chemie und Biochemie mikrobieller α-Glucosidasen-Inhibitoren.
Angewandte Chemie 93: 738-755

326. Unger RH, Eisentraut AH (1969) Entero-insular axis.
Arch. Intern. Med. 123: 261-266

327. Vertésy L, Oeding V, Bender R, Nesemann G, Sukatsch D, Zepf C (1981) Chemistry and biochemistry of a novel α-amylase inactivator HOE 467, from Str. tendae. In: Berchtold P, Cairella M, Jacobelli A, Silano V (eds.): Regulators of intestinal absorption in obesity, diabetes and nutrition, Vol.2. Societa editrice universo, Roma, pp. 269-274

328. Vertésy L, Oeding V, Bender R, Zepf K, Nesemann G (1984) Tendamistat (HOE 467), a tight-binding α-amylase inhibitor from Streptomyces tendae 4158. Isolation, biochemical properties.
Eur. J. Biochem. 141: 505-512

329. Viviani GL, Camogliano L, Fasani R, Ohnmeiss H, Adezati L (1985) Acarbose treatment in insulin dependent diabetics. A double blind cross-over.
Diabetes Res. Clin. Practice, Suppl. 1: 588 (Abstract)

330. Walton RJ, Sherif IT, Noy GA, Alberti KGMM (1979) Improved metabolic profiles in insulin-treated diabetic patients given an alpha-glucosidase inhibitor.
Brit. Med. J. i: 220-221

331. Wattiaux R, Wattiaux-de Coninck S, Rutgeerts MJ, Tulkens P (1964) Influence of the injection of a sucrose solution on the properties of rat-liver lysosomes.
Nature 203: 757–758

332. Wicklmayr M, Dietze G, Mehnert H (1978) Effect of phenformin on substrate metabolism of working muscle in maturity onset diabetics.
Diabetologia 15: 99-104

333. William-Olsson T, Sjöström L (1982) Effects of acarbose on adipose-tissue development in growing rats. In: W. Creutzfeldt (ed.): First International Symposium on Acarbose, Exerpta Medica, Amsterdam, pp. 176-182

334. Williams DRR, James WPT, Evans IE (1980) Dietary fibre supplementation of a 'normal' breakfast administered to diabetics.
Diabetologia 18: 379-383

335. Williams CD, Mee S, Sonksen PH (1985) Glucosidase inhibition in instable insulin-dependent diabetes.
Diabetes Res. Clin. Practice, Suppl. 1: 603 (Abstract)

336. Wilson FA, Dietschy JM (1974) The intestinal unstirred layer: its surface area and effect on active transport kinetics.
Biochim. Biophys. Acta 363: 112-126

337. Wolever TMS, Cohen Z, Thompson LU, Thorne MJ, Jenkins MJA, Prokipchuk EJ, Jenkins DJA (1986) Ileal loss of available carbohydrate in man: comparison of a breath hydrogen method with direct measurement using a human ileostomy model.
Am. J. Gastroenterol. 81: 115-122

338. Zavaroni I, Reaven GM (1981) Inhibition of carbohydrate-induced hypertriglyceridemia by a disaccharidase inhibitor.
Metabolism 30: 417-420

Die Untersuchungen dieser Habilitationsschrift sind wie folgt als Originalarbeiten publiziert bzw. zur Publikation eingereicht:

- B. Lembcke, Chr. Löser, U. R. Fölsch, J. Wöhler, W. Creutzfeldt: Adaptive responses to pharmacological inhibition of small intestinal α-glucosidases in the rat
  Gut 28 S1 (1987) 181–187
- B. Lembcke, M. Diederich, U. R. Fölsch, W. Creutzfeldt: Postprandial glycaemic control, hormonal effects and carbohydrate malabsorption during long term administration of the α-glucosidase inhibitor miglitol
  Digestion 47 (1990) 47–45
- B. Lembcke, U. R. Fölsch, W. Gatzemeier, B. Lücke, R. Ebert, E. Siegel, W. Creutzfeldt: Inhibition of sucrose- and starch-induced glycaemic and hormonal responses by the novel α-glucosidase inhibitor emiglitate (BAY o 1248).
  Europ. J. Clin. Pharmacol. (im Druck)
- B. Lembcke, R. Lamberts, J. Wöhler, W. Creutzfeldt:
  Lysosomal storage of glycogen as a sequel of α-glucosidase inhibition by the absorbed deoxynojirimycin derivative emiglitate (BAY o 1248). A drug-induced pattern of hepatic glycogen storage mimicking POMPE's disease (Glycogenosis type II).
  Res. Exp. Med. (Berl.) (zur Veröffentlichung eingereicht)
- B. Lembcke, U. R. Fölsch, W. Gatzemeier, R. Ebert, E. Siegel, W. Creutzfeldt: Inhibition of glycaemic and hormonal response after repetitive sucrose and starch loads by different doses of the α-glucosidase inhibitor miglitol (BAY m 1099) in man. Pharmacology (zur Veröffentlichung eingereicht)